U0290878

"十二五"国家重点图书出版规划项目

数字出版理论、技术和实践

DITA 数字出版技术

高 昂 刘 钰 邢立强 编著

電子工業出版社
Publishing House of Electronics Industry
北京 • BEIJING

内 容 简 介

DITA 是面向主题的文档类型定义规范，是针对结构化数字出版内容拆分与重组需求而设计的技术标准。DITA 在 XML 基础上拓展了面向数字出版物描述的各项元素，覆盖数字出版物信息组织、编写、生成和交付等各个流程，并允许使用者根据不同领域技术出版物的需求进行扩展和定制。DITA 的使用能够有效减少数字化出版过程中的信息冗余，为内容深加工和多渠道发布提供新的模式。

本书围绕 DITA 标准展开，详细介绍了 DITA 标准的设计思想和体系架构，并从多个层面对 DITA 标准的基础内容进行梳理和介绍，同时对 DITA 标准的重点内容如主题、映射、领域专门化和样式渲染等内容进行详细分析，引导读者深入了解 DITA 标准的各项细节。

本书还结合国家标准规范、词典辞书等有针对性的典型应用分析，配合 DITA 的行业应用实例，帮助数字出版从业者了解 DITA 的出版流程和应用领域，让更多的数字出版从业者了解 DITA、深入 DITA，并灵活使用 DITA 来编排创作各类数字出版物。

本书的读者对象定位于准备了解并使用 DITA 的用户，包括内容编辑工作者、数字出版从业者、产品装备制造业的技术人员及 IT 公司的技术人员等。同时，本书也非常适合作为高等院校中新闻出版专业和信息技术专业的教材。

图书在版编目（CIP）数据

DITA 数字出版技术 / 高昂，刘钰，邢立强编著. —北京：电子工业出版社，2013.9

（数字出版理论、技术和实践）

ISBN 978-7-121-21321-2

Ⅰ. ①D… Ⅱ. ①高… ②刘… ③邢… Ⅲ. ①电子排版－应用软件－高等学校－教材

Ⅳ. ①TS803.23

中国版本图书馆 CIP 数据核字（2013）第 198864 号

策划编辑：李　弘

责任编辑：徐津平

印　　刷：北京天来印务有限公司

装　　订：北京天来印务有限公司

出版发行：电子工业出版社

　　　　　北京市海淀区万寿路 173 信箱　邮编：100036

开　　本：720×1 000　1/16　印张：17.5　字数：327 千字

印　　次：2013 年 9 月第 1 次印刷

印　　数：2 000 册　　定价：62.00 元

凡所购买电子工业出版社图书有缺损问题，请向购买书店调换。若书店售缺，请与本社发行部联系，联系及邮购电话：（010）88254888。

质量投诉请发邮件至 zlts@phei.com.cn，盗版侵权举报请发邮件至 dbqq@phei.com.cn。

服务热线：（010）88258888。

指导委员会

编辑委员会

序
Introduction

数字出版方兴未艾。作为新闻出版业的重要发展方向和战略性新兴产业，数字出版近年来发展迅速，已经成为当前我国新闻出版业转型发展的助推器和新的经济增长点。基于互联网、移动通信网、有线电视网、卫星直投等传播渠道，并以 PC 机、平板电脑、智能手机、电视、iPad 等阅读终端为接收载体的全新数字出版读物，已成为人民群众精神文化生活不可或缺的组成部分。

从毕升的活字印刷到王选的激光照排系统问世，技术元素始终是出版业发展壮大的重要源动力。进入 21 世纪，信息通信技术（ICT）的飞速发展成为新经济发展的主要引擎，使得以思想传播、知识普及、文化传承、科学交流和信息发布为主要功能的出版业可以持续、广泛地提升其影响力，同时大大地缩短了信息交流的时滞，拓展了人类交流的空间。计算机芯片技术、XML 及相关标记语言技术、元数据技术、语义技术、语音识别和合成技术、移动互联技术、网络通信技术、云计算技术、数字排版及印刷技术、多媒体技术、数字权利管理技术等一大批数字技术的广泛应用，不但提升了传统出版产业的技术应用水平，同时极大地扩展了新闻出版的产业边界。

如同传统出版业促进了信息、文化交流和科技发展一样，数字出版的多业态发展也为 20 世纪末期开始的信息爆炸转变为满足个性化需求的知识文化服务提供了技术上的可能。1971 年，联合国教科文组织（UNESCO）和国际科学联盟理事会（ICSU）便提出了 UNISIST 科学交流模型，将出版业所代表的正式交流渠道置于现代科学交流体系的中心位置。进入 21 世纪，理论界又预见到，网络出版等数字出版新业态的出现正在模糊正式交流和非正式交流的界限，更可能导致非正式交流渠道地位的提升。随着以读者（网络用户）为中心的信息交流模式，比如博客、微博、微信和即时通信工具等新型数字出版形态的不断涌现，理论构想正在逐渐变为现实。

通过不断应用新技术，数字出版具备了与传统出版不同的产品形式和组织特征。由于数字出版载体的不断丰富、信息的组织形式多样化以及由于网络带来的不受时空限制的传播空间的迅速扩展，使得数字出版正在成为出版业的方向和未来。包括手机彩铃、手机游戏、网络游戏、网络期刊、电子书、数字报纸、在线音乐、网络动漫、互联网广告等在内的数字出版新业态不断涌现，产业规模不断扩大。据统计，在 2006 年，我国广义的数字出版产业整体收入仅为 260 亿元，而到了 2012 年我国数字出版产业总收入已高达 1935.49 亿元，其中，位居前三位的互联网广告、网络游戏、手机出版，总产出达 1800 亿元。而与传统出版紧密相关的其他数字出版业务收入也达到 130 亿元，增长速度惊人，发展势头强劲。

党的十七届六中全会为建设新时期的社会主义先进文化做出战略部署，明确要求发展健康向上的网络文化、构建现代传播体系并积极推进文化科技创新，将推动数字出版确定为国家战略，为数字出版产业的大发展开创了广阔的前景。作为我国图书出版产业的领军者之一，电子工业出版社依托近年来实施的一批数字出版项目及多年从事 ICT 领域出版所积累的专家和学术资源，策划出版了这套“数字出版理论、技术和实践”系列图书。该系列图书集中关注和研究了数字出版的基础理论、技术条件、实践应用和政策环境，认真总结了我国近年发展数字出版产业的成功经验，对数字出版产业的未来发展进行了前瞻性研究，为我国加快数字出版产业发展提供了理论支持和技术支撑。该系列图书的编辑出版适逢其时，顺应了产业的发展，满足了行业的需求。

毋庸讳言，“数字出版理论、技术和实践”系列图书的编写，在材料选取，国内外研究成果综合分析等方面肯定会存在不足，出版者在图书出版过程中的组织工作亦可更加完美。但瑕不掩瑜，“数字出版理论、技术和实践”系列图书的出版为进一步推动我国数字出版理论研究，为各界进一步关注和探索数字出版产业的发展，提供了经验借鉴。

期望新闻出版全行业以“数字出版理论、技术和实践”系列图书的出版为契机，更多地关注数字出版理论研究，加强数字出版技术推广，投身数字出版应用实践。通过全社会的努力，共同推动我国数字出版产业迈上新台阶。

孙寿山

2013 年 8 月

前 言
Preface

在《中共中央关于深化文化体制改革、推动社会主义文化大发展大繁荣若干重大问题的决定》、《文化产业振兴规划》、《国家“十二五”时期文化改革发展规划纲要》、《新闻出版业“十二五”时期发展规划》和《数字出版“十二五”时期发展规划》等党和国家的一系列重要文件中，频繁出现“数字出版”或“数字出版产业”这一概念。这表明发展包括“数字出版”和“数字出版产业”在内的文化产业，已上升为我国重要的国家战略。

数字内容出版作为一种新兴的出版业态，随着互联网和移动通信的发展而逐步普及到多种阅读终端。目前，随着展示终端的日益丰富、技术的不断革新和产业服务链的日趋完善，数字出版物已逐渐成为出版业界新的增长点，得到出版从业人员和相关研究机构的广泛关注和积极参与。

目前传统出版业正在向综合运用文、图、声、光、电等多种表现形式的全媒体数字内容出版发展过渡。这种新的模式通过文字、图形图像、声音、网络和通信等多种媒介形式或传播手段的综合运用，借助纸质出版物、互联网、手机、手持阅读器及电影屏幕等多种展现方式，将出版内容经由多种渠道全方位地向阅读者展示，这种数字化内容同步出版的方式能够在第一时间最大限度地覆盖所有潜在的阅读群体。

数字内容出版模式从资源整合的角度出发，以内容生产为核心，对传统出版物进行数字化升级。从单终端、单形态和单一走向的出版模式转换到多终端、多形态和多渠道发布的数字内容出版模式。实现出版物的一次制作与多渠道多层次的内容发布，使任何人在任何时间、任何地点以多种方式获得可阅读的出版内容，并让读者获得更为丰富的阅读体验。

数字出版时代的内容需求者不再满足于被动地接收信息，而是希望通过更为灵活自主的方式来选择数字信息内容及获取方式。正如读者仅仅想获取出版物中按照特定主题分类聚合形成的内容，类似于书籍中按照某一关键词检索后形成的语义完整的内容。然而，在现行出版模式下，内容需求者只能选择将包含某一章节或所需内容的书籍进行整体购买，然后从中抽取自己希望了解的内容进行阅读、学习。如何满足这样的个性化出版需求，成为数字出版过程中亟待解决的问题，特别是在门类众多的教育类出版物、自然科学出版物和技术类出版物等领域，这一需求的体现尤为强烈。

然而，在编辑出版过程中，出版物常用的内容编辑格式通常是以二进制形式存储的商用版式或流式文件标准，这种文档格式在数字内容出版的应用中存在着很多不足之处，如：不便于出版内容的分解、不便于出版内容的重用、不便于出版内容的多形式展现、不便于内容的跨平台发布、不便于内容的深度挖掘，等等。然而面对数字内容出版的变革，传统的内容组织与发布形式已不能适应新形势下的出版业态，数字出版的发展需要引入新的内容组织方式和技术标准。

DITA（达尔文信息分类体系架构）就是针对结构化数字出版内容拆分与重组需求而设计的技术标准，DITA 的使用能够有效减少数字化出版过程中的信息冗余，为内容深加工和多渠道发布提供了崭新的模式。

本书的内容将围绕 DITA 标准展开，介绍 DITA 标准的设计思想和体系架构。本书将从多个层面对 DITA 标准的基础内容进行梳理和介绍，并对 DITA 标准中主题、映射、领域专门化和样式渲染等内容进行详细分析，引导读者深入了解 DITA 标准的各项细节。本书还将结合有针对性的典型应用分析，配合 DITA 的行业应用实例，帮助数字出版从业者了解 DITA 的出版流程和应用领域，让更多的数字出版从业者了解 DITA、深入 DITA，灵活使用 DITA 来编排和创作各类数字出版物。

当然，通过较短时间的阅读来了解 DITA 的使用和细节并非易事，仅当前版本（1.2 版本）的 DITA 标准就包含了具有特定属性的 400 多项元素，虽称不上体系庞大，但初看也是纷繁复杂。然而更为关键的一点是，从语义上学习并理解 DITA 标准中拓展定义的各类 XML 标签及其内容分类并不难，真正的挑战在于怎样运用好 DITA 元素、DITA 主题类型和 DITA 映射来满足在写作中的内容组织以及如何处理好各类出版物的编辑需求。

正如笔者在了解并深入 DITA 过程中遇到的障碍和收获的经验一样，本书所涵盖的内容同样考虑到了阅读者的学习需求和可能存在的顾虑，因此，在阐述 DITA 设计思想和使用原理的基础上，涵盖了运用 DITA 进行编辑出版过程中最为常用的环节，而不拘泥于 DITA 各要素定义中面面俱到的细枝末节，通过实例帮助读者了解 DITA 常见要素的描述说明和使用方法，帮助读者触类旁通地掌握自己在今后深入使用 DITA 时所应具备的相关知识。

本书的读者对象定位于准备了解并使用 DITA 的用户，包括内容编辑工作者、数字出版从业者、技术产品制造和高端装备制造业的技术人员及 IT 公司的技术人员等。同时，本书也非常适合作为高等院校新闻出版专业和信息技术专业的教材。

在本书的写作过程中，笔者针对目前稳定且通用的 DITA 1.2 版本进行讲解，为使本书在出版后的一段时间内具备更好的时效性，在涉及应用和示例的章节，为方便读者获取并使用，笔者尽量使用免费且开放源代码的 DITA Open Toolkit（DITA 开放工具箱）完成编译出版的示例。当然，并不是所有的 DITA 用户都喜欢用命令行编译方式来完成操作，因此，笔者还介绍了一些能够实现所见即所得的 DITA 商用软件，来丰富读者在 DITA 创作工具方面的选择。

值得一提的是，作为一项拥有广泛用户基础的开放标准，DITA 正在逐步形成一些活跃且极具凝聚力的用户群组或社区，如 DITA 用户组论坛（http://groups.yahoo.com/group/dita-users/），上面常常会出现关于 DITA 在特定业务领域应用的讨论，对于希望对 DITA 进行深度定制应用的读者来说，这样的用户社区值得关注。此外，DITA 的官方 WiKi 站点（http://wiki.oasis-open.org/dita/）也是查找各类 DITA 文档及获取 DITA 最新动态的绝佳去处。这些优秀的在线资源，将会成为读者在阅读本书过程中的有益补充。

编著者

2013.3

目　录
Contents

第 1 章

Chapter 1

DITA 概述

1.1 DITA 数字出版技术

1.1.1 DITA 标准概述

DITA 是 Darwin Information Typing Architecture（达尔文信息分类体系架构）的缩写，是一种面向主题的文档类型定义（Document Type Definitions，DTD）系统。DITA 基于可扩展标记语言（Extensible Markup Language，XML）来描述并发布内容信息，在继承 XML 原有文档描述的基础上拓展了面向数字出版物描述的各项元素，覆盖了数字出版物的信息组织、编写、生成和交付等各个流程，且能够让使用者根据不同领域技术出版物的需求进行扩展和定制。

DITA 是适用于专业化内容出版制作的技术标准，它解决了出版物的结构化描述和内容重组问题，适用于对内容格式有较严格限定的技术类出版物。DITA 适用范围十分广泛，不少组织和机构都在使用 DITA 来改善其产品服务或文档交付过程，以创建行业领先的信息内容。在应用方面，DITA 为使用者带来的优势如下：

- DITA 文档可读且易于管理；
- 在内容交付过程中便于信息重用；
- 便于创建不同类型的可交付出版物，特别是在交付能够在线阅读的文档方面，有独到的优势；
- 以映射关联的方式进行内容组织，便于处理文档局部的内容更新；
- 便于对文档进行国际化和本地化的多语言转换处理；
- 具有开放源代码工具和商业编辑器的多重支持。

随着数字化出版时代的到来，传统出版业从单终端、单形态和单一传播途径的出版业态，逐步开始向多终端、多形态和多渠道传播的出版模式转型。在内容承载形式多元化、展现形式和终端多样化的数字出版新形势下，亟待出现一种统一、完善和标准化的出版物编辑、排版技术标准。而 DITA 以其提供结构化内容重组与映射的特点和优势，使信息内容能够以多种出版形态、多种发布渠道在传统介质和多媒体介质中传播，实现信息制作和传播效益的最大化。

DITA 标准能够帮助数字出版解决方案提供商合并重复内容、减少信息冗余、统一各种文档中描述不一致的内容，生成服务于不同目标读者和终端展现需求的出版物，特别是专业技术类的文档等出版物。随着对 DITA 在出版应用方面的进一步挖掘，越来越多的企业、数字图书馆和出版部门开始使用 DITA，来定制基于主题重组和映射的数字化出版物。DITA 标准为数字化内容编辑加工提供了思路和实现，值得我国出版从业者，特别是数字化出版物采编人员的参考和借鉴。

1.1.2 DITA 发展历史

DITA 标准最初于 2001 年由 IBM 公司提出，其名称源于查尔斯·达尔文提出的进化论，表示由 DITA 标准定义的文档在设计和使用上具备良好的继承性和延续性。

在 2002 年，领域专门化的思想被 IBM 公司融入到 DITA 的主题设计中。DITA 标准发展至 2004 年，被 IBM 公司交由 OASIS（结构化信息标准促进组织）接管，并在 OASIS 组织中成立了专门的技术委员会负责 DITA 标准的更新与维护。在 OASIS 的推广下，DITA 作为一项面向技术文档组织的标准开始被外界逐步认知。

2005 年 6 月，DITA 标准发布了 1.0 版本，并演进为 OASIS 组织的正式公开的文档格式标准。DITA 1.0 是一个稳定的发布版本，DITA 技术委员会在这个版本之上收集了设计实现方面的不足和使用者反馈，并结合与其他标准之间的关联和业界的技术趋势，对这个版本进行不断更新和完善，因此，在之后的 1.x 各版本都与前一个版本保持了向后兼容。

之后的 DITA 1.1 版本发布于 2007 年，在对上一个版本进行改善和增强的基础上，重点在书籍交付（Book Deliverables）方面增加了针对图书出版的映射和索引。此外，在数据拓展性（Data Extensibility）方面，增加了元数据属性拓展等功能项。

通用性较强且被业界广泛使用的 DITA 1.2 版本是于 2010 年被 DITA 技术委员会表决通过的，DITA 1.2 版本在内容重用、领域专门化、命名约定和术语支持等方面增加了众多新的特性。下一个 DITA 1.3 版本将是 DITA 1.x 版本系列的最后一个发布版，主要是增加 1.2 版本中没有囊括但拥有广泛潜在需求的各项功能。

未来的 DITA 2.0 版本将在现有的 DITA 1.x 版本架构基础上进行一次较大规模的修订，以便让 DITA 标准演进得更加强大且易用。

本书不涉及内容的时效性，因为在 DITA 1.x 系列版本中，每一个发布版的更新在核心内容设计方面都不会有大的变化，仅是在功能上的修补和完善。

作为一项技术标准，稳定性和延续性往往比功能上的频繁更新来得重要，DITA 标准不会和以市场推广为目的的商业软件比拼版本更新速度。从 DITA 技术委员会制定的线路图来看，DITA 2.0 版本的发布和应用应该是数年之后的事情，与 DITA 标准未来更新时可预期的变化相比，现在就开始着手学习并使用 DITA 将对改进你所在机构的文档编辑方式有着更重要的意义。

1.1.3 DITA 技术委员会

DITA 技术委员会（OASIS DITA TC）是为负责制定和维护 DITA 标准，并推进 DITA 标准应用的官方技术指导组织。与 DITA 技术委员会配合开展工作的还有 DITA 应用技术委员会（OASIS DITA Adoption TC），其主要职责是面向各行业的 DITA 用户提供教育和培训支持，并推进 DITA 的普及和应用。DITA 技术委员会的成员主要是信息技术专家和来自各行业的业务专家，DITA 技术委员会的职责包括以下内容：

- 通过正式标准规范的形式制定 DITA 的体系架构及内容细节；
- 评估并协调 DITA 规范与一些新兴 XML 标准间的关系（如语义网中本体相关规范）；
- 规范 DITA 层次结构中的各项信息类型；
- 增强 DITA 面向不同领域的主题互操作性，协助用户制定用于其业务文档处理的专门化信息元素；
- 设计面向领域专门化拓展的通用方法，并在实际应用中获取反馈；
- 在 DITA 各分技术委员会中委派联络人，确保 DITA 应用技术委员会及时了解各分技术委员会的各项工作动态，并保证 DITA 按预定的开发计划进展；
- 在新的 DITA 版本对外发布之前，负责处理 DITA 应用技术委员会提出的各种反馈意见。

为了收集 DITA 在特定领域中的需求，并在不同行业推进 DITA 的应用，DITA 技术委员会在其工作范畴和既定目标下成立了面向特定行业和特定领域应用的分技术委员会。这些分技术委员会具体如下：

- 医药内容分技术委员会（DITA Pharmaceutical Content Subcommittee）；
- 综合环境分技术委员会（DITA in Composite Environments Subcommittee）；
- 语言翻译分技术委员会（DITA Translation Subcommittee）；
- 技术通信分技术委员会（DITA Technical Communication Subcommittee）；
- 教学和培训内容专门化分技术委员会（DITA Learning and Training Content Specialization Subcommittee）；

- 机械工业专门化分技术委员会（DITA Machine Industry Specialization Subcommittee）；
- 半导体信息设计分技术委员会（DITA Semiconductor Information Design Subcommittee）；
- 企业商用文档分技术委员会（DITA for Enterprise Business Documents Subcommittee）；
- 帮助文档分技术委员会（DITA Help Subcommittee）；
- 网络分技术委员会（DITA for the Web Subcommittee）；
- 技术标准分技术委员会（DITA for Technical Standards Subcommittee）。

1.1.4 DITA 应用领域

DITA 以其领域专门化、设计重用、多语言支持等出版编辑优势，在国内外已有很多颇具代表性的典型应用。目前 DITA 应用主要集中在提供技术和信息服务解决方案的企业。

数字出版业的领军企业 Adobe 公司和计算机辅助设计软件供应商 Autodesk 公司已将全球范围内不同语言编辑的信息内容转换为 DITA 来描述，并且在其相关产品中也加入了对 DITA 标准的支持。IBM 公司则在解决方案手册、信息服务，及企业内部的内容管理等方面使用 DITA 标准。此外，移动通信企业 Nokia 公司和计算机数据库厂商 Oracle 公司的用户手册、在线帮助等信息内容也是使用 DITA 生成并维护的。

在国内，作为领先的信息与通信解决方案供应商，华为技术有限公司已经在使用 DITA 标准来简化面向电信网络、移动终端和云计算等领域的各种产品和解决方案文档的编写与维护工作。针对维护量大、案例丰富的产品文档，华为在面向产品领域形成了一系列专门化的 DITA 标记，实现“按场景”输出不同类型的操作手册。华为还借助 DITA 的预处理功能，实现由同一配置文件发布针对“预安装”和“现场安装”等不同场景的操作手册。

DITA 所适用的行业分布广泛，特别是那些对技术手册和技术类出版物具有较强需求的科技企业和制造业产品供应商，均是 DITA 的使用者或潜在用户。DITA 技术网站 DITA Writer 在收集了以美国为主的业界几百家正在使用 DITA 进行文档制作的机构和组织的列表后，按照行业类别对 DITA 的使用者进行了划分统计，得到了如图 1.1 所示的 DITA 应用行业统计分布图。

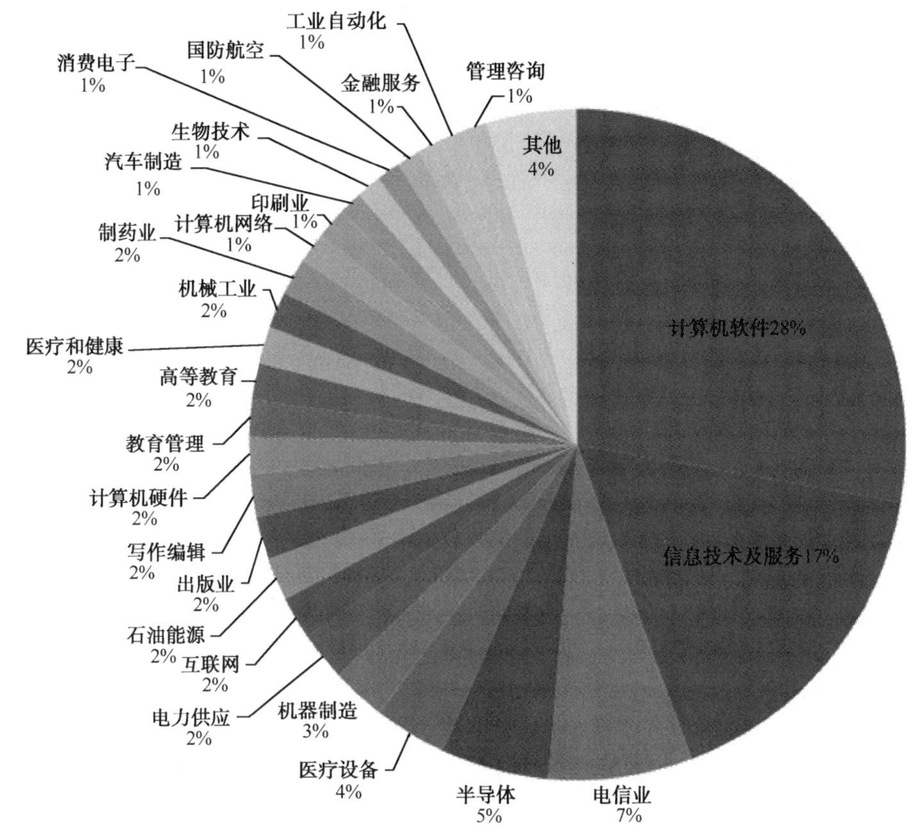

图 1.1　DITA 应用行业统计分布图

从统计结果来看，目前使用 DITA 最多的行业是计算机软件行业，其企业数量占统计企业总数的 28%，其次是信息技术及服务产业，占比为 17%。此外，对 DITA 应用较多的行业领域还包括：

- 医疗和健康信息技术行业；
- 半导体生产行业；
- 电信通信行业；
- 技术培训和咨询行业；
- 金融服务行业；
- 网络设备生产行业；
- 技术文档解决方案提供商。

另外，DITA 还存在为数不少的潜在行业用户，这些行业中已有不少企业开始使用 DITA 对技术文档进行编辑处理，这些行业如下：

- 航空制造业；
- 国防制造业；

- 商用电器制造业；
- 计算机硬件业；
- 计算机图形图像业；
- 消费类电子产品生产业；
- 重型设备制造业；
- 数据仓库业；
- 多元化的机械设备生产业；
- 运动器材制造业；
- 流体技术及设备制造业；
- 机床模具生产业；
- 矿业及矿山机械业；
- 传感器制造业；
- 能源相关业。

从上面的统计结果中可以看出，计算机软件行业最先使用 DITA 标准，并且 DITA 能够帮助软件行业降低文档制作成本，特别是在在线帮助文档维护和针对不同国家制作本地化文档方面，DITA 拥有独到的优势，这也是 DITA 在计算机软件行业中拥有最多数量用户的原因。

从图 1.1 中还可以了解到，由于 DITA 赋予了使用者足够的灵活性，能够针对不同行业、不同领域的文档使用需求进行定制，因此在各行各业都能发现 DITA 的身影。

不可否认的是，DITA 已经在技术文档解决方案方面站稳了脚跟。从统计图中可以看到，目前有一些第三方的文档外包服务公司，正在为企业提供以 DITA 为主的技术文档解决方案，并根据服务对象的需求将 DITA 进行领域专门化的定制。

当然，上面的统计仅仅是从一个侧面反映了 DITA 的应用情况分布，还有绝大多数的 DITA 用户没有包含在这项统计中。但可以确定的是，具备极强的灵活性和可塑性的 DITA 标准，一定能够针对各类行业应用的特点加以改造，形成符合各个行业所需的文档解决方案。

1.1.5 DITA 背景知识

在开始了解并使用 DITA 进行写作之前，需要了解的背景知识包含以下几个方面：

1）可扩展标记语言（XML）。

可扩展标记语言（Extensible Markup Language，XML）是一种具有结构性的标记语言，XML 是 SGML（Standard Generalized Markup Language，标准通用标记语言）的子集，非常适合 Web 传输。XML 可用来标记数据、定义数据类型，是一种允许使用者对自己创制的标记语言进行定义的源语言。XML 提供统一的方法来描述和交换独立于应用程序或不同厂商的结构化数据。XML 是一种跨平台且依赖于内容的技术，是当前处理结构化文档信息的有力工具。虽然与比常用的二进制存储格式相比，XML 要占用更多的空间，但 XML 胜在用法简单，易于掌握和使用。

2）级联样式表（CSS）。

级联样式表（Cascading Style Sheet，CSS），又称为“风格样式表（Style Sheet）”，是用来进行页面风格设计的。通过对样式表的使用，可以统一地控制页面中各标志的显示属性。使用级联样式表，可以扩充精确指定页面元素位置、外观及创建特殊效果的能力。

3）扩展样式表转换语言（XSLT）。

扩展样式表转换语言（Extensible Stylesheet Language Transformations，XSLT）是一种对 XML 文档进行转化的语言。XSLT 是 XSL 规范的一部分，用于将 XML 文档按照给定规则转换成另外一种 XML 文档，以及可被浏览器识别的其他类型的文档，如 HTML 或 XHTML。通常，XSLT 通过把每个 XML 标签要素转换成 HTML 或 XHTML 元素来实现转换。通过 XSLT，既可以向输出文件添加元素和属性，也可以对元素进行重新排列。

4）可扩展超文本标识语言（XHTML）。

可扩展超文本标识语言（The Extensible Hyper Text Markup Language，XHTML）是一种网页设计语言。XHTML 是一个基于 XML 的标记语言，结合 XML 的强大功能以及 HTML 的特性，是类似于 HTML 且标记严谨的 XML 文档。HTML 语法要求比较松散，这对网页编写者来说比较方便，但对于机器来说，语言的语法越松散，处理起来就越困难。因此产生了由 DTD 定义规则、语法要求更加严格的 XHTML。可以说 XHTML 是一种增强了的 HTML，它的可扩展性和灵活性非常适应未来网络应用的需求，从某种意义上讲，建立 XHTML 的目的就是实现 HTML 向 XML 的过渡。

5）Apache Ant 工具。

Apache Ant 是一种基于 Java 的自动化编译工具。Ant 类似于在 UNIX 或 Linux 环境下编译 C 语言代码常用的 make 工具，但与基于 shell 命令的编译方式不同，Ant 使用 XML 配置文件来链接需要编译的模块，并可以通过参数配置来选择性地执行各种编译任务。

1.2 OASIS（结构化信息标准促进组织）

1.2.1 OASIS 简介

OASIS 的全称是 Organization for the Advancement of Structured Information Standards（结构化信息标准促进组织），是旨在推进电子商务标准的发展、融合与采纳的非营利性国际化组织。OASIS 主要工作是通过推动开放标准的开发、集成和采纳工作为全球信息化社会服务。相比于其他标准化组织，OASIS 的标准规范更多的集中于 Web 服务、信息安全、电子商务及信息内容展示呈现格式等相关领域。

OASIS 以其管理透明化及工作流程化而著称，OASIS 理事会和技术顾问委员会的成员由投票选举产生，OASIS 成员可以提出自己的技术标准提案，通过完整顺畅的工作流程，协调各方观点，并促进产业达成一致。

OASIS 制定的各种规范在业务流程辅助描述、保证技术实现一致性等方面，对组织机构的信息化建设起到了非常重要的作用，并且 OASIS 能够以有效的标准化方式，减少同类标准规范的重复实现，并通过技术委员会的长期维护保持标准的延续性。更为重要的是，作为非营利性组织，OASIS 各项标准均以免费且公开的形式向公众开放使用。

1.2.2 OASIS 发展历史

OASIS 创建于 1993 年，创建之初便定位为非营利性组织，并不断地推进各项文档标准规范的发展和更新。

OASIS 在成立时的名称为标准通用标记语言 SGML（Standard Generalized Markup Language）组织，其主要目的是推动产品互操作性架构的确立以及 SGML 标记语言的定义。在 1998 年更名为 OASIS 开放组织后，将业务拓展到更为广阔的范畴，并成为推动电子商务标准发展、融合及采纳的非营利性国际组织，为数据安全、网络服务、接口一致性、电子交易、产品供应链、公众服务及企业间互操作提供通用性标准。

目前 OASIS 社区在全球范围内包含有来自 100 多个国家的 600 多个单位和近 5000 名个人会员，其中 33%来自欧洲、13%来自亚洲。在众多参与者中，OASIS 标准始终秉承开放、透明和可持续性的原则，为各相关业务领域的使用者提供服务。

1.2.3　OASIS 技术委员会

OASIS 下设近 70 个技术委员会。这些技术委员会大致可分为以下几类。

1）应用服务类。旨在为推动标准的应用而制定一系列指南、最佳实践、测试套件和其他工具，以提高结构化信息标准的互操作性和一致性。

2）计算管理类。在面向服务的架构中，服务提供者和服务用户依靠这些技术标准在各服务间保持有效会话并建立相互信任和依赖。OASIS 的计算管理类的标准化研究主要集中在分布式资源、效用计算和网格计算系统管理等方面。

3）以文档为中心的应用类。OASIS 自前身 SGML 通用标记语言开始，就致力于各类技术文档的创建及管理工作。OASIS 技术委员会至今仍在进行从在线目录到数据表、从技术手册到办公备忘录等各类文档交换格式的制定工作，包括输出到纸质出版物、CD 光盘、无线设备和网络出版等各类信息展示平台。

4）电子商务类。OASIS 技术委员会启动制定了一系列辅助企业进行在线电子商务经营活动的标准规范。

5）法律和政府类。OASIS 为以促进电子商务领域信息交换为目标的政府机构、法律专业人员及提供者提供了统一的标准规范和技术讨论组。

6）本地化类。国际化和本地化对于 OASIS 的全球化社区至关重要。OASIS 借助本地化工作，将技术委员会制定的出版物标准等应用于本地化环境，特别是非英语国家所使用的技术标准。

7）安全类。OASIS 技术委员会制定电子商务和 Web 服务应用领域所涉及的各类基础级及应用级安全标准和规范。

8）面向服务架构类。面向服务的架构类标准包含服务调用、分布式计算相关的应用原则和应用模式等相关内容。OASIS 制定的 SOA 标准集中在工作流、转换协调、协同工作和业务流程建模等有助于面向服务架构实施的标准规范。

9）标准应用类。OASIS 标准采纳委员会为特定行业、团体用户、政府部门、经销商、产业集群和其他标准组织提供了公开讨论的机会。辅助相关的委员会评估现行标准、明确需求、发布指导方针及增强标准间的互操作性。同时 OASIS 为制定相关规范的 OASIS 技术委员会提供了需求和思路，辅助其提出新的标准建议。

10）供应链类。OASIS 技术委员会制定了企业供应链内与采购、维护和加工等各项业务相关的一系列技术标准。

11）Web 服务类。OASIS 技术委员会制定的 Web 服务类标准，通过基于 XML 的标准协议，实现跨系统平台和程序设计语言的有效通信。

12）XML 文档处理类。OASIS 技术委员会研究并制定了推动 XML 文档处理的技术标准。

此外，OASIS 还与其他标准化组织建立合作关系，通过与这些组织共同工作以减少重复性标准，并促进标准之间的互操作性。OASIS 还与国际标准化组织 ISO 建立了快速通道，以便推进 OASIS 标准尽快转化为 ISO 标准。

第 2 章

Chapter 2

DITA 出版流程与技术架构

2.1 DITA 出版流程

在传统的出版流程中，出版内容在完成版式设计和排版编辑后交付出版印刷。编辑形成的纸质出版物或电子出版物，其内容、版式和格式是一个不可拆分且完整的有机整体。在传统编辑出版流程下，交付出版物能保证内容的完整性并有效刊印发行，但由于版式样式与出版内容未能有效分离，在处理不同出版物中的多元内容重用及出版内容分模块灵活重组等方面有很大局限。

在 DITA 定义的出版流程中，内容组织的最细粒度单元是以 XML 格式描述的结构化内容模块。这种内容模块在 DITA 标准中被称作主题（Topic）。此类主题是能够自我描述且按照单一逻辑范畴组织的内容信息。根据出版物的结构组织要求，描述相同对象的主题通过对象映射（Mapping）机制进行逻辑顺序组织，形成内容完整的统一体。组织完成的出版内容经样式渲染（Rendering），形成交付终端展示的数字化出版物。面向数字化出版的 DITA 出版交付流程如图 2.1 所示。

在数字化出版的内容流转过程中，备选内容存储在内容仓库中。内容仓库是以 XML 格式为代表的非结构化数据存储的容器。例如，以文档存储和检索为中心的领域专用数据仓库 MarkLogic Server 或方正智睿 XML 数据库。内容仓库专门针对半结构化和非结构化数据进行设计和优化，能够实现 TB 级非结构化数据资源的存储和结构检索。在数据模型组织方面，内容仓库采用 XML 树状结构组织，且数据查询和检索使用的 DML 和 DDL 语言为 XQuery 查询标准。

抽取自内容仓库中的信息单元根据 DITA 标准定义的标签进行格式化，形成描述同一信息主体的主题（Topic）块。构成同一出版物的不同主题块围绕出版物内容展开描述，相互之间具备一定的顺序或层级关系。

不同主题块之间的松耦合关联由 DITA 映射（Mapping）维系，DITA 映射描述不同主题块相互组合的层级关系和先后逻辑顺序。在 DITA 映射的黏合作用下，分散的主题块被重组成具备逻辑关系的结构化文档。结构化文档包含形成交付出版物的所有内容元素，内容被重新组合成为具备逻辑层次关系和先后顺序的有机整体。

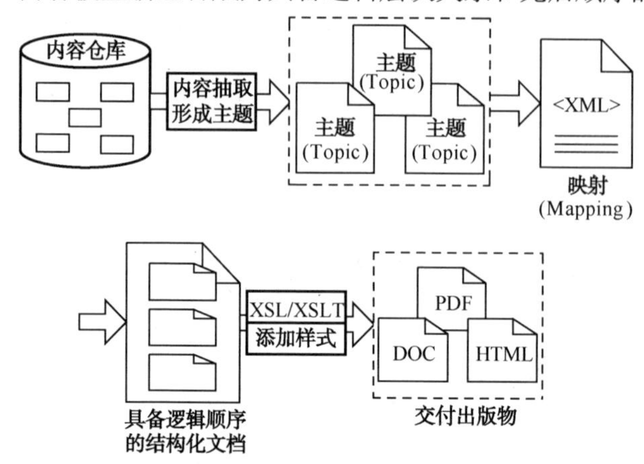

图 2.1　DITA 出版交付流程

在形成数字化出版物之前，结构化文档经由可扩展样式表语言（XSL）及扩展样式转换语言（XSLT）进行样式渲染，成为具备排版格式且样式美观的出版物。在渲染过程中，数字化出版物能够根据出版需求，生成各种 XML 能转换形成的目标出版格式，如 PDF、RTF 或 HTML 等不同格式，由展示终端提供给用户阅读。

2.2　DITA 架构分析

2.2.1　理解 DITA 主题

DITA 主题（Topic）是组织交付出版物的最细粒度单元，是进行一切后续工作的基础要素。主题需承载一段语义完整的内容段落，能以 XML 格式存储，并遵循 DITA 标准定义的标签进行封装。

在 DITA 主题粒度划分上，要根据内容编辑的需求遵循一定准则实施划分。主题作为信息段落的载体，具备语义自包含的特性，即主题需要具有信息描述的完备性，能够准确完整的表达内容含义，因此划分的粒度不宜过于细碎。从另一个角度来看，主题是建立上下文关联映射的基础单元，为便于通过 DITA 映射文件进行内容段落的重用，因此主题的划分粒度也不宜过粗，以免影响内容重组的灵活性。综上所述，主题的粒度划分既要大到能自我容纳，同时又要小到能满足上下文灵活有效的重组重用。

DITA 主题块在内部组成上具备相似的结构体，如标题、内容主体和引用等。面向特定领域专门化的主题还包含任务、子任务等根据具体出版内容定制的可拓展主题模块。DITA 主题的基础结构如图 2.2 所示。

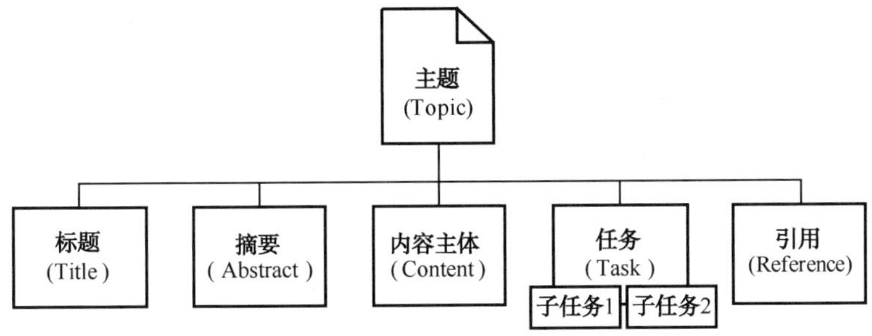

图 2.2　DITA 主题的基础结构

在 DITA 主题的基础结构中，内部各要素之间须按照一定逻辑关系进行组合。标题、摘要、内容主体、任务和引用等模块，对应着描述不同结构的内容模块，并经映射文件重组后，可形成交付出版物的各个章节部件。此外，DITA 主题还可以被定义在另外一个主题的内部，形成子主题或嵌套主题，以便于同组或同类内容的管理、编辑和信息交换。

构成 DITA 主题的结构体使用 XML 来描述，这种方式为 DITA 带来了诸多设计和使用方面的优势：

首先，XML 将出版物的内容与样式分离，出版业可以将同样的数字化内容在不同的展现终端中重复使用，所需做的仅是根据不同展现终端的格式要求对 XML 文档进行渲染与转换；

其次，XML 是可扩展标记语言，面向特定领域的出版编辑可以使用 DTD（文档类型定义）拓展 XML 模板，重新创建 DITA 主题中的元素、元素属性、排列方式和层级顺序等，将 DITA 主题中出现的标签专门化成为符合特定领域术语要求的标签；

再次，DITA 借助 XML 这种具有普适性的格式，可以方便地与其他机构进行信息交换，而不必重新定制开发专用的创作工具或专有格式的解析程序。

DITA 以 XML 格式作为内容载体，同时也存在一定的局限性：

首先，XML 在设计上实现了内容与样式的相对分离，但不能将标记和结构与内容完全分开，致使 DITA 主题中混淆了与内容无关的标记和显示结构；

其次，面向领域专门化的 DTD（文档类型定义）在定制方面存在一定难度，需要深入理解领域需求并熟悉文档类型定义规则的业务人员研究定制，并且在领域需求变化时，要随时对 DTD 进行更新以适应需求。

DITA 在设计实现上继承了 XML 格式的优点，并尽量规避了其不足之处，以便众多非信息技术出身的出版从业者使用。DITA 旨在辅助出版从业者轻松创建高度专业的结构和内容，同时保证内容模块能够以知识单元的形式进行交换传输与重复使用。可以说，DITA 主题借助 XML 为载体，充分挖掘了 XML 模块化信息承载和使用的最大潜力。

2.2.2 理解 DITA 映射

DITA 映射用于组织出版物的逻辑顺序和层次结构，来搭建交付出版物的结构框架。映射中包含指向 DITA 主题的链接，指向主题的链接按顺序或层级结构将分散的主题黏合起来成为集合，并按一定的逻辑结构组织，成为具备有机结构的交付出版物。

在形式上，DITA 映射文件同样以 XML 为载体，DITA 通过映射来连接上下文内容。映射文件在内部使用<topicref>标签组织一个或多个 DITA 主题，并赋予主题上下文的顺序和层级关系。<topicref>标签引用主题的组装顺序来表示内容上下文的先后关系，主题嵌套层级表示内容上下文的包含关系。映射文件以.ditamap 为后缀，在编译处理时，DITA 通过映射这样的单一逻辑结构，来管理主题组装后的导航顺序，并且适用于各种类型的交付出版物的聚合生成。如 PDF 文档里面的导航目录，即可通过 DITA 映射创建的内容目录（Table of Contents，TOC）生成。DITA 映射也可以有多个映射文件级联，形成复杂的混合层级映射结构。DITA 映射的基础结构如图 2.3 所示。

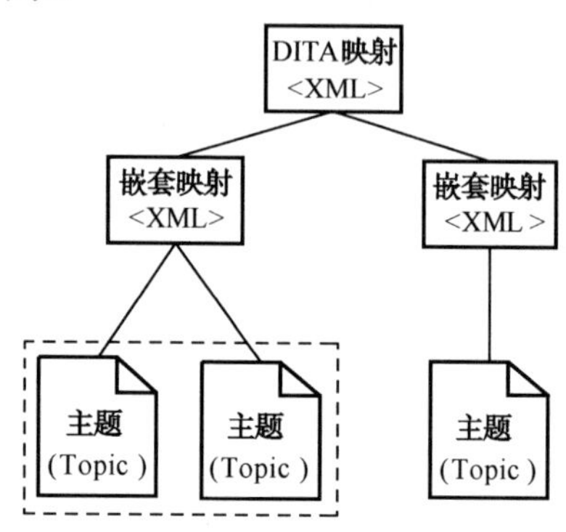

图 2.3 DITA 映射的基础结构

DITA 映射能够将一个主题集合组织成为不同类型的出版物。如一本百科全书的主题集合对应各个词条的内容释义。如果将所有具备人名标签的词条抽取出来，那么可以借助 DITA 映射重组为一本人名志；而将所有具备地名标签的词条抽取出来，则又可映射重组为一本地名志。依次类推，可以借助 DITA 映射重组为其他具备同类属性主题集合的出版物，即一个主题经由多种映射关系组织成不同的出版物，不同映射也可将相同的主题集合组织成不同类别的出版物。

DITA 映射为内容的重组和重用提供了途径。一方面，松散的内容模块由 DITA 映射文件赋予逻辑关联关系，使其重组成为有机的整体。另一方面，以主题为单元的模块化内容可以在 DITA 映射的组织下实现灵活重用。对于不同出版物中重复出现的相同主题模块，可以借助 DITA 映射直接将指定主题引入到出版物中，而无需对相同的内容进行重复性的排版编辑，这在一定程度上也减少了内容管理上的冗余。若对主题模块进行了修订，也可实时地动态更新到相应的出版交付物中，实现统一的版本更新。

2.2.3　DITA 领域专门化

面向专业领域的出版编辑，其基本思想是“求专不求全”，这与通用出版物涵盖各类编辑要素的要求有很大区别。专业领域的出版物针对领域特定的出版要求，定义对应的 DITA 主题要素，将通用的主题标签细化为领域专用的术语标签。

在 DITA 专门化的过程中，首先要由领域专家分析并建立面向领域出版的要素模型，之后根据模型定义面向领域的主题标签并形成 DTD 模板，经过领域专门化的 DITA 主题，继承原有 DTD 标记的行为和属性，并赋予新标签更高的可读性，能明确地表示主题的内容模块和逻辑层次。与面向对象的编程语言思想类似，若出版物的标记定义根据需求进行变更，仅改变专门化标签的基类即可实现对标记的重定义，而无须分别维护每一个已实例化的主题。DITA 领域专门化使得新的要素定义建立在已有要素定义之上，并且新定义的要素可以使用已有处理规则进行处理。

面向领域的 DITA 专门化是对 DITA 主题更高层次的抽象与复用，面向报纸、期刊、工具书和教科书等特定领域的出版从业者定义行业出版物标签，细化主题包含的概念、任务和引用，应用在各领域 DITA 主题的生成中。DITA 的领域专门化结构如图 2.4 所示。

除 DITA 主题专门化之外，DITA 还支持映射文件专门化。映射文件定义出版物的导航层次结构，以确定主题在出版物中的先后顺序和嵌套关系。DITA 映射可以面向映射领域实现专门化，通常是将引用主题的<topicref>标签专门化为映射领域，并可以在多种不同映射类型中实现设计模式重用。专门化的<topicref>标签限定了对特定类型主题的引用，如<conceptref>标签引用概念主题、<stepref>标签引用描述操作步骤的主题、<summaryref>标签标识提供集合总结的主题等。

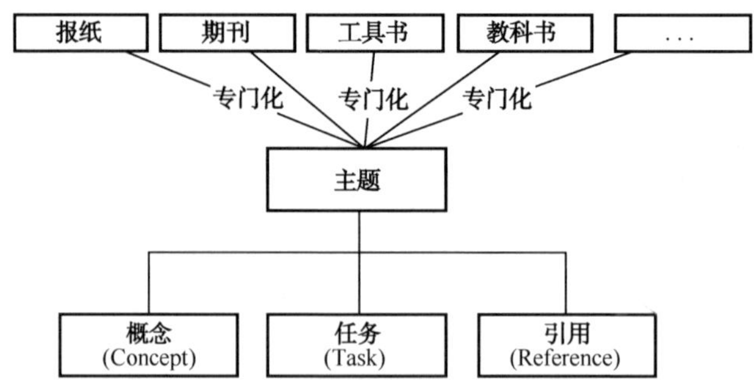

图 2.4 DITA 的领域专门化结构

专门化的映射类型保证主题集合符合目标出版物的组织结构，在帮助出版物减少信息预处理、明确信息类型、通过专门化引用保持信息相容性、设计和处理流程的重用等方面具有很大的实用价值。

2.2.4 DITA 样式渲染

经 DITA 映射建立关联后的出版内容，在形成最终交付出版物之前，需经过样式渲染给出版物添加排版样式，以便为读者提供舒适的阅读体验。面向数字出版的样式渲染，可以根据阅读终端的差异，采用不同的渲染方式，即根据业务需求，实现一次编辑加工、多元化出版发行的集约化生产模式。

在 DITA 样式渲染的过程中，DITA 映射形成的中间结果经 XSLT 处理程序加载样式表，将 DITA 内置的标签，连同领域专门化定义的标签进行解析识别，渲染成出版物中对应的样式布局。XSL 格式化对象语言 XSL-FO 是用于文档格式排版的 XML 标记语言，是 DITA 常用的出版物渲染方式。XSL-FO 包含控制内容显示方式的版式结构定义，为符合 XML 规范的 DITA 内容排版提供了样式渲染和格式转换功能。

在 XSL-FO 处理 DITA 文档的第一阶段，DITA 文档根据 XSL-FO 定义的组版对象，如页面尺寸、页面范围、分段对象、齐行要求、段落间距和表格等要求，转换成根据版面设计指定的 XSL-FO 文档。在这个阶段中，转换器使用扩展样式表转换语言 XSLT 定义的 XML 文档转换映射结构，将 DITA 描述内容转换成 XSL-FO 文档。

在 DITA 渲染的第二阶段，根据 XSL-FO 定义的版面设计，转换引擎借助基于 XSL-FO 的打印格式处理器 Apache FOP（Formatting Objects Processor），从 XSL-FO 对象树中读取各个排版项。读取的内容经 FOP 格式处理器，在目标出版物的页面上进行内容编排处理，并将渲染后的页面输出为指定的比特流，打印生成最终的目标出版物。通过第二阶段的组版，由 FOP 组版处理并打印输出的 DITA 出版物包含 PDF、PCL、PS 和 SVG 等多种格式，如图 2.5 所示。

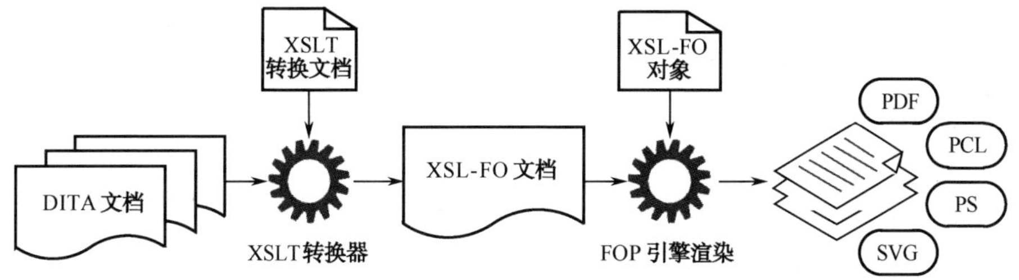

图 2.5　DITA 版式样式渲染结构

以 XML 格式为基础的 DITA 内容，可根据全媒体出版的需求，渲染成纸质媒体、互联网、手机平台和手持阅读器等各种媒体展现形式的出版物。在第一时间最大限度地同步覆盖所有潜在阅读群体，共同开拓出版市场，实现同一内容在不同媒体上的多渠道同步出版，从资源整合的角度减少出版业样式编辑的工作强度。

2.3　数字出版标准对比分析

2.3.1　DocBook

DocBook 是由标准通用标记语言 SGML 或可扩展标记语言 XML 的 DTD 文档类型定义的，用于描述文档结构的标记语言。DocBook 常用于技术文档的编写与出版，内置标签要比 HTML 标签更为专业化。

DocBook 为技术文档制作提供了内容与格式分离的解决方案。DocBook 使用可扩展样式表语言 XSL（Extensible Stylesheet Language）中包含的一系列特定元素样式规则来展现 DocBook 文档中的 XML 数据。DocBook 定义了章节（chapter）、段落（para）和表格（table）等常用文档元素，元素的显示由 XSL 控制，文档中只包含文字结构逻辑信息，而不必嵌入排版信息。

DocBook 具备良好的可移植性，可以把单一文档渲染成多种格式，用 DocBook 标记语言撰写的文档能够快速地转换为 HTML、PostScript、PDF、ePub、RTF 等文件格式。并且 DocBook 拥有众多的开放源代码工具作为支持，在这些工具的支持下，DocBook 文档能够转换成多种格式发布，而无须用户在源文件中做任何更改。

DocBook 侧重书籍的出版交付，而 DITA 侧重于主题的交付。DITA 解决了出版物的结构化描述和内容重组问题，且支持多语言版本制作，适用于对格式有严格限定的技术手册类出版物。但 DITA 不能实现很完美的样式渲染，而且对于内容与格式一体化的复杂出版物，DITA 很难进行主题的界定与划分。所以使用 DITA 进行书籍出版的成本和难度较高。

相比较而言，DocBook 适用于通用出版物，其特点是文档易于组织和排版。但 DocBook 内容以 Section 段落组织，不具备 DITA 的内容映射机制，无法做到类似 Topic 这种颗粒度的内容划分与重组，并且当对于内容需要频繁修改的文档排版时，DocBook 略显力不从心。

DITA 提供基于主题级别的颗粒度的信息分类，允许作者组织并描述特定信息领域，在生成多种文档格式的信息重用过程中，能够保持内容的高度一致性。在最终交付物的输出格式方面，DITA 能够生成 PDF、CHM 和 HTML 等大部分出版交付类型，而 DocBook 能够生成的交付格式为 PDF 和 HTML，若需要生成其他输出格式则需要借助相关的功能插件。

DITA 的设计理念与传统着眼于书籍或文档交付的排版技术（如 DocBook 或 LaTeX 等）在思路上有很大区别。DITA 和 DocBook 通过定义规范化的文档描述规则，来解决文档交付过程中遇到的问题。当面向不同类型的交付出版物时，DITA 和 DocBook 各有所长，但在实际应用中也有自身的限制因素。而 LaTeX 是富格式文本集，适用于科技论文作者进行个人创作，LaTeX 文档内容和标签的耦合度非常紧密，并不适合出版社的排版流程化作业、文档内容的析取和重组，以及多种交付文档的组合生成。

2.3.2 S1000D

S1000D 是面向技术出版物制作和发布的国际标准，使用 XML 结构来描述、管理和发布技术文档。S1000D 最初由 ASD（欧洲航空与国防工业协会）作为军用标准设计并提出，用于记录军用飞行设备的装备维护和操作信息。从 S1000D 第二版开始，其适用范围就开始向更广泛的装备制造领域拓展，包含陆上设备和航海装备，并逐步应用于各类商用和民用设备技术文档。

S1000D 由专门的管理委员会更新和维护，并负责协调各方意见达成一致。目前通用的 4.0 版本是由 ASD、AIA（美国航空工业协会）和 ATA（美国航空运输协会）的领域用户共同参与制定。其中 ATA 的鼎力支持为 S1000D 标准的民用化进程注入了不竭动力。ATA 是美国历史最悠久、规模最大的全国性航空公司行业协会。在民用飞机客户服务领域，ATA 参与制定的文档规范在制造业领域具有很高的权威性和可操作性。目前，ATA 发布的标准规范涉及航空制造、机场地面服务、货物和危险品、维修和材料、燃料销售、操作和安全性等多方面内容。

在使用上，S1000D 涵盖了技术文档的计划、管理、生产、交换和分发等各个环节，覆盖工程性项目的完整生命周期。符合 S1000D 规范的技术文档以数据模块（Data Module）形式被创建，数据模块是在技术文档中粒度最小且能够对信息进行完整描述的内容块。数据模块包含模块标识、状态信息及一个存放技术文档信息的内容单元。数据模块描述的内容及结构体包含业务规则信息和描述性信息、故障信息、零部件数据信息、维修及检查信息、程序及过程信息和技术知识库信息等各项内容。

在信息内容上，S1000D 规定了适用范围、内容组成、业务规则、规则分类，及包含各类数据模块 XML Schema 的内容结构、元素、属性在内的信息内容生产和交付方法。其中，S1000D 的业务规则分类是其区别于其他基于 XML 技术出版物标准的主要要素。S1000D 业务规则分类定义了技术文档各应用层面的细节，由近千个业务规则决策点（Decision Point）组成，如产品识别码、图形符号的尺寸和缩放比率以及与相关业务标准的接口规范等内容。

S1000D 业务规则分类包含十个大类。

第 1 类一般类业务规则（General Business Rules），定义了实施 S1000D 的总体业务规则，包括版本号和术语定义等。

第 2 类产品定义业务规则（Product Definition Business Rules），定义了产品相关的数据模块和编码策略。

第 3 类维护与操作概念业务规则（Maintenance Philosophy and Concepts of Operation Business Rules），包含产品维护级别及操作信息等内容。

第 4 类安全保密业务规则（Security Business Rules），包含密级划分、版权标记、信息使用与公开的限制、访问权限和信息销毁指令等。

第 5 类业务过程业务规则（Business Process Business Rules），描述技术出版物与综合保障、供应计划、工程设计和培训等业务的关系。

第 6 类数据创建业务规则（Data Creation Business Rules），用于定义文本、图形和多媒体对象的创建规则。如术语规则、标记规则、表达规则和样式规则等，以实现技术出版物内部及技术出版物与培训资料间的信息重用最大化。

第 7 类数据交换业务规则（Data Exchange Business Rules），定义了厂商与用户间交换数据应遵守的规则，如数据表单要求、数据迁移协议等。

第 8 类数据完整性与管理业务规则（Data Integrity and Management Business Rules），用于保证信息创建者与客户双方的数据参照完整性。

第 9 类历史数据转换、管理和处理业务规则（Legacy Data Conversion, Management and Handling Business Rules），包含信息源和目标之间元素及属性的对

应关系，以及技术出版物中包含历史信息的规则。

第 10 类数据输出业务规则（Data Output Business Rules），定义了 S1000D 数据的输出形式，包括页面出版物、交互式电子技术出版物（IETP）、多媒体出版物和 SCORM 等多种形式。

在工具支持方面，不少制造业工具提供商和出版工具开发商都推出了 S1000D 制作及管理产品，如美国 Inmedius 公司的 S1000D 制作套件、出版业领导者 PTC 公司在其主推的 Arbortext 工具中提供了 S1000D 编辑与管理支持、CORENA 公司提出了 CSDB（Common Source Database）以及 S1000D 的解决方案、Adobe 公司在其专业的页面排版软件 Framemaker 产品中也加入了对 S1000D 格式的支持。

对于复杂的装备制造业来说，随着其专业化细分程度日益增强，工程协作性要求也逐步提升，越来越依赖于以计算机为基础的技术出版物来支持各类信息内容的描述。作为国际化的技术文档标准，S1000D 的应用减少了高端制造业领域的技术信息维护成本、降低了数据转化为配置项的难度、提高了技术文档输出及跨平台转换的效率，有效地保证了技术文档的管理稳定高效。S1000D 的使用，将帮助使用者在原有装备升级改造和新装备引进的过程中对各类技术文档的有序管理，能够在降低信息生成成本的同时避免信息内容的重复生成，更有助于制造业产品的技术描述在世界范围内保持一致性和通用性。

2.3.3 NewsML

在 XML 文档格式基础上，专为特定领域设计的各种 XML 方言在各行业领域中一直有着广泛的应用。例如，描述站点消息来源的 Atom 格式、业务过程执行语言 BPEL、OGC 组织定义的地理标志语言 GML、Google Earth 和 Google Map 使用的要素标记语言 KML，以及用于数字版权描述的开放数字许可语言 ODRL 等。

在新闻传媒领域，发生在世界各地、由不同语言进行传播的新闻事件、体育赛事和财经数据等海量信息汇总在一起，常使得数据交换和展示的工作变得极为复杂。如何让多种来源的新闻信息在交换时具备良好的格式定义，让不同语言的信息提供者能够得到具有统一结构定义的新闻数据，为了解决上述问题，新闻标准化机构制定了面向新闻稿件制定的数据格式标识语言 NewsML，以帮助新闻工作者在收到信息的同时即可获得准确的新闻元数据，并且 NewsML 同样是基于 XML 定义的内容规则描述方言。

NewsML 文档包括用来定义 NewsML 文本逻辑的 Schema 结构、定义 NewsML 文档显示格式的 XSL 样式表，以及符合 Schema 格式定义的新闻主体和元数据。

其中 Schema 定义了新闻信息标记符的语法描述规则，指定 NewsML 文档包含的元素、元素属性以及元素间的关系；可扩展样式表语言 XSL 定义新闻内容的显示格式，能够将新闻内容以多种样式展示。

除对新闻信息内容进行组织描述外，NewsML 还提供了强大的元数据描述功能，能够将新闻的每个部分附上元数据来描述其特性。在常见的新闻稿件中，一般包含稿件日期、标题、作者、资料来源和分类类别等稿件标识信息。在 NewsML 标识语言中，不仅包含上述新闻标识信息，还包含题注、关键字、出版者、审改人、签发人、语言、分类、版权、受众对象、重要性、原稿条目和相关超文本链接等多项拓展信息，这些新闻元数据大大提高了媒体间信息交换、新闻管理以及检索的效率。同时，由 NewsML 描述的新闻图片，也将作者、版权、背景描述等元数据加入图片附带的信息中。NewsML 通过对新闻信息和元数据的有效标记，为新闻描述提供了更细的粒度，以方便其准确检索使用和自动化处理。

NewsML 最初由英国路透社设计，旨在通过创建一种新的描述格式来包装多媒体新闻资源。目前 NewsML 的管理和维护工作由国际出版电信联盟（IPTC）负责。IPTC 的主要职责是制定和维护各类新闻传媒所需的信息和数据标准，包括新闻交换格式标准、新闻编码和图片元数据等内容。

目前 NewsML 的最新版本是 NewsML-G2 2.7 规范，NewsML 用于通用化的多媒体新闻描述。此外，为了更准确地描述特定类型的新闻信息，IPTC 还制定了用于新闻事件描述的 EventsML-G2 标准，以及报道体育赛事的 SportsML-G2 标准，以便为常用的新闻形式提供细节更为丰富的可定制内容。

2.3.4　OXML

Microsoft Office 2007 以后的 Office 系列产品及其后续版本开始使用 Open XML 作为文件存储格式。Office Open XML（OXML）是一项针对字处理文档、演示文稿和电子表格的开放标准，其存储格式是一种 ZIP 压缩包。OXML 格式的优势在于用户可以在 Office 应用程序间使用 XML 和 ZIP 压缩格式交换数据，同时压缩格式可以减少 Office 文档文件的容量，并使得存储格式更加稳定，避免传输或处理中可能出现的错误，减少文件损坏的风险。

OXML 定义了结构化的 WordprocessingML 字处理格式、PresentationML 演示文稿格式和 SpreadsheetML 电子表格格式，来存储先前以二进制格式进行编码的字处理文档、演示文稿和电子表格等文档。OXML 的文件格式在设计和使用上是高度模块化的，在创建 Office 文档时，共享在所有 Office 应用程序当中的文档属性、样式表、图表、链接、图形和图片可以在 Office 不同应用模块中全局共用，模块化的设计使得 Office 应用具有较高的灵活性。OXML 的使用能够帮助用户享受所有文档共用一种 XML 标准带来的好处，如稳定性、持久保存性、互操作性以及其他改进。OXML 的具体特性如下。

- 互操作性。OXML 提供了开放的文档格式定义，可以让开发人员更方便地通过应用程序集成将 OXML 格式与业务应用结合。
- 国际化。OXML 对各国语言字符集提供了良好的支持，降低了开发人员在处理 OXML 国际化应用方面的编码门槛。
- 数据有效性。OXML 能够在最大程度上保证数据有效性和完整性，避免在文档传输过程中出现数据缺失。
- 与业务数据集成。OXML 支持用户自定义的文档、工作表、演示文稿和表单等，来增强现有 Office 提供的文档类型。用户可以在自定义文档的基础上并入业务信息，来实现包含业务信息的文档在应用之间的信息集成和重用。

OXML 文件格式包含内容如图 2.6 所示。

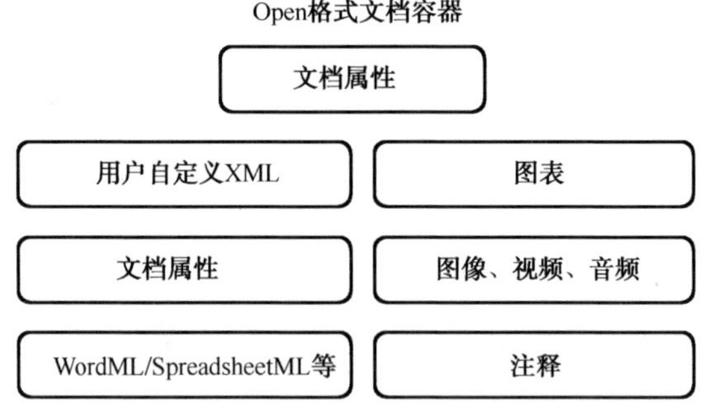

图 2.6　OXML 文件格式包含内容

2.3.5　ODF

开放文档格式（Open Document Format for Office Applications，ODF）是一种基于 XML 的文件格式规范，适用于文本文档、电子表格、演示文稿和图形文档等办公应用的电子文件格式。

1999 年，开放文档格式计划启动，其目的是方便其他厂商能共同使用 ODF 来建立开放、可交流并且中立的文件格式。2005 年，开放文件格式被纳入 OASIS 标准。一年后，ODF 通过 ISO 标准化技术委员会的认可，成为国际标准（ISO/IEC 26300: Information technology——Open Document Format for Office Applications，信息技术——适合办公应用的开放文档格式）。在成为国际标准之后，越来越多的国家和组织作为成员加入到 ODF 联盟之中。

与传统的二进制文档存储格式不同，ODF 是一个包括 XML 文档和二进制文档的压缩文档格式，XML 的使用简化了文档结构化内容的获取操作，只需使用简单的文字编辑器即可打开和修改文档中的内容。同时，在面对不同应用处理的文档类型时，ODF 能够使用相似的 XML 文档及应用类型间的元素定义来简化基于 ODF 的二次开发操作。

ODF 作为一种标准文档格式，其最大的优势在于它的开放性和可继承性，即文档适用于文本、电子表格、图表和图形文件，且无论其来自何种应用程序，都能做到在不同程序或平台之间自由交换。同时 ODF 作为标准文档格式，由 OASIS 负责制定，并为所有用户提供免费的使用授权。

ODF 格式在开源软件中应用较为广泛，同时，一些商用办公软件中也提供了对 ODF 格式的支持，这些支持 ODF 格式的应用有：AbiWord、Google Docs、IBM Lotus Symphony、Koffice、NeoOffice、OpenOffice.org、Star Office、SoftMaker Office、Corel WordPerfectOffice、Zoho 及红旗的 RedOffice 等。

2.3.6　ePub

电子出版格式（Electronic Publication，简称 ePub）是基于 XML 格式的自由开放电子书格式，ePub 与数字版权管理（DRM）标准相结合，提供了可以对文本内容进行自动重新编排的开放标准，即文字内容可根据阅读设备的特性以最适于阅读的方式展现。2007 年 9 月，ePub 成为国际数字出版论坛（IDPF）的正式标准，取代了先前的 Open eBook 开放电子书标准。

在技术架构上，ePub 文档内部以 zip 压缩格式来对文档内容进行打包，并通过使用 XHTML 和 DTBook（由数字出版技术公司 DAISY Consortium 提出的 XML 标准）来对文字进行展示。ePub 主要包括三个部分：

（1）开放出版结构（Open Publication Structure，OPS），用于定义内容的版面，OPS 用 XHTML 或 DTBook 来组织文档的内容，同时用一系列的 CSS 样式定义书的格式和版面设计，并且支持 png、jpeg、gif 和 svg 等嵌入在书籍中的图片格式；

（2）开放包装格式（Open Packaging Format，OPF），用于定义以 XML 为基础的 ePub 文档结构，OPF 用于对开放出版架构（OPS）中的各类组件组合的机制进行规范，如电子图书的公共词汇表，特别是可作为图书内容的格式；

（3）OEBPS 容纳格式（OEBPS Container Format，OCF），OCF 定义了将所有相关文件收集至 zip 压缩文档中的方式。

目前支持 ePub 格式阅读的相关系统和硬件非常广泛，如以苹果 iPad、iPhone 为载体的 iOS 系统、Android 系统的各类移动终端和阅览器，以及使用 E-ink 技术的 Kindle 等。在这些系统平台和硬件设备上，可以使用包括 ePub 阅读软件 Adobe Digital Editions、免费开源的电子书阅读软件 Calibre、移动终端上常用的电子图书阅读器 Stanza 等软件阅读。此外，在 ePub 电子书的制作上，还可以使用 EPubBuilder，将不同来源的文字制作成 ePub 电子书供用户下载阅读。

与互联网上被广泛使用的 PDF 等出版格式相比，ePub 文档完全基于 XML 实现，并可使用任何标准的 XML 工具创建和编辑，不需要借助复杂的商业软件进行转换，这种特性使 ePub 更利于出版编辑人员的使用和操作，同时也利于多样化阅读终端的实现。

2.3.7 CEBX

CEBX 是由方正技术研究院数字出版分院研发的、基于混合 XML 的公共电子文档的简称（Common e-Document of Blending XML），它是一种独立于软硬件设备、操作系统、展示与打印设备的文档格式规范。CEBX 结构化版式文档技术的目标是实现文档制作后的跨平台、跨终端重复利用。也就是说，CEBX 格式的出版物既可以保持预置的版式进行阅读或打印操作，同时又可以在不同尺寸的移动终端上，实现高质量的实时展示渲染和屏幕尺寸的自适应。此外，CEBX 格式还能通过减少文档格式的数据量来提高压缩率，并通过简化文档解析环节和复杂度来提高解析速度，同时 CEBX 还支持文档部分加密等文档个性化用户处理机制。

在技术实现上，CEBX 以 XML 技术为载体，采用“容器”与“文件”组合的方式来描述并存储文档中的数据。CEBX 以版式描述信息为基础，通过版面中的对象结构化组织提升版面内容在不同屏幕上展现的自适应性，并在内容组织完成后通过压缩加密的方式存入 CEBX 容器中。CEBX 文档一般分为四层：物理层、资源层、版式信息层和流式信息层。物理层是 CEBX 文档的数据存储格式。资源层包含文档中的各类对象，包括文字、图像等。版式信息层用于定义在 CEBX 文档展现时的版式信息，包括页面树、内容布局和逻辑顺序等。流式信息层描述了文档的结构和样式信息，根据这个文档的结构定义，可以实现对内容的重新排版，从而可以达到终端展现的自适应目的。

与其他数字出版格式相比，使用 CEBX 的优势体现在以下几个方面。

1）CEBX 提供了文档数据打包功能，使文档中能容纳的对象和数据的数量尽量达到最大，对于文档的发布、传播和存储较为便利。

2）CEBX 以 XML 技术对数字内容进行描述，XML 可将数据描述和效果显示进行分离，实现了文档数据的结构化，提高了文档操作性和应用的灵活性。

3）CEBX 支持格式丰富的交互元素描述，如在文档中可以加入动作脚本或内容注释，可以让用户通过鼠标或键盘等方式在 CEBX 文档的基础上实现交互式的阅读体验。

4）CEBX 能够做到高保真的图文展示，尽可能地使阅读显示与书面印刷一致，真实地保持原有文件中文字、图表、公式和色彩等版式和信息。

5）CEBX 支持数字签名和分段授权等多种安全保护技术措施，对于有特殊需求的文档处理能够保证文档内容的安全可靠。

2.3.8　OFD

开放版式文档格式规范（Open Fixed layout Document，OFD）是基于 XML 技术和压缩技术的电子文件格式。在内容存储上，OFD 实现了文档的原始内容与批注附加内容的分离保存，而在 PDF 格式中加入用户批注可能影响针对文件原文所做的安全设定，与 PDF 的内容混合存储相比，在 OFD 中实现对文档内容和用户批注的分别保存和利用则更为高效。

在国内的档案管理应用中，OFD 可代替现行档案数字化扫描后生成并作为电子文件存档的大量 PDF 文件。OFD 可对档案的存档格式进行整合，如将多幅扫描图片封装成一个 OFD 文件，并在 OFD 文档中针对不同图层配合文字说明，实现与双层 PDF 相似的图文展示效果。与传统的电子文件存储方案相比，OFD 能够更高效地支持电子公文应用，在保证公文内容完整性的同时，帮助用户实现基于 OFD 格式的在线无纸化办公应用。

2.3.9　TeX

TeX 是由计算机科学家高德纳（Donald E. Knuth）发明的电子排版系统，TeX 为使用者提供了一套功能强大且十分灵活的排版语言，同时利用 TeX 能够方便地创建高质量的 DVI 文件并打印输出，适合生成高印刷质量的科技和数学类文档。

TeX 在学术研究界十分流行，特别是在数学、物理学和计算机科学界。TeX 在处理复杂表格和数学公式时具备很强的优势。此外，TeX 具备宏功能，用户可以通过不断扩充定义自己使用的新命令来拓展 TeX 系统。

LaTeX 是在 TeX 基础上实现的排版系统，由美国计算机学家莱斯利·兰伯特（Leslie Lamport）在 20 世纪 80 年代初期开发。利用这种格式，即使使用者没有排版和程序设计的知识，也可以充分发挥由 TeX 所提供的强大功能，并能够在短时间内生成具备书籍质量的印刷品。

TeX 的优势体现在其始终以排版质量作为最重要的目标，能够获得高质量的输出出版物。TeX 系统具备很强的稳定性，可以处理任意大小的文件，并且可以将多份分散的文件合并编译成为一本完整的出版物。此外，TeX 具备良好的通用性，可以在各类计算机操作系统平台上编译并实现，同时有很多免费的软件和工具对 TeX 的编写和文档生成提供支持。

但从另外一个角度看，TeX 也存在着一些限制其推广和使用的不足之处。作为一种非所见即所得的文本编辑方式，TeX 的上手难度较大，需要一段长期且艰若的学习过程。而且 TeX 命令繁多，需要使用者经常查找参考手册来确定某些编辑格式的用法。对于不熟悉计算机编程语言的使用者来说，需要对 TeX 有较长时间的学习和了解才能在应用上得心应手。

在工具支持方面，由于 TeX 的用户群多是自由软件的爱好者，所以支持 TeX 的商业软件并不多，实现所见即所得的 TeX 商业版本编辑器与其他成熟的内容编辑器相比，在易用性方面还是存在不小的差距。

2.3.10 常见数字出版标准的对比

通过对上述现有技术的比较，可从标准类型、输出格式、表现形式、主要优点、缺点和适应领域等方面入手，对内容重组技术进行了横向对比分析，如表 2.1 所示。

通过对表 2.1 的内容分析得出，在内容重组方面，DITA 占据先天的优势。就适应性而言，DITA 支持内容模块化组织与重组，DocBook 和 S1000D 主要适用于技术文档，OXML 和 ODF 主要适用于办公软件文档，ePub 则是主要适用于电子书。DocBook 的优势是文档易于组织和排版。但 DocBook 内容以 Section 段落组织，不具备 DITA 的内容映射机制，无法做到类似 Topic 这样粒度的内容划分与重组，且对于内容需要频繁修改的文档排版，DocBook 略显力不从心。DITA 和 DocBook 都专注于交付技术信息，但 DITA 侧重于交付主题，而 DocBook 侧重于交付书籍。DITA 提供基于主题级别的颗粒度的信息分类，允许作者组织并描述特定信息领域。由此得出，在面向数字出版的应用中，DITA 标准更适合于内容重组及多元出版要求，更利于编辑出版人员对内容主题进行采编和出版整合，与其他标准相比，更贴近于数字复合出版对于内容标准方面的要求。

表 2.1　重组技术的横向对比

标准 特点	DITA	DocBook	S1000D	OXML	ODF	ePub
国际标准	OASIS 标准	OASIS 标准	CDG 标准	ISO 通过的标准	ISO 通过的标准	IDPF 标准
输出格式	PDF、Word、Html、Chm 等	Html，XHtml，ePub，PDF 等	PDF 等	docx、xlsx、pptx 等	odt、ott、oth、odm、odg、otg、odp、otp、ods、ots、odc、odf、odb、odi	ePub
表示形式	XML	XML	SGML/XML	XML	XML	XML
支持工具	DITA-OT、Oxygen XML Editor	DocBook-Utils、XMLTO、Oxygen DocBook Editor	S1000D-SCORM Bridge Open Toolkit、Adobe Framemaker，PTC Arbortext，ATA Publishing Suite	微软办公软件 2007 版	OpenOffice、IBM Lotus Symphony、NeoOffice、Google Docs	Adobe Digital Editions、Calibre、Openberg Lector、Stanza PC/iPhone 版、FBReader Free、epubBuilder、Sony505
所见即所得编辑	支持	支持	支持	支持	支持	支持
跨平台支持	支持	支持	支持	部分	支持	支持
CJK 语言支持	支持	支持	支持	支持	支持	支持
技术及工具	Java、XML、ANT	XML	SGML，XML	压缩管理	XML、ZIP	XML、ZIP、XHTML
应用广泛性	不广泛	广泛	不广泛	广泛	广泛	广泛

续表

标准 / 特点	DITA	DocBook	S1000D	OXML	ODF	ePub
支持厂商	IBM	OASIS、IBM 以及各开源技术社区	AeroSpace and Defence Industries Association of Europe	Microsoft	IBM、甲骨文	Sony
内容重用	支持	不支持	不支持	不支持	不支持	不支持
第三方扩展	支持	支持	支持	支持	支持	支持
主要优点	支持内容的拆分和重组	技术适用性强，适合于技术文档排版，适于文档版本管理	结构定义严谨，适于大规模技术文档出版	与原有办公软件产生的文档兼容性好	跨平台、开放标准	跨平台、开放标准、使用不同的显示屏幕
主要缺点	版式渲染能力欠缺	无法实现复杂的样式渲染和排版	学习曲线陡峭，不适合通用出版物排版	不是开放标准	与微软文档的兼容性较差	版式渲染能力欠缺
应用领域	技术文档	技术书籍，技术文档	航空航天领域专业出版物	办公领域	办公领域	适用于手持设备的阅读

第 3 章

Chapter 3

DITA 主题

3.1　DITA 主题概述

3.1.1　主题的作用

DITA 作为服务于专业化内容出版制作的技术标准，在设计时为满足不同客户的不同需求，其被设计成以 DITA 主题（Topic）为最小单元的基于 XML 的可扩展性体系架构。DITA 不但可以通过定义新的信息类型的方式来扩展，也可以通过修改原有的处理过程来满足具体的需求。

DITA 主题的设计具有如下特点。

1）模块化。

DITA 主题通过 DTD 定义主题的结构，定义的主题覆盖某个特定区域的一个方面，并通过映射机制组合到具有层次结构的文档中。

2）扩展性强。

DITA 定义了一种被称为“专门化”的机制，可通过定义新的标签来继承原有主题中定义的行为和属性。DITA 应用程序能够识别专门化信息处理未知的标记，并将此类标记视为其继承的父亲标记处理。

例如，创建从“有序列表”继承的“Procedure”标记和从“列表”继承的“Step”标记，既可以将有关“Procedure”和“Step”的特定处理添加到应用程序中，也可在没有提供专门处理的应用程序中使用。若未提供专门处理的应用程序，则将其作为“有序列表”和“列表”处理。

3）可重用。

DITA 主题具有原子性和自描述性，可以通过内容析取、条件输出等机制满足不同出版文档的需求，实现内容的单源管理，从而使内容能够在不同的出版物中重用。

4）可共享。

DITA 的基础是 XML，同时 DITA 的核心概念之一的“主题”（Topic）通过 DTD 或者 XML Schema 的限制，能够提供高度结构化的信息。这两点就构成了共享的基础，不论对方是什么平台、什么软件，都可以打开 XML 文档，都可以通过 DTD 或者 XML Schema 的支持了解文档的结构。

5）自动化处理。

自动化处理出版内容是建立在内容格式和结构统一基础之上的，而作为 DITA 基础的“主题”通过 DTD 或者 XML Schema 的支持具有统一的结构，因此 DITA 先天具有支持自动化处理的能力。

其实，DITA 主题就是一个独立的信息单元，并且一个有效的主题只涵盖一个话题。

通常来讲，DITA 主题能够回答以下某个问题。

- 我怎么来做这件事？
- 它是什么？
- 过程是什么？
- 如何实现它？

从组织上讲，所有的主题无论有何用途，都具有如下特性：

- 有意义的标题；
- 独立于其他内容；
- 有逻辑的组织；
- 链接到含有相关信息的主题。

庞大的主题信息存放在一起，初始可能会有点混乱，但通过主题链接或关联信息组织成信息网络，便可形成一个便于搜索、理解和重用的知识库。

3.1.2 主题写作的优势

由于 DITA 主题的设计特点，使用主题创作，不仅便于用户寻找并使用信息，对写作人员、信息架构师和编辑也有显著的效益。

1）使作者更高效地创作。

在协作团队中，通常会存在多名作者为相关特征或功能进行内容的编写。每位作者都可贡献针对相关特征或功能的特定主题，以此使得创作更加高效。例如，要完成一个复杂的企业数据系统的安装指南，每位作者可能只掌握部分安装信息，如其中一位可能掌握安装组件信息，而另一位可能掌握安装配置信息等。在多名作者共同贡献大量的信息时，用主题编写会更容易、更高效。

2）作者之间可共享内容。

文档越大，越难使多名作者在同一个文档中编写内容。试想，某个文档有 50 页，只要有某一作者编辑这个文档，50 页的内容都被锁定，其他作者就不能再进行编辑。而有了主题，就可以随时在更小的内容单元中协同编辑，每个主题都是一个文档，可以使更多的作者同时编辑更庞大的内容。

3）作者可重复使用主题。

通过对内容的重复利用，作者可以节省时间和资源，可以将主题在多种产品、不同受众、多种信息集和输出格式中重复使用。例如，作者可能将同一个主题同时用于某本书和帮助系统中，或者在产品库中共享主题。如果共享的主题不适用于所有产品或不是产品的共同需求，则可以使用条件处理属性，删除不适用的内容，不需要编写和保存两个拥有几乎相同内容的主题。

4）使作者更快地组织或重新组织内容。

采用叙述性或书籍结构方式来设计的信息不能快速重组，而主题则可以。例如，如果为组装摩托车引擎创建单独的任务主题，当摩托车引擎设计发生改变时，可以轻松改变任务主题的顺序。审稿者也只需审阅小型主题组，无须审阅整篇文档。不需要让编辑、信息架构师或技术专家审阅长篇书籍，只需要在产品生产周期中，向审稿者提交短小的主题集合或单个主题即可。如果审稿者浏览的是少量短小精悍的主题，而不是超过百页的篇章，则更有可能得到好的回馈和更高的效率。

3.2　DITA 主题的信息类型

3.2.1　任务主题（Task Topics）

任务主题（Task Topics）是技术文档的基础，也是 DITA 主题的一种。任务主题将用于描述产品、技术与服务等内容的技术文档与其他类文档进行区分。

DITA 任务主题为用户创建有效的过程化信息提供了架构。任务主题包含多种不会在概念主题或引用主题中出现的 XML 元素。任务主题中元素构成的内容框架涵盖了先决条件、步骤、示例以及其他用户在创建任务时通常会选用的内容。

任务主题是 DITA 内容的主体，概念主题（Concept Topics）或引用主题（Reference Topics）用于辅助任务主题。阅读者一般会直接查看任务主题，仅当有必要时才去查阅相关的概念主题或引用主题。

在撰写任务主题时，作者应当将任务信息与概念信息或引用信息相剥离，以确保任务是简短、可搜索并且可重用的。此外，作者应当为每个任务步骤撰写一个便于管理、组织与重用的主题，同样也便于作者在需要时使用特定任务。

在处理包含较多步骤的任务时，应当将多个步骤划分为若干个任务主题。在创建这一系列任务主题时，应当首先创建一个用于描述整个任务流程的父主题或任务框架。然后将子任务主题按照一定的逻辑顺序进行整合，并嵌套至任务框架之中。最终出版物将按照任务框架的组织向用户呈现他们需要遵循的任务以及完成这些任务的顺序。

任务主题是技术文档的核心，在撰写任务主题时，应当明确内容的读者及目标。有效的任务主题应当保证每个主题仅包含一个步骤内容，并且将较为冗长的步骤内容分割为简短的子任务主题，同时应当注意将概念信息与引用信息从任务主题中剥离。在撰写任务信息时，需要保证在文档前后内容的编辑过程中，任务主题元素的使用方式是准确且统一的。

任务主题中包含的各项标签元素能够有效地对结构化信息进行描述，实现任务主题各个内容模块的组织，表 3.1 中是各个任务主题中的通用 DITA XML 元素。

表 3.1 DITA 任务主题中的通用 DITA XML 元素

DITA 元素	描　述
<title>	主题或章节题目
<shortdesc>	任务介绍
<steps>	整个任务的有序步骤
<steps-unordered>	整个任务的无序步骤
<context>	用户完成任务所需的背景信息
<step>，<cmd>	任务中的各个步骤
<substeps>，<substep>与<cmd>	任务中的各个子步骤
<info>	用户完成某个步骤时所需的补充信息
<stepresult>	步骤完成时的结果
<stepxmp>	步骤完成时结果的示例
<choices>与<choice>	以项目列表（而非有序步骤）的形式显示各种选择
<choicetable>	以双列表格的形式显示各种选项，可以在其中描述每种选项的步骤
<postreq>	现有任务完成后的后续任务
<example>	用于描述或辅助任务的示例
<result>	任务完成时的期望输出结果

除标题、段落标记等 DITA 任务主题常用的 XML 元素之外，DITA 任务主题还会出现<prereq>、<steps>、<cmd>、<info>、<stepresult>和<postreq>等 XML 元素。在使用 DITA 进行编辑创作时，灵活使用这些 XML 元素定义的语义标记，将

能够为所撰写的信息提供清晰的语义表述。例如，段落元素<p>可能仅包含一段文字，而其在语义上的信息类型却难以界定。但如果使用 XML 元素（如<prereq>或<postreq>元素）则对于编辑人员来说十分容易理解。

3.2.2　概念主题（Concept Topics）

任务主题是技术文档的核心，但任务主题同时需要多种信息类型的主题在编辑过程中对其进行支撑。而概念主题则是其支撑之一，其主要用于解释或定义任务主题中出现的概念。概念主题通常包含用户在使用产品技术手册或准备开始某项任务之前需要了解的背景知识。

概念主题可以用于对产品或解决方案进行较为详尽的描述，也可用于介绍任务中提及的工具和技术，还可用于解释产品特性与性能等。但需要注意的是，概念主题的目的是辅助任务主题，技术文档的目的是完成任务，而不是让读者学习概念，所以概念主题在文档中起到支撑和说明的作用即可，使用概念主题的篇幅比例及内容权重需要文档作者根据情况把握。

例如，一份讲述无线路由器使用的文档讲解了如何安装与配置无线网路由器并接入网络，此时概念主题在文档中用于介绍路由器技术特性、无线网协议和访问权限控制等支撑无线网路由器配置使用的概念信息。

在撰写概念主题的过程中，每个概念由一个概念主题进行描述。将概念独立划分的好处是能够帮助用户在需要了解概念时能够定位并阅读到所需内容，同时，也方便作者在文档中出现同一个概念的其他地方引用已有的概念主题。

有时术语表中的定义或任务主题中的叙述不能很好地阐述某个概念，这时需要单独定义概念主题来进行描述。在撰写概念主题的过程中，内容的叙述应注意适度，既不需在显而易见的内容上浪费过多笔墨，也不应略过隐晦难懂的概念，而且，概念主题也不应使用过于频繁，一般只需在文档中无法详尽描述某个概念时，才创建相应的概念主题来辅助任务主题的理解。

撰写概念主题的目的是向阅读者提供文章内容所需的背景知识，概念撰写的内容及深度取决于读者的预期专业水平。将详尽的概念知识从任务主题中分离出来并整合为概念主题，也有助于保持任务主题清晰易懂。撰写概念主题时不要掺杂操作步骤等任务信息。将任务的步骤类信息从概念信息中剥离出来是保证读者快速而正确地找到相应信息的关键。

在 DITA XML 元素的使用方面，概念主题中的 DITA 元素并非概念信息所专用的，概念主题中作者同样可以使用<p>、<ul>和<section>等通用元素。除了专用于任务主题或引用主题的元素，作者可以在概念主题中使用其他所有的 DITA 元素。表 3.2 描述了 DITA 概念主题中的通用 DITA XML 元素。

表 3.2 DITA 概念主题中的通用 DITA XML 元素

DITA 元素	描　述
<title>	主题或章节标题
<shortdesc>	概念介绍
<conbody>	概念描述，其中可添加章节或段落等其他元素
<section>	用于组织概念信息的子章节
<sl>	简单的项目列表
<ul>	将内容显示为无序项目列表
<dl>	项目列表，或简短的概念及其定义
<fig>与<image>	添加图形及其标题
<term>	强调新术语

在撰写面向任务的文档时，仅熟练地运用任务主题还不够，作者还需要灵活地运用概念主题。读者在遵循技术文档完成任务的过程中，既希望能阅读到直接明确的操作步骤，也可能希望了解任务主题内容之外的支撑概念。另外，将概念信息从任务中剥离出来也增加了概念主题的重用概率。

技术读物的读者水平参差不齐，背景知识储备较少的读者往往更需要了解概念信息。将概念信息从任务中分离出来同样有助于用户快速定位所需信息，而且这样既可以保证水平高的读者无须在冗长的概念信息中因搜寻特定的任务步骤而停滞不前，又能保证读者在需要了解背景知识时，能够通过阅读概念主题，对所需的信息得到全方位的理解。

3.2.3 引用主题（Reference Topics）

在撰写面向任务的技术文档时，文档仅包含前述的任务主题和概念主题还不够完整，有时还需添加引用信息，以辅助作者完成任务的描述。

引用主题的内容一般包含各种可供参考的事实集合，如软件开发工具包中的所有 API（应用程序接口）的调用方法。这些事实可以是相关的部件或命令等，也可以是表格或列表中的对象。

在撰写引用主题时，每个主题仅描述一类正文中所需要引用的资料。限制主题中引用信息的类型有助于提高内容的重用率和可检索性。当引用信息比较简短时，应将命令或对象包含在同一引用主题之下，如果引用信息无法在较短篇幅内叙述完，可以考虑将引用主题分割为若干个表格或主题。当不好判断引用主题如何划分时，可以考虑撰写的引用主题是否会被重用，以及日后是否会扩展这些信息。如果重用或扩展的可能性较高，则可以为引用中的每一项撰写单独的主题，这种方式虽然需要为各条简短的引用内容都创建单独的主题，并且需要管理更多的 DITA 文件，但却更易于实现主题的重用、重组及删除。另外，独立的主题在目录、索引与搜索结果中都更易于寻找。

撰写引用信息的目的是提高阅读速度，引用主题能够帮助用户快速检索到相关信息，然后继续完成技术文档中说明的任务。作者通过使用 DITA 元素提供的列表、表格与章节等标记信息来协助读者更加快速地搜索到引用内容。在组织引用主题时，可以将引用内容根据一定的逻辑结构总结到表格或列表中，并对列表中的每一项根据统一的顺序进行介绍，同时还需要保持引用信息的格式统一，以便引导读者按照文档的组织结构来搜索信息。

在 DITA XML 元素方面，引用主题几乎支持概念主题中的所有元素，同时也支持一些引用主题特有的元素。表 3.3 介绍了 DITA 引用主题中的通用 DITA XML 元素。

表 3.3　DITA 引用主题中的通用 DITA XML 元素

DITA 元素	描　述
<title>	主题或章节标题
<shortdesc>	任务介绍
<refbody>	任务主体
<section>	将文档内容总结至一个主题或章节中
<table>	表格
<ul>	显示无序项目列表
<dl>	显示项目列表、段落及其定义
<example>	用于解释或辅助主题的内容
<parml>	以类似于定义列表的格式显示参数
<properties>	包含类型、取值与描述的属性表格
<simpletable>	无标题表格
<refsyn>	语法图

较之任务主题，引用主题的重要性没有那么强，但引用主题能够帮助用户快速地搜索到需要了解的信息。与概念主题一样，只有在技术文档中需要引用主题来辅助描述任务的目标时，才应当考虑将其引用主题添加到文档之中。

此外，在撰写引用主题时，活用章节、表格与列表以及按照逻辑顺序统一地组织引用内容可以让信息更易查找与浏览。几乎所有的技术文档中都需要有效地引用主题，组织结构清晰的引用主题可以更加有效地帮助读者使用产品。

第 4 章
Chapter 4

DITA 映射

4.1 DITA 映射概述

4.1.1 DITA 映射的信息组织

DITA 映射是将交付出版物进行有机组织的关键。DITA 映射通过映射表（Map）来定义、组织和保存 DITA 主题向层次化出版物的重组映射关系，并描述 DITA 主题之间的层次和逻辑关系。

DITA 映射的定义建立在现有定义信息类型的规范和标准之上，支持无等级的关联关系，如矩阵和数组。它提供了一组能力类似于 RDF（Resource Description Framework）和 ISO 的主题映射，将主题和其他资源组织映射到结构化的层次信息文档中，以规范 DITA 主题的层次和关联关系。同时，DITA 映射提供定义和处理内容的关键字段。

用户可以通过 DITA 映射实现某一特定领域的主题汇总，同时组织主题间的顺序和引用等关联关系，满足不同用户的特殊需求。因为 DITA 映射能够赋予原本不存在关联的主题之间一定的上下文逻辑，或组织描述某一领域的语义关系，使得重组后的主题集合可以在不同的环境中被应用和重用。

DITA 映射往往代表一个单一的可交付成果。例如，一个特定的网站，一本特定的书籍印刷出版物或一个产品的联机帮助。同时，DITA 映射中的某一部分也可以为一个单一的可交付成果。如 DITA 映射可能包含印刷出版的一个章节或在线帮助系统中某个组件的故障排除信息。

同时，DITA 映射可通过专门化扩展类型，如图书映射表可用于组织成图书出版物，报纸映射表可用于组织成报纸出版物。DITA 映射可通过定义可嵌套的 DITA 主题引用元素和属性建立 DITA 主题间的关联关系，也可以通过定义关系表格来将拥有成员关联的 DITA 主题组合在同一行。

例如，任务主题可以与配套的概念主题和引用主题放在表格的同一行中。在处理过程中，这些关联关系可以呈现不同的方式，其通常表现为“相关内容”或“更多信息”链接列表中的结果。

4.1.2 DITA 映射的结构

在结构构成上，DITA 映射通过定义<topicref>元素（或其专业化扩展）来引用主题、映射表和其他资源，如 HTML 和 TXT 文件。<topicref>元素可以嵌套和组合使用，为 DITA 主题、DITA 映射或其他资源建立关联关系，同时，<topicref>可以组织内容的层次关系，以表示特定的导航属性。

DITA 映射的结构模型实现了主题与 DITA 映射的多层嵌套，这种关系使其可以满足出版交付物的层次化结果。具体结构模型如图 4.1 所示，item 表示某单一主题的映射，group 表示某一主题的内容集合映射。

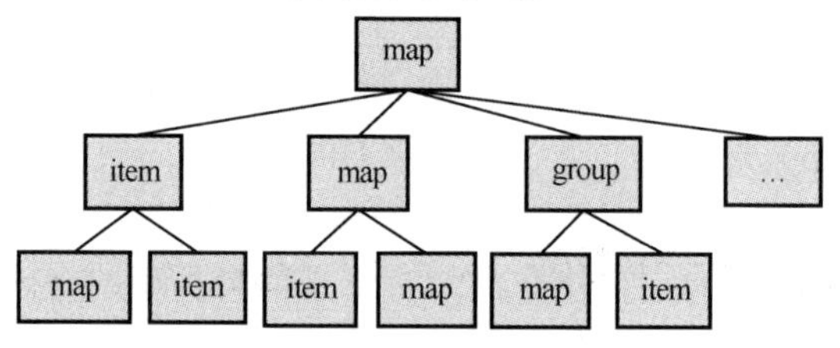

图 4.1 DITA 映射结构模型

应用此结构的 DITA 映射支持如下使用方式。

1）定义信息结构。DITA 映射可以为特定的用户需求定义和组织主题集合，甚至在这些主题被创建之前，也可以聚合多个主题作为单个交付结果。

2）定义特定输出所需主题的清单。DITA 映射引用的主题被输出处理。信息架构师、作家和出版商可以使用 DITA 映射来制定同一时间处理的主题集合，而非将每个主题单独处理。因此，DITA 映射为提供内容材料清单服务。

3）定义信息导航。DITA 映射可以为交付物定义在线导航或目录导航。

4）定义相关链接。DITA 映射定义主题间的相互引用关系。相互关系通过使用 DITA 映射中嵌套元素、关系表格和集合类型属性来定义。输出时，相互关系可以表示为相关链接或目录层次结构。

5）定义创作背景。DITA 映射可以定义创作框架，作为集成现有课题和创作新课题的起点。

同时，通过 DITA 映射的专门化，可以提供额外的语义。例如，可以通过定义 subjectScheme 映射表来增加专业化分类和本体定义的语义。

4.2 DITA 映射的元素与属性

4.2.1 DITA 映射的元素

DITA 映射描述了若干 DITA 主题之间的上下文或关联关系。DITA 映射与映射分组元素将主题根据层级与分组等关系进行组织，同时定义了相应的标签。

DITA 映射主要由下述元素构成。

1）map（映射）。

<map>元素是 DITA 映射的根元素。

2）topicref（主题引用）。

<topicref>元素是映射的基础元素。<topicref>元素可用于引用 DITA 主题、DITA 映射或其他非 DITA 资源。同时，<topicref>元素还可包含题目、简短描述以及主题的前言元数据等。

嵌套<topicref>元素时将创建层级关系，而层级关系可用于定义印刷输出结果中的目录、在线导航与父子链接等。@collection-type 属性通过定义特定的关系类型（如选择集合、序列或族群等）来对层级进行注解。这些集合类型对链接的生成方式有影响，而且不同的输出结果可以按照不同的方式解释。

3）reltable（关系表）。

关系表由<reltable>元素所定义。关系表可用于定义 DITA 主题之间以及 DITA 主题与非 DITA 资源之间的关系。关系表中的列定义了所引用资源的共通属性、元数据或信息类型（如任务或问题排查）等，而行则定义了相同行中不同单元格中所引用资源的关系。

关系表的组件包括<relrow>、<relheader>和<relcolspec>元素，而关系表中的关系可以通过@collection-type 属性进一步提炼。

4）topicgroup（主题组）。

<topicgroup>元素用于定义在层级关系或关系表之外的分组或集合，它实际上就是不带@href 属性或导航标题的<topicre>元素。分组可与层级关系和关系表进行整合，例如，用户可以将<topicgroup>元素包含至层级中的兄弟元素集合或包含至某个表格的单元格中。如此分组的<topicref>元素可以在不影响导航与目录的前提下共享继承属性与链接关系。

5）topicmeta（元数据容器）。

包括映射本身在内的大部分映射层元素均可在<topicmeta>元素中包含相应的

元数据。通常，<topicmeta>元素可作用于元素及其子孙元素。

更多的 DITA 映射元素，可以查看附录 A 详细了解。

4.2.2 DITA 映射的属性

DITA 映射的诸多特殊属性可用于控制不同输出结果中各种关系的解释方式。另外，DITA 映射与 DITA 主题共享若干元数据与链接属性。

DITA 映射通常会包含与具体媒介或输出结果（如网页或 PDF 文档等）有关的结构信息。诸如@print 与@toc 属性等都可用于协助处理器针对各种输出结果解释 DITA 映射，这些属性是 DITA 主题所不具备的。如果将每个主题从其所处的高级结构以及与特定输出结果有关的依赖关系中剥离出来，那么对于各种输出格式都应当是可以完全重用的。

@collection-type 与@linking 属性主要影响 DITA 映射中引用主题的相关链接的生成方式。

@collection-type 属性指明了<topicref>元素的子元素与其父元素及兄弟元素之间的关系。该属性通常设置于父元素，处理器会利用它来确定所渲染主题中导航链接的生成方式。例如，@collection-type 属性的取值“sequence”说明<topicref>元素的子元素是主题的有序序列，此时处理器可能会为子主题序列添加编号或者在在线文档中添加“下一个/前一个”的链接。对于不能直接包含元素的元素（如<reltable>或<relcolspec>），@collection-type 属性的行为将得以保留，以便在以后使用。

1）@linking。

默认情况下，DITA 映射中引用的 DITA 主题间的关系是相互的。

- 子主题链接到父主题，反之亦然。
- 序列中的向前和向后主题间彼此链接。
- 家庭中的主题应与其兄弟姐妹彼此链接。
- 关系表中同一行单元格中引用的主题应彼此关联，同一表格单元中的主题间默认情况下不应彼此关联。

用户可以利用@linking 属性来修改上述行为，作者或信息架构师可以利用该属性来指明某主题在相应关系中的地位。@linking 属性支持下述取值：

```
linking= "none"
```

说明主题在映射中的目的并非计算链接。

```
linking= "sourceonly"
```

说明主题仅链接至其相关主题，但反之不然。

```
linking= "targetonly"
```

说明相关主题可链接至该主题，但反之不然。

```
linking="nornal"
```

默认取值，说明链接是相互的（主题可链接至其他相关主题，反之亦然）。

2）@toc。

指明某些主题是否被排除在导航输出结果（如网站映射或在线目录等）之外。默认导航输出结果包含<topicref>的层级关系，而关系表则被排除在外。

3）@navtitle。

用于指明导航标题。系统默认忽略@navtitle 属性，它仅用于协助 DITA 映射的创建者追踪主题的标题。

4）@locktitle。

当 locktitle 设置为“是”时，系统将使用<navtitle>元素或@navtitle 属性（如果有的话），否则系统将忽略 navtitle，转而使用所引用文件中的导航标题。

5）@print。

用于指明印刷输出结果中是否包含给定主题。

6）@search。

用于指明索引中是否包含给定主题。

7）@chunk。

用于命令处理器，首先生成临时 DITA 主题集合并将其作为最终处理的输入。这样做可以减少输出结果，如复杂主题文件分解为更小的文件，分离的主题被结合到单个文件中。

8）@copy-to。

定义@copy-to 属性，指定当某一 DITA 主题转换时是否产生版本的副本。

9）@processing-role。

指明在处理被引用的特定主题或映射时，系统应当对其进行常规处理还是将其作为仅用于解析键或内容引用的资源。如其值为“normal”，DITA 主题作为信息集合的一部分，其将包含在导航和搜索结果中；若其值为“resource-only”，即表示该 DITA 主题仅作为处理过程中的一个资源，其不包含在导航和搜索结果中，也不作为主题呈现。

第 5 章
Chapter 5

DITA 框架

5.1 DITA 框架的构成

5.1.1 DITA 基础框架

前面阐述了 DITA 的主要构成，如 DITA 主题和 DITA 映射等，那么它是如何将元素和属性进行组成的，DITA 基础框架如图 5.1 所示。DITA 具体的组成元素和属性见附录 A。

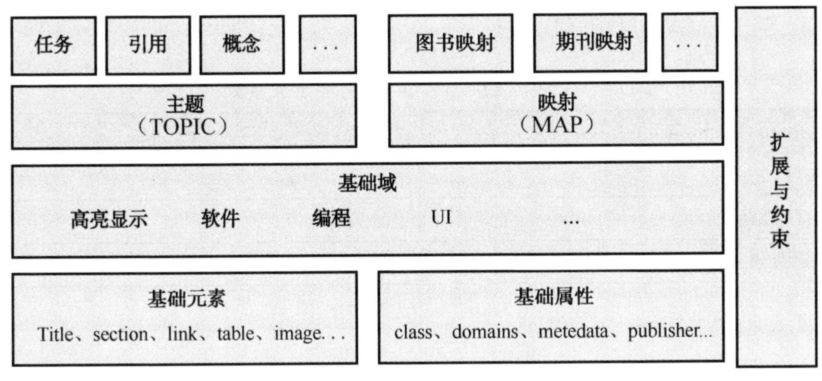

图 5.1　DITA 基础框架

5.1.2 DITA 框架实现

在 DITA 框架中，通过 DTD 或 XML SCHEMA 来定义主题和映射的结构，即其元素和属性的组成包含哪些功能以及功能的说明已经在第 4 章进行了相关的阐述，如需了解更多的元素和属性，请查阅附录 A。如此繁多的元素和属性，是怎样有机地结合在一起呢？其实其遵循相应的文件定义规则，理解规则有助于更好地应用其扩展。DITA 框架中各类文件组成如图 5.2 所示。

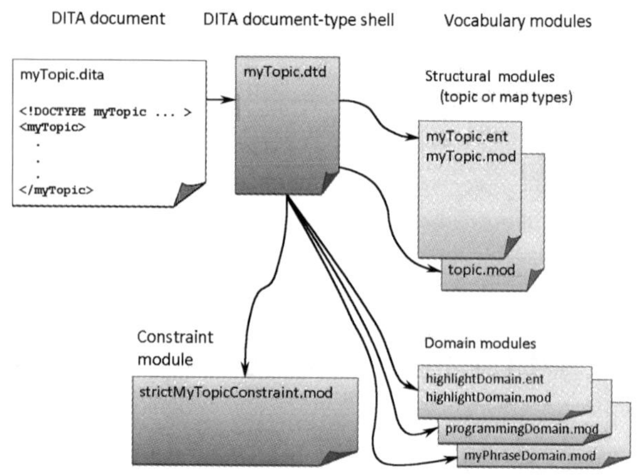

图 5.2　DITA 框架中各类文件组成

由图 5.2 可以看出，DITA 主题的应用基于 DITA 主题的 DTD 或 XML SCHEMA 的定义，俗称模板。模板则又由若干的文件组成，这些文件描述的信息和规则如表 5.1 所示，如需了解相关文件的具体内容，请下载并查阅 DITA 标准的 DTD 和 XML SCHEMA 的数据包。

表 5.1　DITA 文件定义规则

类　型	规　则
DITA 主题	*.data　/ *.xml
DITA 映射	*.datamap
条件处理	*.ditaval
主题/映射结构定义	Typename.dtd
	Typename.xsd
结构化单元定义	Typename.mod
	Typename.ent
	TypenameMod.xsd
	TypenameGrp.xsd
域单元定义	TypenameDomain.mod
	TypenameDomain.ent
	TypenameDomain.xsd
约束单元定义	constraintnameConstraint.mod
	constraintnameConstrainMod.xsd

5.2 DITA 扩展与约束

5.2.1 机制概述

DITA 标准一直在被强调其应用广泛和结构严谨，主要是其设计之初就构建了良好的扩展和约束机制。

扩展机制能够在现有框架包含的元素基础上，通过继承创建和定义新的元素，新元素完全保留父元素的特性。借助这种机制，可实现 DITA 主题和 DITA 映射的类型扩展。例如，通过图书 DITA 主题扩展出工具图书 DITA 主题和科教图书 DITA 主题等。

约束机制能够在不修改基础模块元素的情况下，实现对内容结构和单个元素的属性列表的修改。同时，约束还可以限制元素和属性的使用条件以及包含的内容。例如，约束标准 DITA 主题中的标准类型为国家标准、地方标准或行业标准之一。

5.2.2 约束机制

约束定义了特定元素模块的使用条件，通过删除集成的领域模块中的扩展元素，或者使用领域提供的扩展元素类型代替基本元素类型，以限制特定类型的内容模型中的元素和属性列表。约束不能改变元素的语义，只能限制元素在特定环境的具体内容类型中使用的细节。由于约束能使可选元素变为必备，所以使用相同词汇模块的文档可能仍然存在不兼容的限制。因此，使用约束可能影响内容直接从某一主题映射到另一主题或映射使用的能力。

1）结构约束。

定义 DITA 主题或 DITA 映射的结构约束条件，限制结构的元素列表，定义元素类型出现的必要性、顺序和频率。

2）元素约束。

定义 DITA 主题或 DITA 映射中的元素约束，限制元素使用的范围和包含属性类型和顺序，以及包含子集元素的结构。

3）属性约束。

定义 DITA 主题或 DITA 映射中的属性约束，限制属性使用的范围、顺序。

4）领域约束。

定义 DITA 主题或 DITA 映射中的领域约束，限制领域使用的范围、领域中包含的元素类型和结构。

5）内容约束。

定义 DITA 主题或 DITA 映射中元素和属性内容约束，限制元素和属性包含内容的类型或范围。

5.2.3 扩展机制

框架中提出的扩展机制主要是如何在现有的主题或映射的基础类型上，根据特定的应用要求，定义和创建出新的主题或映射类型，也称为专门化。在专门化类型处理中，可以提供专门化处理器，得出专门化的效果；也可不提供专门化处理器，此时，其类型处理会采用其继承的父类型的处理器，专门化的效果将会丢失，而只保留其父类型的处理效果。因此，专门化类型需记载其所有的父关系类型。

1）元素专门化。

利用现有框架中的元素类型，创建出新的元素类型。此元素在继承父元素的特性的基础上，如元素结构和属性列表等，通过添加、修改或删除元素子集，构建特殊的元素类型。

2）属性专门化。

利用现有框架中的属性类型，创建出新的属性类型。此属性在继承父属性的特性（如属性值范围等）的基础上，通过添加、修改或删除属性子集和属性值范围，构建特殊的属性类型。

3）领域专门化。

利用现有框架中的领域类型，创建出的新的领域类型。此领域在继承父领域的特性（如领域结构和元素列表等）的基础上，通过添加、修改或删除领域子集和元素子集，构建特殊的领域类型。

DITA 主题和 DITA 映射的类型专门化，可通过以上专门化方式组合使用，创建出新的 DITA 主题和 DITA 映射类型。

不同类型的 DITA 主题间，相同元素类型间的内容引用需要格外小心，此元素类型可能在经过专门化处理后导致内容不兼容。

5.3　DITA 扩展应用

5.3.1　主题专门化

1. 理解主题专门化

主题专门化是为扩展主题类型提供的一种更具约束性的解决方案，帮助用户解决如何从具体的主题信息类型到一般主题类型的映射方法。专门化为多层或分级规范提供了支持，允许更一般的主题类型作为不同特殊类型的公共基础。

专门化过程是随着 DITA 创建的，其基本原理和过程也适用于其他领域。其实，DITA 中的基础主题、概念、任务和引用主题都可以看做是主题的专门化。可以理解为 DITA 的 topic 是其构架中的基础类，专门化就是从如何在 topic 的基础上进行继承原有元素和属性，扩展新的元素和属性形成新的主题类型，服务于不同信息编写的需求。

DITA 1.2 中描述的主题类型结构如图 5.3 所示，可以看出其为不同的需求专门化了更多的主题类型。

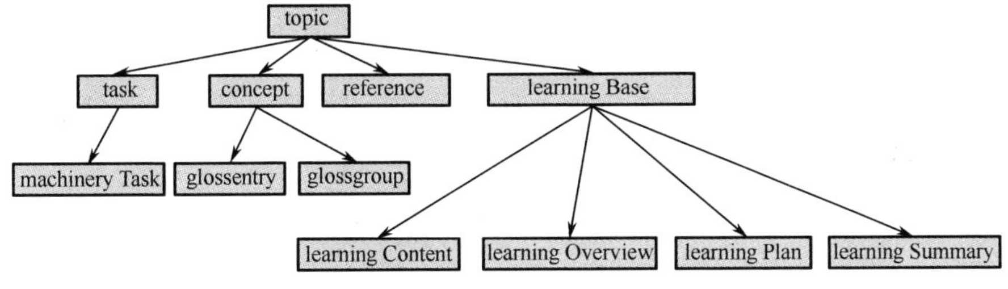

图 5.3　主题类型结构图

每种新的主题类型都被作为已有主题类型的扩展进行定义，专门化的类型继承而不是复制公共结构，专门化类型提供其新元素到一般类型已有元素的映射。

因为主题类型声明分布在不同的模块中，所以定义信息的主题类型不会影响被继承的主题类型。此种处理方式有以下好处。

1）降低维护成本。每个专题只需要维护其独有的特殊元素。

2）提高兼容性。基础主题类型容易集中维护，对基础类型的修改同步更新到所有的专门化类型。

3）降低耦合度。增加新主题类型不会影响核心类型的维护，也不会影响使用不同主题类型的其他用户。

DITA 映射也是采用相同的专门化机制进行信息类型的扩展的，其标准 1.2 版中也提供了一些，如图 5.4 所示，未来将会更加丰富，使用者也可以根据自己的需求进行扩展。

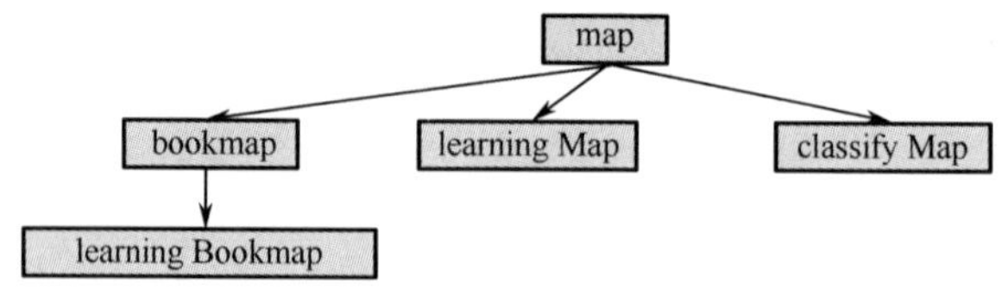

图 5.4 DITA 映射

2. 主题专门化的实例

在 DITA 标准中，除了提供任务、引用和概念主题外，还提供了其他一些内部的专门化主题，在前面已经进行了阐述。下面将选择 glossentry 主题作为样例，阐述如何实现主题专门化。

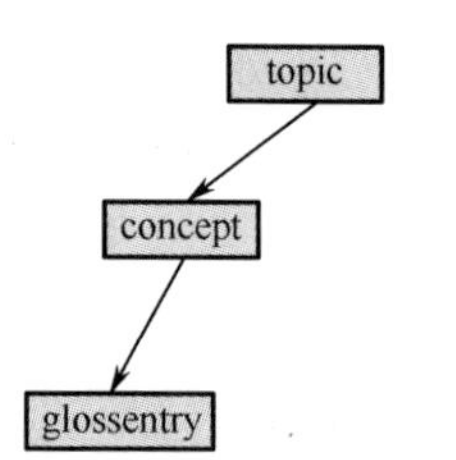

图 5.5 专门化主题层次结构

1）定义主题类型。

根据词典创作需要，定义新的主题类型 glossentry。glossentry 主题专门化的层次结构如图 5.5 所示。

2）确定主题元素。

glossentry 主题为了满足词典创作需求，在概念主题的基础上继承和扩展了不少元素，摘录部分如表 5.2 所示。主题列描述在 topic.mod 文件中定义的部分元素，概念列描述在 concept.mod 文件中定义的部分继承于 topic 的元素，注解列描述在 glossentry.mod 文件中定义的部分继承于 concept 的元素。

表 5.2 glossentry 元素继承表（部分）

主题（topic）	概念（concept）	注解（glossentry）
(topic.mod)	(concept.mod)	(glossentry.mod)
topic	concept	glossentry
title	title	glossterm
		glossAbbreviation
		glossAcronym
		glossSynonym
		glossShortForm
abstract	abstract	glossdef
body	conbody	glossBody

续表

主题（topic）	概念（concept）	注解（glossentry）
data	data	glossPartOfSpeech
		glossProperty
		glossStatus
section	section	glossAlt
xref	xref	glossAlternateFor
image	image	glossSymbol

注：如需了解更多的元素和属性，请查阅 DITA 的 DTD 数据包中的 glossentry.dtd 文件源码。

3）创建主题模式。

确定主题类型和元素之后，可采用 DTD 或 XML Schema 模式来约束和定义主题类型的 XML 结构，以创建相应的创作模板供编辑使用。下面以 DTD 模式构建方式创建 glossentry 主题类型。

● 编写实体声明文件（ent）。

新建 glossentry.ent 文件，在此文件中定义主题中被使用的标签实体，其内容如下：

```
<!ENTITY glossentry-att    "(topic concept glossentry)" >

<!ENTITY % glossAbbreviation "glossAbbreviation"  >
<!ENTITY % glossAcronym "glossAcronym"            >
<!ENTITY % glossAlt    "glossAlt"                 >
<!ENTITY % glossAlternateFor "glossAlternateFor"  >
<!ENTITY % glossBody   "glossBody"                >
<!ENTITY % glossdef    "glossdef"                 >
<!ENTITY % glossentry  "glossentry"               >
<!ENTITY % glossProperty "glossProperty"          >
<!ENTITY % glossShortForm "glossShortForm"        >
<!ENTITY % glossStatus "glossStatus"              >
<!ENTITY % glossterm   "glossterm"                >
```

● 编写元素定义文件（mod）。

新建 glossentry.mod 文件，在此文件中定义主题中被使用的元素和属性及继承关系。

以 glossentry 元素为例，其编写内容如下：

```
<!ENTITY % glossentry.content
                   "((%glossterm;),
                     (%glossdef;)?,
                     (%prolog;)?,
```

```
                    (%glossBody;)?,
                    (%related-links;)?,
                    (%glossentry-info-types;)* )" >
<!ENTITY % glossentry.attributes
          "id  ID   #REQUIRED
           %conref-atts;
           %select-atts;
           %localization-atts;
           outputclass  CDATA  #IMPLIED">
<!ELEMENT glossentry   %glossentry.content;>
<!ATTLIST glossentry
           %glossentry.attributes;
           %arch-atts;
           domains  CDATA "&included-domains;" >
```

以 glossentry 元素为例，主要通过@class 属性来描述元素的继承关系，编写内容如下：

```
<!ATTLIST glossentry  %global-atts;  class CDATA "- topic/topic
concept/concept glossentry/glossentry " >
```

● 编写 DTD 文件（dtd）。

创建了元素定义文件之后，需编写 DTD 文件来将专门化和引用的元素进行结合，构建供用户编写的主题模板，主要编写内容如下：

```
<!-- ============================================================= -->
<!--                 TOPIC ELEMENT INTEGRATION                     -->
<!-- ============================================================= -->
<!--                 Embed topic to get generic elements           -->
<!ENTITY % topic-type  PUBLIC
"-//OASIS//ELEMENTS DITA 1.2 Topic//EN"
"../../base/dtd/topic.mod"                  >
%topic-type;

<!ENTITY % concept-typemod
                PUBLIC
"-//OASIS//ELEMENTS DITA 1.2 Concept//EN"
"concept.mod"                               >
%concept-typemod;
<!--                 Embed glossary to get specific elements       -->
<!ENTITY % glossentry-typemod
                PUBLIC
"-//OASIS//ELEMENTS DITA 1.2 Glossary Entry//EN"
"glossentry.mod"                                                   >
%glossentry-typemod
```

● 修改转换处理（xls）。

针对专门化的特殊元素处理，使用新元素类型的用户可以创建用于为特殊元素声明新行为的转换，并导入一般转换来为其他元素提供默认行为。

例如，glossentry 专门化的转换可以对 glossterm 之外的所有专门化元素进行一般处理。

```
<xsl:import href="general-transform.xsl"/>
<xsl:template match="*[contains(@class,' glossentry / glossterm ']">
 <!--do something-->
<xsl:apply-templates/>
</xsl:template>
```

由于 glossterm 元素是 concept/title 元素的专门化类型，其 class 属性包含这两个值，且 glossterm 处理在导入的样式表中，故其优先处理。当然，用户可以对每一个专门化的元素构建转换处理规则，以满足其特殊应用需求。

5.3.2　领域专门化

1．理解领域专门化

领域专门化能够独立于主题类型而定义内容元素的新类型，即可以从已有的短语和块元素派生出新的短语和块元素，将描述同一专题的词汇表集中形成新的领域。领域可以在任何允许其基本元素的主题结构内使用专门化的内容元素。专门化的元素继承原有元素的出现特性，如段落标签<p>可以出现在概念主体或任务先决条件内，专门化的段落也可以出现在其中，如图 5.6 所示。

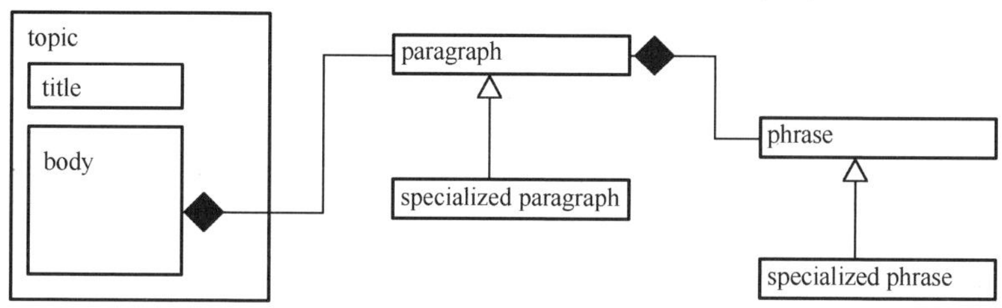

图 5.6　可以将专门化的内容插入主题主体内

其实，DITA 领域包含一组用于特定目的的专门化内容元素，即一个领域提供一个专门化的词汇表。DITA 标准包提供如表 5.3 所示的领域。

表 5.3 DITA 标准包提供的领域

领 域	用 途
高亮显示（highlightDomain）	描述如粗体、斜体及对齐方式等元素标签集合，可以使内容在表达时进行样式的突出显示
编程（programmingDomain）	定义语法并给出编程语言的相关元素集合
软件（utilitiesDomain）	描述软件程序的操作的相关元素集合
UI（uiDomain）	描述软件程序的用户界面的相关元素集合

在大多数领域设计中，专门化元素为基本元素增添了一些语义。例如，编程领域的 codeblock 元素使用 API 内代码的语义扩展了基本 pre 元素。

高亮显示领域是特例。该领域内的元素提供添加了样式化的显示，而不是语义或结构化的标记。高亮显示样式为作者提供了一种实用方法，用来标记尚未定义语义的短语。

2. 领域在主题中的应用

DITA 领域的设计丰富了 DITA 主题的元素，也扩展了主题使用的范围。对于主题类型来说，从模式构造结构来看，DTD 文件描述仅仅是一个外壳，而在其他模块中定义了元素，主题 DTD 包括了这些元素。

在 DITA 主题专门化创建新的主题类型时，能够包含现有领域，使得其获取更通用的元素构架。如创建 glossentry 主题类型时，可以在其 DTD 文件中加入以下代码，使其支持编程、高亮显示等领域的元素使用。

```
<!-- ============================================================ -->
<!--                    DOMAIN ENTITY DECLARATIONS                 -->
<!-- ============================================================ -->
<!ENTITY % hi-d-dec
  PUBLIC "-//OASIS//ENTITIES DITA 1.2 Highlight Domain//EN"
         "../../base/dtd/highlightDomain.ent"
>%hi-d-dec
<!ENTITY % pr-d-dec
  PUBLIC "-//OASIS//ENTITIES DITA 1.2 Programming Domain//EN"
         "programmingDomain.ent"
>%pr-d-dec
<!-- ============================================================ -->
<!--                    DOMAIN EXTENSIONS                          -->
<!-- ============================================================ -->

<!ENTITY % pre          "pre |
                        %pr-d-pre; |
%ui-d-ph;
                        ">
```

```
<!-- ============================================================ -->
<!--                    DOMAIN ELEMENT INTEGRATION                -->
<!-- ============================================================ -->
<!ENTITY % hi-d-def
  PUBLIC "-//OASIS//ELEMENTS DITA 1.2 Highlight Domain//EN"
        "../../base/dtd/highlightDomain.mod"
>%hi-d-def;

<!ENTITY % pr-d-def
  PUBLIC "-//OASIS//ELEMENTS DITA 1.2 Programming Domain//EN"
        "programmingDomain.mod"
>%pr-d-def;
```

3. 领域专门化的实例

在 DITA 的 DTD 模式设计规范中，通常由两个文件来实现领域的结构规范。一个是使用扩展名为.ent 的文件，声明领域的实体；另一个是使用扩展名为.mod 的文件，定义领域的元素。

在使用 DITA 映射时，若用户希望注解（glossentry）主题被映射和引用，并进行统一维护和重复使用，则可以通过领域专门化的手段构建一个新的领域 glossref。这样，在 map 中只需包含此领域即可。假设只定义一个元素 glossref，今后再补充完善，则可以通过以下步骤来完成此领域的专门化。

1）编写实体声明文件。

领域专门化实体声明了领域的专门化元素，实体名称通过领域标识符和基本元素名称组合而成。而与此领域有关的其他领域，则通过领域标识符和-att 组合而成。

完整的实体声明文件如下：

```
<!ENTITY  % glossref-d-topicref  "glossref"  >
<!ENTITY  % topicref      "topicref |
                    (%mapgroup-d-topicref;) |
                    (%glossref-d-topicref;)  >
<!ENTITY glossref-d-att
  "(map glossref-d)"                        >
```

2）编写元素定义文件。

● 定义内容元素实体。

```
<!ENTITY % glossref     "glossref"                              >
```

● 定义元素。

专门化的内容模型必须同基本元素的内容模型一致。

```
<!ENTITY % glossref.content  "(%topicmeta;)? >
<!ENTITY % glossref.attributes
          "navtitle CDATA #IMPLIED
                 … …
           %univ-atts;"
>
<!ELEMENT glossref   %glossref.content;>
<!ATTLIST glossref   %glossref.attributes;>
```

● 定义专门化层次结构。

通过@class 属性来定义领域元素的专门化层次结构。根据规范，领域元素的class属性的值都必须以加号开始，内容如下：

```
<!ATTLIST glossref  %global-atts;  class CDATA "+ map/topicref
glossref-d/glossref " >
```

3）glossref领域的应用。

创建了领域glossref，就可以在map的DTD文档中与其他领域相结合进行应用。glossref的部分在下列代码中用粗体突出显示。

```
<!-- ============================================================ -->
<!--                 DOMAIN ENTITY DECLARATIONS                    -->
<!-- ============================================================ -->

<!ENTITY % mapgroup-d-dec
  PUBLIC "-//OASIS//ENTITIES DITA 1.2 Map Group Domain//EN"
         "../../base/dtd/mapGroup.ent"
>%mapgroup-d-dec;

<!ENTITY % glossref-d-dec
  PUBLIC "-//OASIS//ENTITIES DITA 1.2 Glossary Reference Domain//EN"
         "glossrefDomain.ent"
>%glossref-d-dec;
<!-- ============================================================ -->
<!--                 DOMAIN EXTENSIONS                            -->
<!-- ============================================================ -->
<!ENTITY % topicref    "topicref |
                        (%mapgroup-d-topicref;) |
                        (%glossref-d-topicref;)
                       ">

<!-- ============================================================ -->
<!--                 DOMAINS ATTRIBUTE OVERRIDE                    -->
<!-- ============================================================ -->

<!ENTITY included-domains
```

```
                    "&mapgroup-d-att;
                    &glossref-d-att;
>
<!-- ============================================================= -->
<!--                 DOMAIN ELEMENT INTEGRATION                   -->
<!-- ============================================================= -->

<!ENTITY % mapgroup-d-def
  PUBLIC "-//OASIS//ELEMENTS DITA 1.2 Map Group Domain//EN"
        "../../base/dtd/mapGroup.mod"
>%mapgroup-d-def

<!ENTITY % glossref-d-def
  PUBLIC "-//OASIS//ELEMENTS DITA 1.2 Glossary Reference Domain//EN"
        "glossrefDomain.mod"
>%glossref-d-def
```

第 6 章

Chapter 6

DITA 支撑处理

6.1 DITA 内容处理

6.1.1 内容导航

在内容较多时，一般通过目录实现内容导航。例如，书籍的目录，有些电子出版物除了目录这种基本的导航外，还具有一些交叉引用。这些导航使读者能很方便地在内容之间进行跳转，在遇到一些不明白的且有导航的内容时可以跳转到有关内容的详细解释中去，在浏览完详细解释之后，还能够通过导航回到原来的阅读位置。

应用于交付出版物的 DITA 主题是通过 DITA 映射进行构建的，被应用的 DITA 主题有多有少，且这些主题间可能会存在复杂的交叉引用，此时如何快速了解内容的全貌和跳转到感兴趣的内容就变得很重要。在 DITA 模型中，采用内容导航的方式，为理清 DITA 主题在交付文档中的内容关系提供了解决方案。

在 DITA 模型中，每个 DITA 主题都可能会引用到其他 DITA 主题，故每个 DITA 主题设计为包含一个内容引用表，以此来描述主题间的交叉引用关系。表中的每条记录主要包含两条信息，一个是引用内容的位置信息，另一个是引用内容的简短描述。引用内容的位置信息可以保证能通过本表快速定位到相应的内容实体，引用内容的简短描述则能使用户对被引用的内容有一个粗略的了解，进而根据需求来决定是否进行内容的跳转。引用内容的简短描述一般采用取自被引用内容的标题或特殊定义的属性值。

在 DITA 框架中，DITA 主题被允许嵌套包含，则可能会出现这种情况：一个 DITA 主题引用某一 DITA 主题，而被引用的 DITA 主题又引用其他 DITA 主题，从而形成比较深的嵌套引用关系。在此情况下考虑到效率和实现的复杂度等因素，在实现上可以只考虑几级嵌套引用内容的导航处理，具体应根据实际应用进行考虑，如目录中包含几层子章节。

6.1.2 内容链接

DITA 主题是组成文档的基本要素，DITA 主题之间有引用关系，DITA 主题与资源（如图片、音频）之间具有使用关系，DITA 映射与 DITA 主题之间又具有引用关系。为了建立内容之间的关系，就需要有某种方式能够使内容建立关联。内容关联链接就是解决此类问题的，它可以提供内容导航、内容包含等功能。

内容关联链接主要是为定义内容、组织出版结构、实现 DITA 主题到 DITA 主题的导航链接、实现交叉引用和依据引用实现的内容重用。通常来说，链接是建立两个对象之间的某种关系。在 DITA 模型中，链接一般是建立两种关系，第一种关系是导航链接，第二种是引用链接。导航链接一般通过使用指定的元素来建立，而引用链接则是通过使用给元素添加属性的方式来建立。

在 DITA 框架中，链接可以是 DITA 主题之间的链接、DITA 主题与非 DITA 主题的链接、DITA 主题内部和 DITA 映射内部的相互链接等。

在 DITA 映射中的链接应用一般通过建立引用表的方式建立和实现，主要解决 DITA 主题间的内容导航，如目录。在 DITA 主题中则通常包含不同种类的链接，如相关信息链接、图片链接、对象链接和 DITA 主题包含的任意元素间的内容引用等。

在实现上，DITA 框架通过 XPath 标准和定义唯一键的方式来实现内容的链接，并通过基于 URI 的直接寻址或者基于键的间接寻址的方法实现内容的链接跳转。

6.1.3 内容定位

从前面的描述可以看出，“内容导航”依赖于“内容链接”，而内容链接需要通过某种方式才能够链接到指定的对象，这种方式就是内容定位。采用内容定位能够很方便地实现内容的链接，为 DITA 主题之间关系的建立提供保障。

无论关系的类型如何，关系的实现方式要么是基于 URI 的直接内容定位，要么是基于键的间接内容定位。基于 URI 的直接内容定位方式简单，很容易使用，但是具有不灵活的缺点；基于键的内容定位具有灵活、利于发布的优点，但是相较前一种方式具有复杂度高、使用麻烦的缺点。

DITA 模型要求每个 DITA 主题必须含有一个独一无二的标识符（ID），通过此标识符达成内容寻址的实现。在不同的内容和应用环境中，提供不同的基于 URI 的内容寻址规范，包括网页寻址采用 URL 标准，本地内容寻址采用文件路径的相对地址，DITA 映射包含的主题寻址采用直接使用主题的标识符等。

基于 URI 的内容寻址是直接寻址，其优点是方便。但是这些引用是直接引用，通常这些内容是相对固定的，不利于重新发布，如引用本地的某个图片文件。

基于键的寻址方式则是间接寻址，也称为晚绑定。之所以称为晚绑定，是因为这些通过键寻址的过程是在进行具体的后台处理时实现内容引用的。

基于键的寻址主要依据键的标识符（标签），标识符将代表某些特定的内容，若需要使用此内容的对象可以直接包含该标识符。在进行后台处理的时候，处理器根据标识符找到对应的内容实体。由此可知，此种引用只是对标识符的引用，而与该标识符描述的内容实体无关，因此，作者可以对标识符代表的内容进行实时修改。这种通过一个标识符来找到引用的内容的间接内容定位，可以使内容之间的联系程度降低，从而能够获得较高的灵活性。

6.1.4 内容包含

在进行内容编辑时经常会遇到可以利用已有内容的情况，如引用的内容和被引用的内容具有很强的关系，则可以在引用内容中包含被引用内容，就像在程序设计中的“include”做法一样，即内容包含。

在框架中内容可以通过映射的方式进行重组，也可以通过在一个 DITA 主题中引用其他 DITA 主题的方式实现内容的重构，此种方式可以实现内容的重用，但更重要的是为了组建规模更大的 DITA 主题。

6.1.3 节讲述了内容的寻址方式，使用这些方式可以找到指定的内容。在需要引用特定内容的地方添加特定的引用标识来标识要引用的 DITA 主题，在处理过程中把内容复制到引用的地方即可实现内容的包含。

上面描述的是框架中内容包含的基本实现思路。在具体的内容包含实现过程中可以按照如下方式进行。

首先，以 XML 格式创建结构化的文档内容。这些内容除了包括内容本身外，还要符合对应的 DTD 或者 Schema 的约束性要求，并且包括与内容相关的元数据信息。

其次，通过前面讲述的直接寻址或者间接寻址方法定位要引用的内容，同时考查被引用内容与目标内容的兼容性要求。若符合兼容性要求，则把内容复制到目标位置。若不符合兼容性要求，则提示用户此操作存在问题，并且停止当前处理过程。

6.1.5 内容过滤

一个产品系列中的每个产品都会发布对应的说明文档，且这些文档可能面向不同的读者，这些产品也可能运行于不同的平台。由此可见，这些相关的文档有很大一部分内容是相同的，而只有部分内容是不同的。那么如何根据内容特点，从中提取出需要的内容来重新组织为新的文档，是一个很重要的问题，且能满足上述典型的应用需求。

DITA 框架中为了应对此种需求，提供了内容过滤的处理方案。通过在 DITA 主题中给需求相关的元素定义特殊的属性，并为属性定义特殊意义的值，这样处理器在处理此内容的时候，依据属性值和设定的处理规则，实现内容挑选和过滤。

例如，应对基于不同平台的应用需求输出不同的内容，用户可先以 DITA 主题专门化的方式进行特殊属性定义，如添加平台属性，并设定属性的值域为 Linux、Windows 和 UNIX；再在处理器中添加此属性值的专门化处理，以便进行内容过滤的实际操作。

在建立处理方案时，有以下几点需要注意。

1）如果某个 DITA 主题在多种情况下都需要输出到交付文档中，那么可以在属性的值之间添加特定的分隔符来实现。例如，技术手册的一段内容，在出版针对 Windows 平台或 Linux 平台上都适用的版本时，需要在帮助文档上包含的属性值是“Windows&Linux”，其中符号“&”是分隔符。

2）属性所有可能的值可以存储在指定的文档中，那么当进行具体处理的时候，处理器就可以从此文档中获得属性所有可能的值，从而判断属性值是否有效。

3）如果属性值没有出现在上述的文档中，那么此时如何处理依赖于具体的处理器。但是，处理器需要给出一个警告，以提示用户。

6.2 DITA 条件处理

6.2.1 DITA 条件处理的作用

DITA 条件处理（Conditional Processing）用于在文档处理过程中过滤和标记内容，通过条件配置的方式进行特殊化处理。

在 DITA 框架中，为 DITA 条件处理提供了产品（@program）、平台（@platform）、

目标用户（@ audience）、版本（@version）和其他特性（@ otherprops）等属性，通过属性的值域进行 DITA 内容的条件处理。通过设定 ditaval 的文件结构，规范化条件处理过程。

在 ditaval 的文件中定义处理元素 prop，其元素通过@att 属性的值来规范待处理的条件元素，如平台（program）；通过@val 属性的值来配置@program 的值；通过@ action 属性的值来设定处理细节，如内容忽略、内容标记等。

DITA 条件处理需理解以下几个环节。

1）理解属性。

- 产品：是关于内容的主题，或可应用于哪些内容。
- 平台：用于说明产品可以部署的位置。
- 目标用户：用于考虑内容针对的目标用户。
- 版本：在内容修改或添加时形成正式版本或草稿版本。可以仅通过标识版本来使用。
- 其他属性：任意。

2）定义处理属性。

在条件处理文件（ditaval）中设定处理属性的值，如在 my.ditaval 文件中编辑和输入需处理的用户信息（@att="audience"　@val="programmer"）。

3）定义处理方案。

在条件处理文件（ditaval）中设定处理方案的信息，如在 my.ditaval 文件中编辑和输入需处理的操作（@action="flag"，其中 action 属性的值域为 flag、include、exclude 和 passthrough，详见 DITA 包中的 ditaval.dtd 文件。）。

在 DITA 框架中提供了以下几种处理操作。

- 内容忽略（exclude）。

适用于在出版时忽略掉一些特殊的特性和变量的情形。例如，设置在编译输出时，高级读者可以在输出文档时忽略掉一些基础注释性的信息。

- 标记信息（flag）。

指定希望标记的特性和变量。在输出时，元素将会使用指定的图片来标记或使用指定版本的标记。

4）确定输出方案。

在出版物交付处理时，需通过输入/filter:{args.input.valfile=my.ditaval}来指定过滤文件，以确定输出选项。

6.2.2　DITA 条件处理示例

下面以内容忽略为例，说明 DITA 条件处理配置的步骤。

1. 编写主题内容

在编写的 DITA 主题中，添加如下需要条件处理的段落内容。

```
<p audience="config">设置配置信息如下
<ul>
    <li audience="admin programmer">程序管理员专用信息，这里的内容只显示给项目经理看。</li>
    <li audience="programmer">这里的内容只显示给程序员。</li>
    <li audience="programmer" platform="unix">这里的内容只显示给UNIX 平台下的程序员。</li>
    <li platform="unix">这里的内容只显示在 UNIX 平台。</li>
</ul>
</p>
```

2. 编写处理条件

在本地创建一个名为 exclude.ditaval 的文件，将下列代码添加到文件中。

```
<?xml version='1.0' encoding='UTF-8'?>
<val>
  <prop att="audience" val="programmer" action="exclude" />
</val>
```

3. 确定输出

在 DITA 处理器的编译文件中，添加如下参数：

```
<property name="dita.input.valfile" value="exclude.ditaval"/>
```

4. 条件处理结果

经过 DITA 处理器重新编译处理后的结果如下。

```
设置配置信息如下
● 程序管理员专用信息，这里的内容只显示给项目经理看。
● 如下内容只在 UNIX 平台显示。
```

6.3 已有内容向 DITA 转换

6.3.1 转换目标

已有内容向 DITA 转换时，无论是从非结构化内容开始转换还是从结构化标记语言开始转换，都会产生不少实际的工作量。转换工作一般需要提前规划，同时有专门的团队来配合开展工作。在已有内容向 DITA 转换开始前，要讨论并确定目标，同时明确以下问题。

- 什么因素促使向 DITA 转换，是考虑用户的需求还是为了提高内容的可重用性？
- 对于转换工作的开展，是以转换效率优先还是以保证转换内容的完整性为优先？
- 是否需要做到全部转换？还是只保证核心内容的完整性？
- 转换中是否考虑对内容的修改升级？
- 转换后的主题是沿用原先的划分，还是重新梳理？
- 已有内容的作者和编辑人员是否适应这种创作变化？
- 用什么工具来完成转换？
- 将来如何使用转换后的 DITA 主题？

讨论清楚这些问题后，对 DITA 转换便会有一个清晰明了的目标，从而才能更好地制定策略，实施计划，使整个转换过程顺利完成。

6.3.2　转换过程

在批量转换之前需要进行实验性尝试。可以建立一个实验性团队，将一个已有内容主题转换为 DITA。这个小团队建议由以下人员组成：

- 内容架构师；
- 信息架构师；
- 图形设计师；
- 项目经理；
- 编排人员；
- 工具开发人员。

初次转换不要选取太多的内容，尽量是规模较小的 DITA 主题。通过完成这个实验性的转换过程可以帮助用户更好地评估整体的转换工作量和需要的转换资源等。

转换过程分为以下几个步骤。

1．评估内容

对于内容的评估，主要从以下几个方面来进行分析。

1）打算转换哪些内容？

- 是所有内容还是部分内容。
- 是否限于某些类型，如产品帮助、知识库、手册等。

● 是历史内容还是要更新的内容。

2）需要转换的内容量有多大？

● 字数；

● 页数；

● 主题数量。

3）对于样式的要求是什么？

● 哪些片段要设置成粗体、斜体？

● 项目输入样式是否满意？

● 需要维护和修改的样式需求是什么？

4）所创作的 DITA 将来可以导出 PDF、HTML 等格式吗？

5）有没有嵌入式的资源，如字体、图像？

6）准备如何开展转换，工具自动化辅助程度达到多少？

2. 规划和转换

1）确定转换的最佳时机。

● 你的团队有足够的资源完成转换工作吗？

● 你可以容忍内容搁置数天或者数周吗？

● 你的发布工具准备好来支持转换内容了吗？除了考虑源文档，我们还需要考虑输出文档的格式，如 PDF、HTML 等。

2）自己转换或请外部公司转换。

由专业的供应商完成已有内容向 DITA 的转换工作，即使投入比较多，但是对于大型转换工程而言，这个决定最终能创造经济效益。

专业的供应商会开发或借助工具来管理数字出版内容，并借助计算机程序将结构化内容转换为 DITA 文件。在工作过程中，不仅可以用此程序定制内容，还可以不断强化和改进程序配置，使后面的转换工作越来越高效。

对于计划自己完成 DITA 转换的用户来说，如果感觉转换过程一直不顺利，可以考虑请专业供应商提供支持，来协助自己完成转换工作。

3）配备转换团队。

一个完整的 DITA 内容转换团队，需要尽可能保证团队具备如表 6.1 所示的角色。

表 6.1 团队角色及其职责

角 色	职 责
项目经理	管理整个转换工程
XML 架构师	控制 DTD

续表

角　色	职　责
信息架构师	定义信息模型
工具专家	支配资源控制系统，管理自动化工具
质量保证工程师	测试转换

4）制定转换策略。

首先选择路线，一般的路线有两种。一是优先将内容重组为有效的主题，重新创作非 DITA 资源，使其成为格式良好的主题，然后进行 DITA 转换。二是优先将内容转换为 DITA，然后将内容重新创作和重构为主题。无论采取哪种路线，用户都需要将整个转换分成几个阶段进行，从而确保有很多工作可以同步进行。

选择第一种方式有如下优势。

- 创作工具变得无关紧要。你的团队可以使用自己熟悉的工具将内容重组为主题化的内容。
- 创作者可以并行工作。创作者在进行主题化的同时，其他成员可以进行 DITA 元素映射、测试转换工具和评价供应商等工作。
- 垃圾输入和垃圾输出。无论用什么工具，对内容都有一定的要求，如果内容无序或不一致，转换不会顺利，后期将有大量的梳理工作，在转换之前进行梳理，可以节省更多的时间。
- 可以删除不需要的内容。对于不需要转换的内容提前清理，降低转换成本。
- 源文件格式可以不同，但内容输出要求一致。

选择第二种方式有如下优势。

- 可以使用有效的主题模型。将内容转为 DITA 任务、概念和参引主题文档后，更容易进行内容重组。
- 更容易进行架构和建模。通过 DITA 映射，用户可以将主题移到其他 DITA 映射中或改变某一 DITA 映射中的主题层次。
- 较好的工具支持。DITA 有很多高效的工具可以支持检索、修改、构建等，可以更快地发布。
- 可以创建一致的输出。例如，用 DITA 资源建立内容、封面、页眉和页脚等就会有相同的外观。

5）定义 XML 标准。

在转换内容到 DITA 之前，需要确定 XML 标准的指导方针。版本声明中指定了使用的 XML 版本，指示处理工具文档为 XML 文档，编码声明处理工具一般建议是 UTF-8。使用 ID 来识别 DTD，在 XML DOCTYPE 声明中可以使用 Public 或 System 属性。

6）定义图形格式。

对于现有图形，需要通过转换来统一图形格式。一般图形分为栅格图形和矢量图像。

栅格图形包括 eps、gif、jpeg、jpg 和 png 等，对于这些图形，用户无法提高分辨率，如需提取图形格式中的文本，还需要额外的工具软件支持。

矢量图像（SVG）有很多优点，转换的图形可以包含文本，可以矢量放大，可以进行很好的扩展，内容可被搜索引擎搜索到。由于 SVG 本身就是基于 XML 的，所以非常便于各种工具编辑。

7）文档一致性要求。

- 文件名和扩展名。使用小写，不要使用空格等特殊字符，确保 DITA 映射文件的扩展名是.ditamap。对于 DITA 主题，使用.dita 或.xml 为扩展名。
- 文件命名规范。是否要求确定文件属于某个特定的产品或者信息集，例如，一个信息集的所有文件可能有一些字符集来确定这一信息集。
- 版本控制。需考虑版本控制系统的安全性、是否有修改历史、是否可以回滚、是否可以自动构建、是否可以锁定内容。
- 目录结构。需要组织好在多个 DITA 映射中重用的 DITA 主题，比如需要考虑是否将可重用文档置于共同的文件夹中。

8）确定 DITA 主题类型。

接下来需要确定 DITA 主题类型来进行结构化，DITA 标准有三个基本主题类型：概念、任务和引用。当然还有其他主题类型和几个特殊类型，不过这三个基本主题涵盖了大部分的内容。如果需要特殊的主题类型，则需要了解 DITA 专门化方面的知识。

9）建立层次架构。

在把已有内容转换为 DITA 时，应该考虑如何更好地将现有内容层级转化为 DITA 映射。在规划时需要思考以下问题。

- 你是否把转换当做一个机会，将内容重组为面向任务模型的信息模型。
- 你如何将内容细分为子映射，在自动转换中，是否将每个章节都转变为一个子映射？
- 如果你的内容包含图书，你会转换为 DITA 映射中的<topicgroup>元素或者书籍的一个<part>元素吗？或者用概念主题作为容器来重组信息。

3. 确定主题类型

1）任务。

虽然任务往往埋没在图书格式的概念或引用中（因为任务信息包含了过程性信息），但任务比较容易识别。一般特征如下：

- 编号列表；
- 描述如何完成工作；
- 基于动词的标题，例如，如何使用互联网；
- 包含一系列过程的动作。

2）概念。

- 没有编号列表；
- 描述什么东西是什么，以及如何工作；
- 可能有项目符号列表；
- 基于名词的标题，如平板电脑。

3）参引。

- 通常具有表和项目符号列表；
- 提供信息手段以便被发现和快速阅读；
- 描述命令、对象、功能、部件和附件等；
- 基于名词的标题，如数据库常用命令。

4．处理转换后问题

1）处理<required-cleanup>元素。

这里的<required-cleanup>元素是转换工具产生的不能进行正确转换的内容。

2）修复 DITA 映射。

原始文件中的链接经常不能在 DITA 中得到解析，你需要检查断链，或删除不必要的链接。核实 DITA 映射是否有正确的主题层次结构，审查转换日志信息。

3）改善主题。

在这个阶段，用户需要与信息架构师合作，将那些来自图书格式的信息集的样式更改为一种主题样式。例如，删除包括像“在本章”或“在本节”这种图书类型结构的文字。

一般遵循如下流程：

- 信息架构师通过使用信息建模工具创建内容的任务模型；
- 创作者根据模型来组织 DITA 图；
- 创作者重新创作任何必要的主题，同编排者在主题创作上紧密合作。

4）检查标记问题，代码审核。

改正每个主题中的标记，确保内容不仅包含准确而清晰的文本，还包括遵循指导方针和最佳实践的 DITA 标记。

5）开发 DITA。

通过开发 DITA，你可以重用内容、建立有效链接、提升导航。例如，用关系表链接或通过 DITA 图中的<topicref>元素设置集合类型取代多数的内嵌链接。

6.3.3 已有文档向 DITA 的转换步骤

从已有文档向 DITA 进行转换，项目开始前要考虑如下问题。

1）哪些内容需要做转换？

并不是所有的内容都需要转换。已经固化的内容可以继续沿用；有的内容可以考虑更好的形式，如可以从代码自动生成一些参考文档。

2）原来的内容是否需要重新设计和改写？

一般都需要重新审视文档结构。例如，如果原来的文档是基于章节（chapter）的，或者章节之间耦合太紧密等，都需要重新设计。

3）采取什么样的策略？

- 用什么工具进行转换？

使用支持 DITA 描述的 XML 工具对 DITA 主题和映射进行设计，或使用工具将文档内容转换后再进行编辑。

- 如何处理转换内容和新开发内容之间的关系？

新加的内容（无论转换与否）按新架构来写作，以减少未来转换的工作量。了解产品的发布计划，把转换工作放在两次发布之间进行。

- 转换内容的优先顺序。

经常使用的优先于较少使用的内容，改动频率高的优先于改动频率低的内容，新内容优先于旧内容。

在考虑上述问题后，可以按照以下步骤开展一个小项目。

1）内容重新设计。

这也许是最重要也最容易被忽略的环节。在这个过程中，可能会发现一些缺失的内容。

- 最好再次确认用户场景和用例。
- 场景确认好后开始设计 DITA 映射。可以使用 IBM Information Architecture Workbench 工具由 DITA 映射直接创建每个 DITA 主题的 XML 文件，在转换完成后把内容复制到各个 XML 文件中。
- 细化 DITA 映射。对条件控制输出细节进行细化。

2）原文档调整。

为减少转换的工作量，需要对原文档进行调整。例如，调整章节结构、删去无用的内容。有一些特殊内容需要做特别的处理，例如，操作步骤放在表格里或交叉链接（为更好地进行内容重用，尽量不要在 topic 中插入链接，最好使用关系表格）。

3）定制 DITA 结构。

根据需求定制 DITA。

4）内容转换（需要熟悉 DITA 的标签规则）。

用工具转换并不需要花太多时间，时间主要花费在修改和完善转换表格。

5）内容清理（需要熟悉 DITA 的标签规则）。

转换好的内容不能直接使用，还需要清理并完善。

6）调整格式。

按照公司风格调整模板格式。

7）内容发布。

可以使用支撑工具直接发布成 PDF、HTML 或 EclipseHelp 等多种格式。

8）解决问题。

有些工具（如 FrameMaker）对 DITA 的支持并不完美，转换和发布过程中可能会出现各种问题，所以需要预留一些修改的时间。

在转换项目完成后，得到并梳理以下输出文档：

- 转换表格；
- 定制的 DITA 模板；
- DITA 标签使用规范（特别是针对定制的标签）；
- 问题解决方法和最佳实践方法的记录；
- 各环节工作量及时间记录。

第 7 章
Chapter 7

DITA 支撑工具

7.1 DITA 支撑技术

7.1.1 可扩展标记语言

XML（eXtensible Markup Language，可扩展标记语言）是目前结构化数字内容出版过程中使用的基础技术。

XML 是 W3C 推荐的标记语言，它给出了一套定义语义标记的规则，这些标记将文档分成许多部件，并对这些部件加以标识。同时，XML 也是元标记语言，即定义了用于定义其他与特定领域有关的、语义的和结构化的标记语言的句法语言。

XML 被设计为具有自我描述的特性，它允许创作者定义适用于特定领域的标签和文档结构，在使用 XML 的过程中可以根据应用的领域自定义标签。另外，XML 本身没有业务含义，它被设计用来结构化、存储及传输信息。对于数字出版内容，采用 XML 来描述结构化信息，便于内容的加工、管理和共享。因此，DITA 标准本身也是建立在 XML 基础之上的。

XML 是各种应用程序之间进行数据传输的最常用的工具，并且在信息存储和描述领域变得越来越流行。在 XML 的灵活性和可用性支撑下建立的 DITA 标准，将在后续版本的发展过程中，借助 XML 的特性完善并拓展现有的各项标记，为各类数字出版物提供更好的描述。

7.1.2 内容验证

内容验证是指对出版内容进行正确性验证，使出版内容符合既定的结构要求和内容约束条件。DITA 主题使用 XML 来描述，DITA 的内容验证依赖于 XML 自身的内容验证，即 DITA 同样可使用 XML 验证技术来保证内容的有效性和规范性。

DITA 本身遵循 XML 的规则定义，在验证 DITA 内容的过程中，需要针对 DITA 应用领域的特性，制定通用的信息内容模型（Content Model），然后通过这个通用的内容模型来标识 DITA 中的各项信息。

DTD（文档类型定义）就是一种内容模型。DTD 使用一系列合法元素来定义文档的结构，能够定义出符合规则的 XML 文档结构。DTD 分为内部 DTD 和外部 DTD，内部 DTD 是指该 DTD 在某个文档的内部，只能被该文档使用。外部 DTD 是指该 DTD 不在文档内部，可以被其他所有的文档共享。DTD 文档与 XML 文档实例的关系可以看成是类和对象的关系。

每一个 XML 文档都可携带一个 DTD，用来对该文档格式进行描述，测试该文档是否为有效的 XML 文档。既然 DTD 有外部和内部之分，当然就可以为某一组 XML 描述的方言（如 DITA）定义一个公用的外部 DTD，那么多个 XML 文档就可以共享使用该 DTD，使得在这一组 XML 描述的方言中，数据交换更为有效。甚至在某些文档中，还可以使内部 DTD 和外部 DTD 相结合。在应用程序中，也可以用某个 DTD 来检测接收到的数据是否符合某个标准。

对于 XML 文档来说，DTA 的使用为文档的编制带来了方便。加强了文档标记内参数的一致性，使 XML 语法分析器能够确认文档。如果不使用 DTD 来对 XML 文档进行定义，那么 XML 语法分析器将无法对该文档的标签和结构进行确认。所以，利用 DTD 能够验证 XML 文档的有效性，并且能够通过 XML 解析器对文档的完整性进行检查。

虽然 DTD 能够解决 XML 文档验证的问题，但 DTD 本身也存在一些限制。DTD 本身并不是一种 XML 文档，其内部的结构化程度不够完善，不利于在遵循不同规则的 XML 文档之间实现重复使用。此外，DTD 文档基于正则表达式描述，没有数据类型限制，本身的语法有限，无法对 XML 文档的结构作出更细致的语义限制。

7.1.3 版式渲染

在 DITA 框架中，定义的 DITA 主题不包含出版物的版式和样式信息，通过 DITA 映射，将 DITA 主题映射重组形成 DITA 文档之后，需要在最终出版物中加入特定的版式渲染信息，以生成工整美观的出版文档。

对于版面美工要求不高的技术类出版物，在 DITA 中的版式渲染可以通过 XSL-FO 实现，而对美工要求较高的出版物，可以进一步使用专业的排版系统进行版式渲染。

XSL 是指扩展样式表语言（eXtensible Stylesheet Language），XSL-FO 的全称为 XSL 格式化对象（XSL Formatting Objects），XSL-FO 是 XSL 的重要组成部分。XSL-FO 本身也是一种 XML 文档，它定义了许多 XML 格式化对象，为符合 XML 规范的标记性文档排版提供了功能强大的版式处理特性，用于使目标文本在出版物上进行精确的布局。

XSL-FO 文档包含了信息内容及控制信息显示方式的版式，其中定义的格式化对象是在文档中最终展现的一系列矩形区域。XSL-FO 的矩形区域模型和 CSS 的模型十分类似，通过控制格式化对象的展现方式来实现文档的排版。此外，XSL-FO 文档还定义了有关页面的实际大小的信息（B5 或 A4 等）、有关页边距（顶部、左边、底部和右边）、页眉和页脚及页面其他特性的信息，有关文本的字体、字体大小、颜色和其他特征的信息，要打印的实际文本由描述段落、突出显示、表等类似元素来标记。提供上述一系列版式和样式的控制，实现最终出版物的渲染输出。

通过 XSL-FO 的渲染，可以生成的常用的文档格式，如 PDF、PostScript 和 DOC 等，目前在 DITA 处理过程中，最常用的也是 XSL-FO 渲染，生成 PDF（可移植文档格式）文件，以将文档最终展现给读者阅读。

7.1.4　相关知识

DITA 框架中内容处理主要是 XML 文档的处理，因此与 XML 相关的技术成为高效处理文档的利器，如 URL 和 URI 能够实现内容定位，XPath 能够实现内容查询，XSLT 能够实现内容翻译或转换。相关的知识点简述如下。

1）XSLT。

XSLT 的全称为 eXtensible Stylesheet Language Transformation。XSLT 用于将 XML 转换为 HTML 或其他类型的文本格式，更为确切的定义是：XSLT 是一种用来转换 XML 文档结构的语言。

2）URL。

URL 是 Uniform Resource Locator（统一资源定位符）的缩写，URL 是在 Internet 上用来描述信息资源的字符串，主要用于各种 WWW 客户程序和服务器程序，URL 通过 DNS 域名服务解析指向资源所在的位置。采用 URL 的好处是，可以用一种统一的格式来描述各种信息资源，包括文件、服务器的地址和目录等。

3）URI。

Web 上可用的每种资源，如 HTML 文档、图像、视频片段、程序等，都由一个通用资源标识符（Uniform Resource Identifier，URI）来进行定位。URI 一般由三部分组成，即存放资源的主机名、片段标志符和相对 URI 位置。

4）XPath。

XPath 是 XML 文档内容寻址语言，由于 XPath 规则可应用于不止一个 XML 标准，因此，W3C 将其独立出来作为 XSLT（XSL Transformations）的配套标准颁布，XPath 也是 XPointer 语言（XML Pointer Language）的重要组成部分。

7.2 DITA Open Toolkit 开放工具箱

7.2.1 DITA 开放工具箱概述

DITA 开放工具箱（http://dita-ot.sourceforge.net/）是 OASIS 为 DITA 提供的 Java 实现，能够帮助文档作者将 DITA 的映射和主题转换成最终交付文档。DITA 开放工具箱包含 Ant 构建模板、DITA 词汇表的 DTD 定义、DITA 词汇表的 XML Schema 定义以及 Java 文档处理类库等内容。对于 DITA 文档，源文件和映射文件中的标记项由 DTD 和 Schema 定义，借助 XSLT 和 CSS 文档，经处理渲染后得到最终交付文档。

DITA 开放工具箱能够帮助出版工作者将满足 DITA 标准的 DTD 和 Schemas 的 XML 内容转换成可发布的文件格式，如 XHTML、Eclipse Help、HTML Help、Help、JavaHelp 和 PDF。DITA 开放工具箱以开放源代码的形式公开发布，方便研究人员深入了解并学习 DITA 标准文档的分解与合成的实现细节。

但是 DITA 开放工具箱需要使用 Java 语言的 Ant 命令来对 DITA 文档进行编译，并生成对应的出版物格式。没有为用户提供所见即所得的桌面编辑工具，如果出版从业者习惯使用所见即所得的 DITA 编辑工具，则可以购买和使用商业公司开发的 DITA 标准的编辑工具，如 Syntext Serna、Dita Storm、Arbortext Editor 和 Oxygen 等。Syntext 公司开发的开源的 XML 编辑器 Serna Free 支持 DITA、Docbook 和 XHTML 等 XML 文件类型，能够实现可视化的编辑工作。在商业产品方面，提供软件产品生命周期管理的 PTC 公司开发的 XML 文档处理器 Arbortext，同样提供 DITA 的编辑与转换支持。

7.2.2 DITA 开放工具箱构成

DITA Open Toolkit（简称 DITA OT）是参考 OASIS DITA 标准实现的一套开源工具。DITA OT 用于把 DITA 内容（映射和主题）转换成可发布阅读的交付文档格式，如 XHTML、Eclipse Help、HTML Help、Help、JavaHelp 和 PDF 等。

DITA OT 工具包安装完成后，在安装目录下生成 DITA OT 所包含的各个模块内容，其文件目录结构与内容组成说明如表 7.1 所示。

表 7.1 DITA OT 文件目录结构

文件夹	描述
tools	DITA OT 使用的各项支撑工具，如 Ant
css	供 XML 源文件在编辑器或浏览器中显示的样式集合
demo	DITA OT 自带的样例主题
doc	DITA OT 开发工具包附带的说明文档
dtd	DITA 标准的文件类型定义
lib	DITA OT 高级应用处理的 Java 类库包
out	格式化输出目录。注意，out 文件夹在第一次文档编译过程中会自行生成
resource	提供 XHTML 和其他输出的样式及相关资源
samples	DITA 内容转换样例
schema	DITA 标准提供的 XML schema 定义
temp	加工编译过程中产生的中间文件
xsl	供 XHTML 和 PDF 加工的 XSLT 文件集合
build*.xml	Ant 编译模板

在模块组成上，DITA OT 结构组成模块分为 XSLT 处理模块、JAR 包处理模块和 Plug-in 处理模块，通过 Ant 组织以及编译将这些建立在 Java 虚拟机上的模块上实现有机的结合，将符合 DITA 标准的文档内容发布成各种格式的交付文档，如图 7.1 所示。其中，XSLT 处理模块提供 DITA 的一些转换文件，包括 DITA 到 XHTML、PDF、DocBook、Word RTF、HTML Help、EclipsE Help 的转换等；JAR 包处理模块主要通过 Java 编码对 DITA 文件进行处理，如 JAR 包 DOST 处理基于文本内容的提取、分析与结合等；Saxon 包实现了 XSLT 解析器；ICU4J（International Component for Unicode）包则保证了 Java 代码对 Unicode 字符集的完整支持；Plug-in 模块中主要集成了第三方开发的插件。

在 DITA 开放工具箱中，文件处理主要分三步：第一步，参数初始化与验证；第二步，创建临时文件，这些临时文件在编译过程中保持一致，不因目标输出类型的改变而改变；第三步，创建目标输出文件。DITA 开放工具箱处理过程如图 7.2 所示。

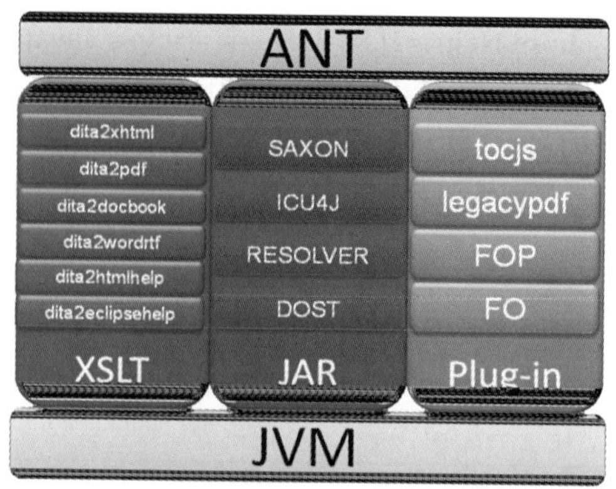

图 7.1 DITA OT 模块组成

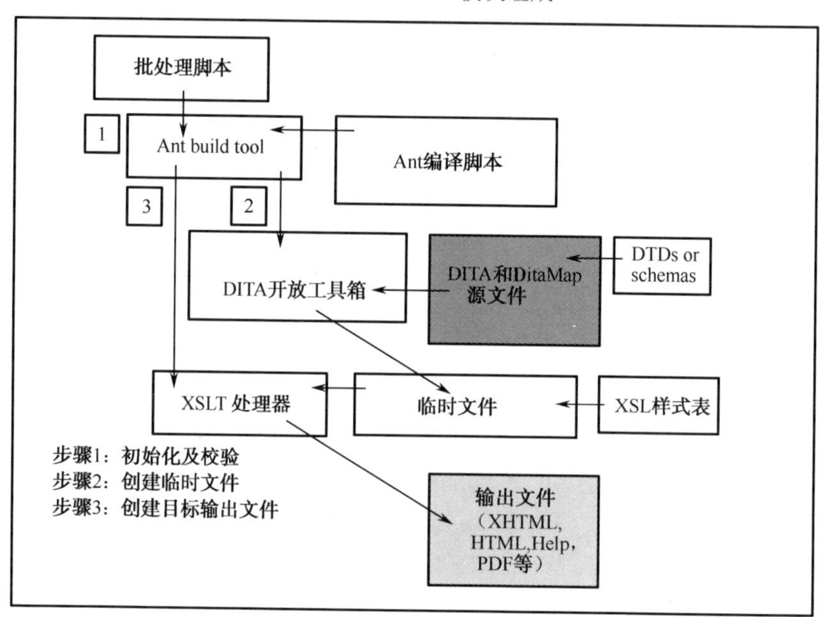

图 7.2 DITA 开放工具箱处理过程示意图

在 DITA 开放工具箱的使用过程中，首先下载 DITA-OT 完全安装包（DITA-OT Full Easy Install package），解压之后，在命令行中运行 startcmd.bat 文件，以便切换到 DITA 开放工具箱定义的运行环境下。

由于 DITA 开放工具箱是基于 Java 语言开发的，所以在系统中安装并配置 Java 的运行时间（Runtime）也是必不可少的。

DITA 开放工具箱提供了以下几种方式来执行编译和生成指定输出类型的交付物。

1）自定义 Ant 编译文件：建立最好的、永久的、明确的和可重用的编译文件。

```
ant -f mybuildfile.xml;
```

2）使用 DITA OT 工具包提供的 Ant 编译文件：简单、方便，但存在功能限制。

```
ant -f build_demo.xml;
```

3）使用 Java 命令行：适用于相对简单的一行命令行，并不存在与 Ant 的直接交互。

```
java -jar lib/dost.jar /i:sample/sequence.ditamap /outdir:out
/transtype:xhtml
```

4）使用 DITA 开放工具箱编译生成自带示例的 PDF 文档，Ant 编译示例的输出如下：

```
D:\DITA-OT>ant -f build_demo.xml
Buildfile: build_demo.xml
prompt.init:
prompt:
     [echo] Please enter the filename for the DITA map that you
     [echo] want to build including the directory path (if any).
     [echo] The filename must have the .ditamap extension.
     [echo] Note that relative paths that climb (..) are not supported
yet.
     [echo] To build the sample, press return without entering
anything.
    [input] The DITA map filename:[D:\DITA-OT\samples\hierarchy.
ditamap]
     [echo]
     [echo] Please enter the name of the output directory or press
return
     [echo] to accept the default.
    [input] The output directory (out): [out]
     [echo]
     [echo] Please enter the type of output to generate.
     [echo] Options include: eclipse, tocjs, htmlhelp, javahelp, pdf,
or web
     [echo] Use lowercase letters.
     [echo]
    [input] The output type: (eclipse, tocjs, htmlhelp, javahelp,
pdf, [web], docbook)
pdf
     [echo]
     [echo] Ready to build D:\DITA-OT\samples\hierarchy.ditamap
     [echo] for pdf in out
     [echo]
```

```
    [input] Continue?  (Y, [y], N, n)
Y
use.init:
init:
    [mkdir] Created dir: D:\DITA-OT\temp\temp
prompt.output.init:
prompt.output.eclipse:
prompt.output.tocjs:
prompt.output.javahelp:
prompt.output.htmlhelp:
prompt.output.pdf:
DOST.init:
dita2pdf2.init:
start-process:
init-logger:
init-URIResolver:
use-init:
check-arg:
     [echo] *****************************************************
***********
     [echo] * basedir = D:\DITA-OT
     [echo] * dita.dir = D:\DITA-OT
     [echo] * input = D:\DITA-OT\samples\hierarchy.ditamap
     [echo] * transtype = pdf
     [echo] * tempdir = temp
     [echo] * outputdir = out
     [echo] * extname = .xml
     [echo] * clean.temp = true
     [echo] * XML parser = Xerces
     [echo] * XSLT processor = Saxon
     [echo] * collator = ICU
     [echo] *****************************************************
***********
     [echo] #Ant properties
     [echo] args.css.file.temp=${args.css}
     [echo] args.css.real=${args.css}
     [echo] args.grammar.cache=yes
     [echo] args.input=D\:\\DITA-OT\\samples\\hierarchy.ditamap
     [echo] args.logdir=log
     [echo] args.message.file=D\:\\DITA-OT\\resource\\messages.xml
     [echo] args.rellinks=none
     [echo] args.xml.systemid.set=yes
     [echo] dita.css.dir=D\:\\DITA-OT\\css
     [echo] dita.dir=D\:\\DITA-OT
```

```
     [echo] dita.doc.articles.dir=D\:\\DITA-OT\\doc\\articles
     [echo] dita.doc.dir=D\:\\DITA-OT\\doc
     [echo]
dita.doc.langref.dir=D\:\\DITA-OT\\doc\\langref-dita1.1
     [echo] dita.dtd.dir=D\:\\DITA-OT\\dtd
     [echo] dita.empty=
     [echo] dita.ext=.xml
     [echo] dita.extname=xml
     [echo] dita.input.dirname=D\:\\DITA-OT\\samples
     [echo] dita.input.filename=hierarchy.ditamap
     [echo] dita.map.filename.root=hierarchy
     [echo] dita.output.dir=D\:\\DITA-OT\\out
     [echo] dita.output.docbook.dir=D\:\\DITA-OT\\out\\docbook
     [echo]
dita.plugin.com.sophos.tocjs.dir=D\:\\DITA-OT\\demo\\tocjs
     [echo] dita.plugin.org.dita.base.dir=D\:\\DITA-OT
     [echo] dita.plugin.org.dita.docbook.dir=D\:\\DITA-OT
     [echo] dita.plugin.org.dita.eclipsecontent.dir=D\:\\DITA-OT
     [echo] dita.plugin.org.dita.eclipsehelp.dir=D\:\\DITA-OT
     [echo] dita.plugin.org.dita.htmlhelp.dir=D\:\\DITA-OT
     [echo] dita.plugin.org.dita.javahelp.dir=D\:\\DITA-OT
     [echo]
dita.plugin.org.dita.legacypdf.dir=D\:\\DITA-OT\\demo\\legacypdf
     [echo] dita.plugin.org.dita.odt.dir=D\:\\DITA-OT
     [echo]
dita.plugin.org.dita.pdf.dir=D\:\\DITA-OT\\plugins\\org.dita.pdf
     [echo] dita.plugin.org.dita.pdf2.dir=D\:\\DITA-OT\\demo\\fo
     [echo]
dita.plugin.org.dita.specialization.dita11.dir=D\:\\DITA-OT\\demo\\d
ita11
     [echo]
dita.plugin.org.dita.specialization.dita132.dir=D\:\\DITA-OT\\demo\\
dita132
     [echo]
dita.plugin.org.dita.specialization.eclipsemap.dir=D\:\\DITA-OT\\dem
o\\eclipsemap
     [echo]
dita.plugin.org.dita.specialization.h2d.dir=D\:\\DITA-OT\\demo\\h2d
     [echo] dita.plugin.org.dita.troff.dir=D\:\\DITA-OT
     [echo] dita.plugin.org.dita.wordrtf.dir=D\:\\DITA-OT
     [echo] dita.plugin.org.dita.xhtml.dir=D\:\\DITA-OT
     [echo] dita.preprocess.reloadstylesheet=false
     [echo] dita.resource.dir=D\:\\DITA-OT\\resource
     [echo] dita.samples.dir=D\:\\DITA-OT\\samples
```

```
     [echo] dita.script.dir=D\:\\DITA-OT\\xsl
     [echo] dita.temp.dir=temp
     [echo] dita.topic.filename.root=hierarchy.ditamap
     [echo] dita.xhtml.reloadstylesheet=false
     [echo] preprocess.copy-image.skip=true
     [echo] ******************************************************
***********
  output-deprecated-msg:
  output-css-warn-message:
  output-msg:
  build-init:
  start-preprocess:
  gen-list:
   [gen-list] GenMapAndTopicListModule.execute(): Starting...
   [gen-list] Using Xerces grammar pool for DTD and schema caching.
   [gen-list] Processing D:\DITA-OT\samples\hierarchy.ditamap
   [gen-list] Processing D:\DITA-OT\samples\concepts\wwfluid.xml
   [gen-list] Processing D:\DITA-OT\samples\tasks\shovellingsnow.xml
   [gen-list] Processing D:\DITA-OT\samples\concepts\paint.xml
   [gen-list] Processing D:\DITA-OT\samples\concepts\snowshovel.xml
   [gen-list] Processing D:\DITA-OT\samples\tasks\spraypainting.xml
   [gen-list] Processing D:\DITA-OT\samples\concepts\lawnmower.xml
   [gen-list] Processing D:\DITA-OT\samples\concepts\oil.xml
   [gen-list] Processing D:\DITA-OT\samples\concepts\toolbox.xml
   [gen-list] Processing D:\DITA-OT\samples\tasks\takinggarbage.xml
   [gen-list] Processing D:\DITA-OT\samples\tasks\washingthecar.xml
   [gen-list] Processing D:\DITA-OT\samples\tasks\garagetaskoverview.
xml
   [gen-list] Processing D:\DITA-OT\samples\concepts\workbench.xml
   [gen-list] Processing D:\DITA-OT\samples\concepts\shelving.xml
   [gen-list] Processing D:\DITA-OT\samples\concepts\waterhose.xml
   [gen-list]                                              Processing
D:\DITA-OT\samples\concepts\garageconceptsoverview.xml
   [gen-list] Processing D:\DITA-OT\samples\tasks\organizing.xml
   [gen-list] Processing D:\DITA-OT\samples\concepts\tools.xml
   [gen-list] Processing D:\DITA-OT\samples\tasks\changingtheoil.xml
   [gen-list] Processing D:\DITA-OT\samples\concepts\wheelbarrow.xml
   [gen-list] Serializing job specification
   [gen-list] GenMapAndTopicListModule.execute(): Execution time:
1.579 seconds
  debug-filter:
     [filter] DebugAndFilterModule.execute(): Starting...
     [filter] Using Xerces grammar pool for DTD and schema caching.
     [filter] Processing D:\DITA-OT\samples\tasks\changingtheoil.xml
```

```
     [filter] Processing D:\DITA-OT\samples\concepts\wheelbarrow.xml
     [filter] Processing D:\DITA-OT\samples\concepts\tools.xml
     [filter] Processing D:\DITA-OT\samples\tasks\organizing.xml
     [filter] Processing D:\DITA-OT\samples\concepts\garageconcept
soverview.xml
     [filter] Processing D:\DITA-OT\samples\concepts\shelving.xml
     [filter] Processing D:\DITA-OT\samples\concepts\waterhose.xml
     [filter] Processing D:\DITA-OT\samples\concepts\workbench.xml
     [filter] Processing D:\DITA-OT\samples\tasks\garagetaskoverview.
xml
     [filter] Processing D:\DITA-OT\samples\tasks\washingthecar.xml
     [filter] Processing D:\DITA-OT\samples\tasks\takinggarbage.xml
     [filter] Processing D:\DITA-OT\samples\concepts\toolbox.xml
     [filter] Processing D:\DITA-OT\samples\concepts\oil.xml
     [filter] Processing D:\DITA-OT\samples\hierarchy.ditamap
     [filter] Processing D:\DITA-OT\samples\concepts\lawnmower.xml
     [filter] Processing D:\DITA-OT\samples\tasks\spraypainting.xml
     [filter] Processing D:\DITA-OT\samples\concepts\snowshovel.xml
     [filter] Processing D:\DITA-OT\samples\concepts\paint.xml
     [filter] Processing D:\DITA-OT\samples\tasks\shovellingsnow.xml
     [filter] Processing D:\DITA-OT\samples\concepts\wwfluid.xml
     [filter] Execution time: 109 milliseconds
   copy-image-check:
   copy-image-uplevels:
   copy-image-noraml:
   copy-image:
   copy-html-check:
   copy-html:
   copy-flag-check:
   copy-flag:
   copy-subsidiary-check:
   copy-subsidiary:
   copy-generated-files:
       [copy] Copying 2 files to D:\DITA-OT\log
   copy-files:
   conrefpush-check:
   conrefpush:
   conref-check:
   conref:
   move-meta-entries-check:
   move-meta-entries:
   [move-meta] Reading D:\DITA-OT\temp\hierarchy.ditamap
   keyref-check:
   keyref:
```

```
    coderef-check:
    coderef:
    mapref-check:
    mapref:
      [mapref] Transforming into D:\DITA-OT\temp
      [mapref]  Processing  D:\DITA-OT\temp\hierarchy.ditamap  to
D:\DITA-OT\temp\hierarchy.ditamap.ref
      [mapref] Loading stylesheet D:\DITA-OT\xsl\preprocess\mapref.xsl
     [move] Moving 1 file to D:\DITA-OT\temp
    mappull-check:
    mappull:
     [mappull] Transforming into D:\DITA-OT\temp
     [mappull]  Processing  D:\DITA-OT\temp\hierarchy.ditamap  to
D:\DITA-OT\temp\hierarchy.ditamap.pull
     [mappull] Loading stylesheet D:\DITA-OT\xsl\preprocess\mappull.
xsl
     [move] Moving 1 file to D:\DITA-OT\temp
    chunk-check:
    chunk:
    maplink-check:
    maplink:
     [maplink]  Processing  D:\DITA-OT\temp\hierarchy.ditamap  to
D:\DITA-OT\temp\maplinks.unordered
     [maplink] Loading stylesheet D:\DITA-OT\xsl\preprocess\maplink.
xsl
move-links-check:
    move-links:
    topicpull-check:
    topicpull:
    [topicpull] Transforming into D:\DITA-OT\temp
    [topicpull] Processing D:\DITA-OT\temp\concepts\garageconceptsoverview.
xml to D:\DITA-OT\temp\concepts\garageconceptsoverview.xml.pull
    [topicpull] Loading stylesheet D:\DITA-OT\xsl\preprocess\topicpull.xsl
    [topicpull] Processing D:\DITA-OT\temp\concepts\lawnmower.xml to
D:\DITA-OT\temp\concepts\lawnmower.xml.pull
    [topicpull] Processing D:\DITA-OT\temp\concepts\oil.xml to D:\DITA-
OT\temp\concepts\oil.xml.pull
    [topicpull]  Processing  D:\DITA-OT\temp\concepts\paint.xml  to
D:\DITA-OT\temp\concepts\paint.xml.pull
    [topicpull]  Processing  D:\DITA-OT\temp\concepts\shelving.xml  to
D:\DITA-OT\temp\concepts\shelving.xml.pull
    [topicpull] Processing D:\DITA-OT\temp\concepts\snowshovel.xml to
D:\DITA-OT\temp\concepts\snowshovel.xml.pull
    [topicpull]  Processing  D:\DITA-OT\temp\concepts\toolbox.xml  to
```

```
D:\DITA-OT\temp\concepts\toolbox.xml.pull
    [topicpull]  Processing  D:\DITA-OT\temp\concepts\tools.xml  to
D:\DITA-OT\temp\concepts\tools.xml.pull
    [topicpull] Processing D:\DITA-OT\temp\concepts\waterhose.xml to
D:\DITA-OT\temp\concepts\waterhose.xml.pull
    [topicpull] Processing D:\DITA-OT\temp\concepts\wheelbarrow.xml to
D:\DITA-OT\temp\concepts\wheelbarrow.xml.pull
    [topicpull] Processing D:\DITA-OT\temp\concepts\workbench.xml to
D:\DITA-OT\temp\concepts\workbench.xml.pull
    [topicpull]  Processing  D:\DITA-OT\temp\concepts\wwfluid.xml  to
D:\DITA-OT\temp\concepts\wwfluid.xml.pull
    [topicpull] Processing D:\DITA-OT\temp\tasks\changingtheoil.xml to
D:\DITA-OT\temp\tasks\changingtheoil.xml.pull
    [topicpull] Processing D:\DITA-OT\temp\tasks\garagetaskoverview.
xml to D:\DITA-OT\temp\tasks\garagetaskoverview.xml.pull
    [topicpull]  Processing  D:\DITA-OT\temp\tasks\organizing.xml  to
D:\DITA-OT\temp\tasks\organizing.xml.pull
    [topicpull] Processing D:\DITA-OT\temp\tasks\shovellingsnow.xml to
D:\DITA-OT\temp\tasks\shovellingsnow.xml.pull
    [topicpull] Processing D:\DITA-OT\temp\tasks\spraypainting.xml to
D:\DITA-OT\temp\tasks\spraypainting.xml.pull
    [topicpull] Processing D:\DITA-OT\temp\tasks\takinggarbage.xml to
D:\DITA-OT\temp\tasks\takinggarbage.xml.pull
    [topicpull] Processing D:\DITA-OT\temp\tasks\washingthecar.xml to
D:\DITA-OT\temp\tasks\washingthecar.xml.pull
        [move] Moving 19 files to D:\DITA-OT\temp
    preprocess:
    map2pdf2:
    transform.topic2pdf.init:
    publish.map.pdf.init:
    copyCoreArtwork:
        [copy] Copying 3 files to D:\DITA-OT\temp\Configuration\OpenTopic
        [copy] Copying 1 file to D:\DITA-OT\temp\Customization\OpenTopic
    transform.topic2fo.init:
    [detect-lang] Lang search finished
        [echo] Using document.locale=en_US
    transform.topic2fo.index:
    transform.topic2fo.flagging.filter:
    transform.topic2fo.flagging.no-filter:
        [copy] Copying 1 file to D:\DITA-OT\temp
    transform.topic2fo.flagging:
    transform.topic2fo.main:
        [xslt] Processing D:\DITA-OT\temp\stage1a.xml to D:\DITA-OT\temp\
stage2.fo
```

```
        [xslt] Loading stylesheet D:\DITA-OT\demo\fo\xsl\fo\topic2fo_
shell_fop.xsl
        [xslt] [PDFX010W][WARN]: Index generation is not supported in
FOP.
    transform.topic2fo.i18n.filter:
        [xslt] Processing D:\DITA-OT\temp\stage3.fo to D:\DITA-OT\temp\
topic.fo
        [xslt]  Loading  stylesheet  D:\DITA-OT\demo\fo\xsl\fo\i18n-
postprocess.xsl
    transform.topic2fo.i18n.no-filter:
    transform.topic2fo.i18n:
    transform.topic2fo:
    transform.fo2pdf.xep.test-use:
    transform.fo2pdf.xep.init:
    transform.fo2pdf.xep:
    transform.fo2pdf.ah.test-use:
    transform.fo2pdf.ah.init:
    transform.fo2pdf.ah:
    transform.fo2pdf.fop.test-use:
    transform.fo2pdf.fop.init:
    transform.fo2pdf.fop:
    checkFOPLib:
        [fop] D:\DITA-OT\temp\topic.fo -> D:\DITA-OT\out\hierarchy.
pdf
    transform.fo2pdf:
    delete.fo2pdf.topic.fo:
    transform.topic2pdf:
    publish.map.pdf:
    topic2pdf2:
    dita2pdf2:
    clean-temp:
    prompt.output.web:
    prompt.output.docbook:
    prompt.output:
        [echo]
        [echo] output in the out directory
        [echo]
        [echo]  Before  rebuilding,  please  delete  the  output  or  the
directory.
    BUILD SUCCESSFUL
    Total time: 33 seconds
```

使用 DITA OT 成功地将 DITA 文档转换并生成 PDF 输出文档后的界面截图如图 7.3 所示。

```
Cmd - PowerCmd
File View Tools Edit Help
Search
Cmd cmd.exe Cmd Cmd

transform.fo2pdf:

delete.fo2pdf.topic.fo:

transform.topic2pdf:

publish.map.pdf:

topic2pdf2:

dita2pdf2:

clean-temp:

prompt.output.web:

prompt.output.docbook:

prompt.output:
     [echo]
     [echo] output in the out directory
     [echo]
     [echo] Before rebuilding, please delete the output or the directory.

BUILD SUCCESSFUL
Total time: 33 seconds
```

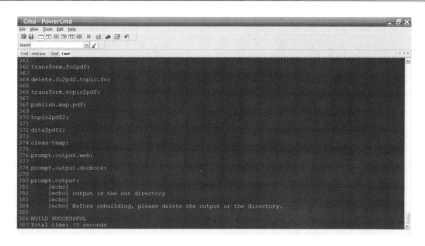

图 7.3　使用 DITA OT 将 DITA 文档转换并生成 PDF 的界面截图

7.2.3　DITA 开放工具包处理过程

DITA OT 处理模型是基于 Apache Ant（Java 辅助编译工具）控制的文件处理管道模型，通过输入 DITA 文件（dita 或 ditamap），经过预先定义的顺序任务队列进行处理，最终生成目标交付物。其中，任务间的相互通信采用建立临时文件池的方式，通过特定格式的临时文件进行任务间的信息传递。这样做的好处是，流水线式的文件处理与透明的任务处理过程有利于方便地监视整个处理流程并准确地查询编译过程中的错误信息。具体处理过程如图 7.4 所示。

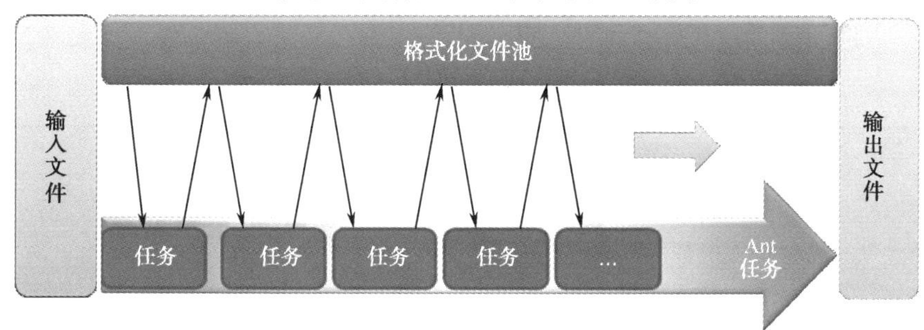

图 7.4　DITA OT 处理过程

DITA OT 借助 Ant、XSLT 与 Java 插件库实现 DITA 文档向其他各种格式的文档转换。此功能包含预处理与主转换两个阶段。

DITA OT 输入为 DITA 主题、DITA 映射文件及相关的属性文件。DITA OT 的输出为可选的 XHTML、Eclipse Help、PDF 和 JavaHelp 等文档格式。处理过程由 Ant 脚本文件 build.xml 串联起来，用于连接 DITA 的各个功能处理模块，处理流程的各环节借助 Ant 任务集、XSLT 转换程序或 Java 程序实现。DITA OT 的模块处理流程如图 7.5 所示。

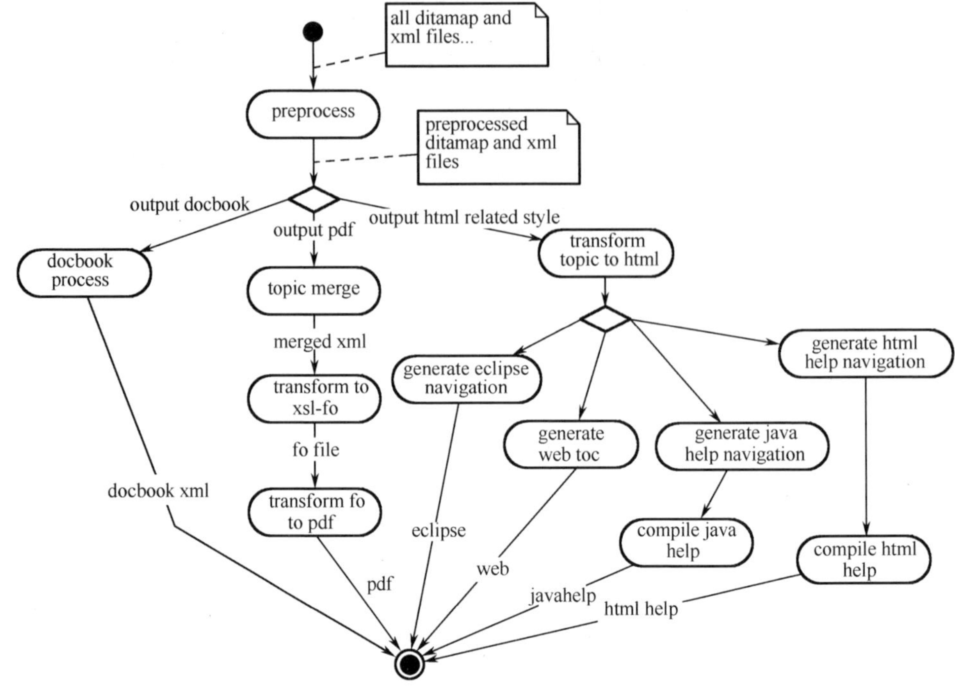

图 7.5 DITA OT 的模块处理流程

build.xml 文件是 DITA OT 自定义 Ant 脚本的处理文件，包含所有的 Ant 编译处理模块，使用者可以根据出版物的需要选择要加载的模块，具体模块如表 7.2 所示。

表 7.2 build.xml 中包含的处理模块

模 块 名 称	表 述
dita2pdf	将 DITA 文件转换为 PDF，需借助 FOP 插件
dita2docbook	将 DITA 文件转换为 DocBook
dita2xhtml	将 DITA 文件转换为 XHTML
dita2javahelp	将 DITA 文件转换为 Java Help，Java Help 基于 HTML，并且需要 Java Help 编译器
dita2eclipsehelp	将 DITA 文件转换为基于 HTML 的 Eclipse Help 文件
dita2htmlhelp	将 DITA 文件转换为 Html Help 文件

build.xml 在处理过程中需要调用的模块包含在以下三个文件中：build_preprocess.xml 定义所有预处理过程中的任务；build_general.xml 定义所有主处理过程中的任务；catalog_dita.xml 定义被 Ant 使用的所有 XML 文件类型。

XSL 处理文件为用户或 Ant 提供调用接口。所有的 XSL 处理文件存放在 XSL 文件夹中，包括 dita2docbook.xsl、dita2html.xsl、dita2fo-shell.xsl、dita2xhtml.xsl、topic2fo-shell.xsl 和 map2docbook.xsl。DITAOT 中包含的主要文件夹或文件及其作用如表 7.3 所示。

表 7.3 DITA OT 中包含的主要文件夹或文件及其作用

文件或文件夹	描　述
Xslhtml（文件夹）	实现 DITA 文件转换为 HTML
Xslfo（文件夹）	实现 DITA 文件转换为 XSL-FO
docbook（文件夹）	实现 DITA 文件转换为 DocBook
generalize.xsl	生成 DITA 主题文件
normalize.xsl	生成 DITA 主题的属性
pretty.xsl	反向动作规范化
specialize.xsl	反向动作特殊化
topicmerge.xsl	将 DITA 映射与 DITA 主题合并至一个大的 DITA 主题文件中（例如，DITA 主题合并后转换为一个 PDF 文件）
map2eclipse.xsl	将 DITA 映射文件转换为 Eclipse Help 文件的目录
map2hhc.xsl	将 DITA 映射文件转换为 hhc 文件
map2hhp.xsl	将 DITA 映射文件转换为 hhp 文件
map2htmtoc.xsl	将 DITA 映射文件转换为 XHTML 输出文件的目录
map2JavaHelpMap.xsl	将 DITA 映射文件转换为 jhm 文件
map2JavaHelpTOC.xsl	将 DITA 映射文件转换为 Java Help 输出文件的目录
preprocess（文件夹）	包含在预处理模块中功能处理的 xsl 文件

在 DITA OT 的处理过程中，首先需要经过预处理，解决条件处理属性以及需要在 DITA 主题中引用的内容。DITA OT 的预处理工作描述如下。

1）getlist：通过 Java 扩展程序，生成 DITA 主题和 DITA 映射的列表文件，为其他任务提供支持。

2）filterting：根据输入文件，通过 XSLT 文件.ditaval 的属性设置过滤源内容文件。

3）move index entries：通过 XSLT 文件，将 DITA 映射中<topicmeta>标签包含的内容移动到合并的 DITA 主题中。

4）resolve conref：通过 XSLT 文件，解决使用 conref 文件中的 conref。

5）mappull：通过 XSLT 文件，将 topic 中的 navtitle 和 topicmeta 的内容纳入 DITA 映射中。

6）topicpull：通过 XSLT 文件，将 metadata 中的内容纳入<link>和<xref>元素中。

7）maplink：通过 XSLT 文件，在 maplinks 中生成关联链接信息，无序的 topic 内容被整合到 DITA 映射中。

8）movelink：通过 XSLT 文件，将 maplinks 中的关联链接信息，移动到每一个 DITA 主题中。

DITA 预处理的具体流程如图 7.6 所示。

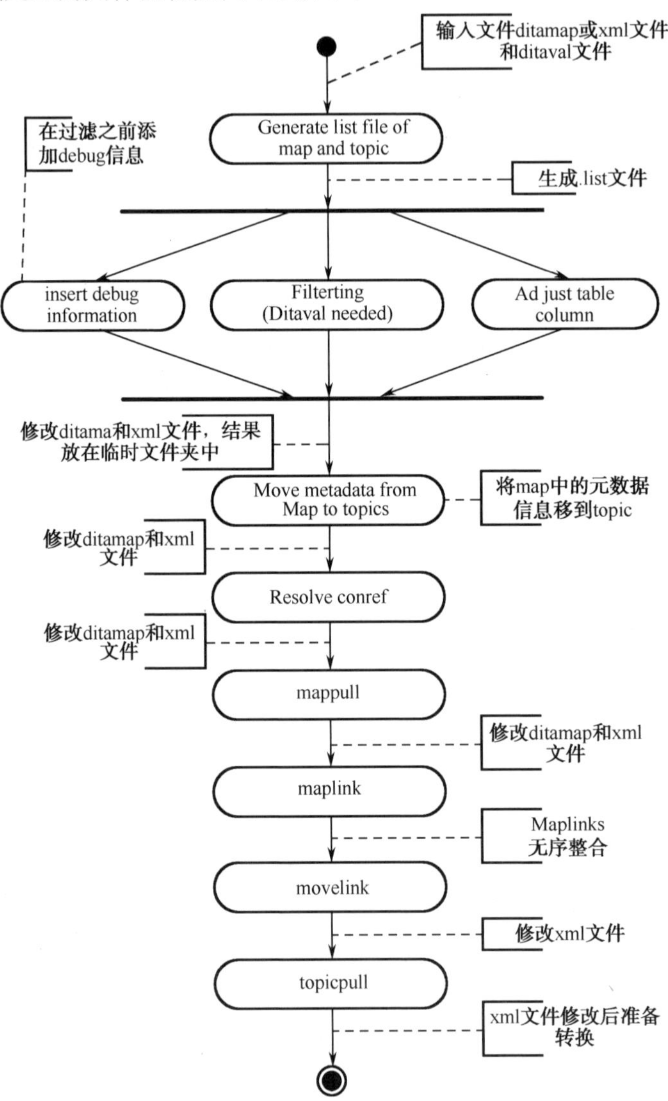

图 7.6 DITA 预处理流程图

7.2.4　DITA OT 中文支持

DITA 本身提供了多国语言的支持，但在将 DITA 文件转换为 PDF 文件的过程中，直接使用中文字符的 DITA 主题文件在编译过程中会出现乱码，需要在 DITA OT 中进行中文支持的配置。

DITA OT 使用格式化对象处理器 Apache FOP（Formatting Objects Processor）来完成转换处理工作。FOP 是 Apache 软件基金会下面的开源项目，能够利用 XSL-FO 将 XML 文件转换成 PDF 文件，目前最新版本的 FOP 也支持将 XML 文件转换成 PDF、MIF、PCL 和 TXT 等多种格式，并且支持直接输出到打印机。

目前 FOP 版本没有提供内置中文字符的配置，导致 DITA OT 直接生成的 PDF 文件不能正常显示中文。在使用时，用户可以自行对中文字符进行注册，通过配置 FOP 以支持中文显示。对 FOP 进行中文支持配置描述如下。

第一，创建字体文件，生成中文宋体字体相关的 XML 文件 simsun.xml。

通过 Java 命令调用 fop.jar 中的函数创建字体文件：

```
    Java -cp build\fop.jar; lib\avalon-framework.jar; lib\commons-logging.
jar; lib\commons-io.jar; lib\xmlgraphics-commons.jar org.apache.fop.
fonts.apps.TTFReader -ttcname "SimSun" C:\WINDOWS\Fonts\simsun.ttc
         ${FOP_HOME}\fonts\simsun.xml
```

执行命令后，若得到“XML font metrics file successfully created.”提示，则表示字体文件创建成功。第一步操作完成后，检查一下是否成功生成 simsun.xml。

第二，修改 FOP 的配置文件。

修改下面路径的 FOP 配置文件：

```
    ${DITA-OT}\demo\fo\fop\conf\fop.xconf
```

添加下面的内容：

```
    <font metrics-url="file:///D:/DITA-OT/demo/fo/fop/fonts/simsun.xml"
embed-url="file:///C:\WINDOWS\Fonts\simsun.ttc" kerning="yes">
            <font-triplet   name="SimSun"   style="normal"   weight=
"normal"/>
            <font-triplet name="SimSun" style="normal" weight="bold"/>
            <font-triplet name="SimSun" style="italic" weight="normal"/>
            <font-triplet name="SimSun" style="italic" weight="bold"/>
    </font>
```

第三，修改 FO（DITA-OT 的 Plug-in）的配置文件，应用 Simsun 字体。

修改下面所示的 FO 的配置文件，在相应的节点上添加字体属性 font-family=

"Simsun"：

```
${DITA-OT}\demo\fo\cfg\fo\font-mappings.xml
```

将简体中文的字体换成现在创建的，修改内容如下：

```
<physical-font char-set="default">
      <font-face>SimSun</font-face>
</physical-font>
<physical-font char-set="Simplified Chinese">
      <font-face>SimSun</font-face>
</physical-font>
```

第四，测试更改配置后的 FOP。

为测试中文配置是否成功，可以将包含中文的测试 FO 格式的 XML 文件转为 PDF，测试命令如下。

```
fop -c conf/config.xml -fo 测试文件.fo -pdf pdf/输出文件.pdf
```

经过上述配置后，可以将包含中文字符的 DITA 主题经由 DITA OT 编译为 PDF 文档。

7.3 DITA 工具与产品

7.3.1 DITAworks

DITAworks 是一个对 DITA 文档提供完整生命周期有效管理的产品解决方案。DITAworks 的出品公司*instinctools GmbH 在信息内容管理方面积累了丰富的经验，针对 DITA 开发了基于 Eclipse 富客户端程序的 DITAworks 系列工具。DITAworks 包含从设计、建模到编辑、出版在内的一整套 DITA 出版物解决方案，可以协助用户开发和维护产品文档、用户手册、在线帮助、培训材料、工艺说明和其他使用 DITA 标准制作的文件。

DITAworks 系列产品举例如下。

1）DITAworks Pro：用于撰写和发布使用 DITA 标准的技术文档，在客户端工具中提供给用户一个全能的 DITA 撰写环境，帮助用户省去烦琐的配置，直接开始使用工具完成文档的撰写与发布。

2）DITAworks Webtop：针对广泛采用 DITA 的企业用户，提供基于 Web 的 DITA 创作与管理解决方案，可以与企业内部的存储库集成，帮助企业以基于 Web

应用的方式开发与管理 DITA 文档。

3）DITAworks Model：为编写 DITA 结构化内容提供一个可视化的建模工具，特别是对于借助 DITA 领域专门化机制来实现特殊处理的工作提供了一个方便易用的辅助建模环境。

4）DITAworks Eclipse：为 Eclipse 用户提供了一个作为 Eclipse 插件使用的完整的 DITA 编辑环境，可以帮助作者在 Eclipse 环境下完成 DITA 的编辑任务。

使用 DITAworks 有助于创建和管理烦杂的 DITA 文档内容，可以帮助用户随时通过所见即所得的编辑环境了解最终出版物的形态，便于作者专注于内容创作。同时，编辑器提供了非常智能和易于使用的上下文属性提示和支持，并能够辅助编辑人员对 DITA 内容实现自动验证和校正。

DITAworks Pro 的一些主要特点列举如下：

1）提供功能集成且一体化的 XML 编辑器，支持所见即所得的 XML 编辑；

2）提供了通过 DITAworks 编辑器快速创建和访问内容的功能模块；

3）灵活支持 DITA 主题内容的关联重用、链接和预览；

4）提供实时的 XML 验证、纠错和排错建议；

5）通过预定义参数支持管理内容的调整变化；

6）提供可拖放的可视化 DITA 映射编辑器。

DITAworks 的编辑界面如图 7.7 所示。

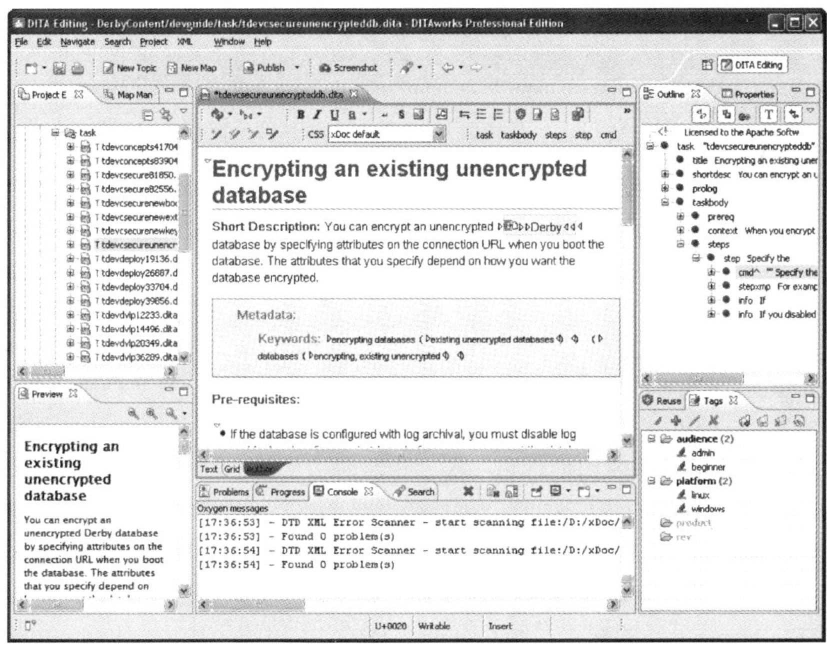

图 7.7 DITAworks 的编辑界面

在文档处理方面，DITAworks 凭借与 DITA OT 的无缝集成，支持多种目标格式的生成与转换（如 XHTML、PDF 格式、RTF 格式、EclipseHelp、JavaHelp、troff 和 DocBook 等）。可视化的 DITA 映射配置操作界面如图 7.8 所示。

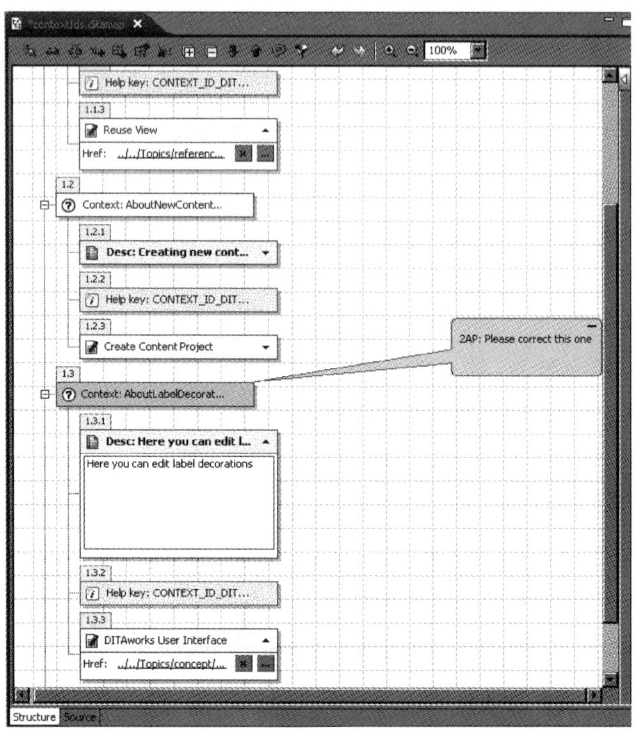

图 7.8　可视化的 DITA 映射配置操作界面

7.3.2　DITA Storm

DITA Storm 是 Inmedius 公司开发的一款功能齐全的所见即所得的 DITA 编辑软件，DITA Storm 能够帮助作者快速轻松地创建和编辑遵循 DITA 标准的内容。

Inmedius 公司一直为用户提供 S1000D、XML 和 SGML 等文档格式的内容管理解决方案。Inmedius 公司开发的 DITA Storm 可以帮助作者进行 DITA 内容编辑，让作者在熟悉的所见即所得的环境下编写出版物内容。

DITA Storm 提供的在线 DITA XML 编辑服务可以让作者仅提供浏览器就能够实现 DITA 文档编辑，并将编辑生成的文档保存在本地计算机上。此外，DITA Storm 编辑环境还可方便地集成到任何 CMS 中，以对 DITA 文档提供全生命周期的支持。凭借 DITA Storm 灵活的配置，用户可定义 DITA 文档的描述形式和映射表结构，以符合特定的组织或行业的要求。DITA Storm 的优点列举如下。

1）提供内置的常见 DITA 内容标签。

2）可嵌入用户已有的 CMS 中使用。

3）可以在网络环境下提供远程协作方式工作。

4）可拓展定制 DITA 标签，以适应特定行业需求。

DITA Storm 操作界面如图 7.9 所示，分为桌面版编辑器和网络版编辑器。

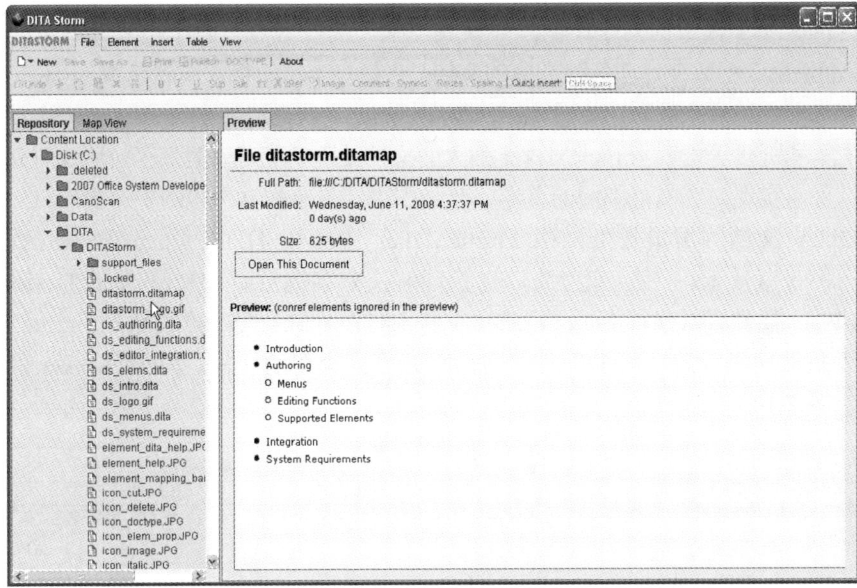

（a）DITA Storm 桌面版编辑器

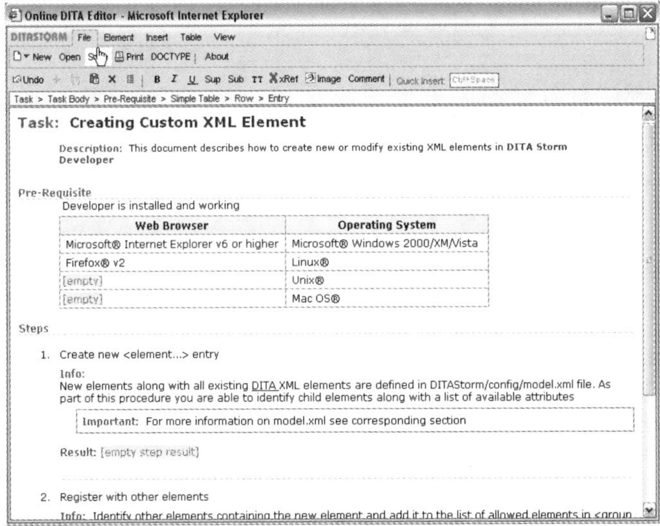

（b）DITA Storm 网络版编辑器

图 7.9　DITA Storm 操作界面

7.3.3 Adobe FrameMaker

FrameMaker 是美国 Adobe 公司在技术文档写作、编辑出版领域的重要产品，同时也是桌面出版中应用最为广泛的页面排版软件。Adobe FrameMaker 提供了所见即所得的、基于模板的创作环境，并集成了强大的技术内容创作和编辑发布工具。

FrameMaker 适合处理各种类型的文档，它具有丰富的格式设置选项，可以方便地生成表格及各种复杂版面，灵活地加入脚注、尾注，快速添加交叉引用、索引、变量、条件文本和链接等内容。FrameMaker 强大的文档处理功能可以对多个排版文件进行灵活的管理，实现对全书范围内的页码、交叉引用、目录和索引等的快速更新。

DITA 文档的编辑者可以在 FrameMaker 中加载 DITA Open Tookit 提供的 framemaker_adapter 插件，或加载信息管理解决方案提供商 SDL 开发的 Leximation DITA-FMx 插件，以使得 FrameMaker 支持 DITA 标准。同时可以通过 FrameMaker 的高级条件输出设置，将 DITA 文档输出为不同类型的文档。FrameMaker 的操作界面如图 7.10 所示。

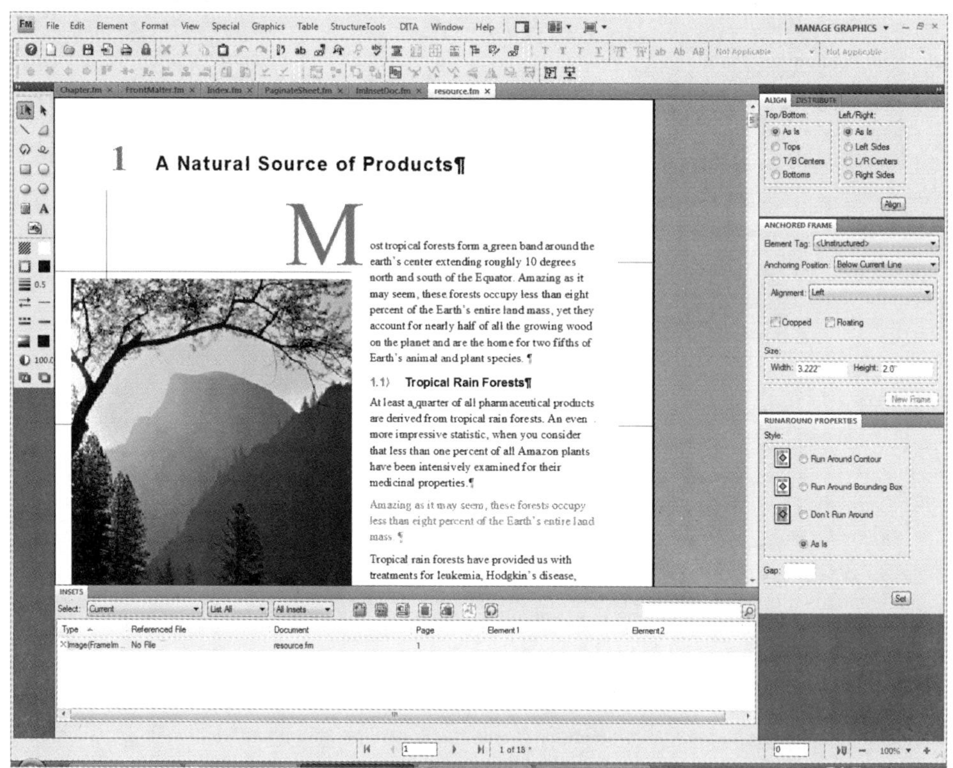

图 7.10 Adobe FrameMaker 的操作界面

7.3.4 Arbortext Editor

Arbortext Editor 是美国 Parametric 技术公司（PTC）在动态出版领域的重要产品。成立于 1985 年的 PTC 是 CAID/CAD/CAE/CAM/PDM 领域最具代表性的软件公司。PTC 公司研发设计了 5 大产品线，包括 Pro/ENGINEER、Windchill、Arbortext、MathCAD 和 Cocreate，配合强大的技术支持和服务，在计算机自动化辅助工作领域为用户提供完整的解决方案。PTC 产品涉及的行业面很广，同时产品之间具备很好的集成性和开放性。

PTC 在动态出版市场的产品 Arbortext Editor 能够帮助编辑人员创建各类出版文档，同时还可利用 DITA 等出版标准在组织内部重复各种出版内容，以提高信息内容的一致性和灵活性。PTC Arbortext Editor 可以创作结构化的内容并进行实时验证。作者能够创建以产品为中心的信息，包含交互式维修流程、图解零件列表、操作者手册、维修手册及产品培训材料等形式，交付上下文相关的最新产品信息和维修信息。作者还可以创建和编辑文档的组成部分和复合的文档，并且可以实施像 DITA、S1000D 和 DocBook 之类的出版标准。

Arbortext 的主要特点如下。

1）提高编辑人员的创作效率。

通过利用 Arbortext 的自动格式化功能，将作者从手动设计文档的工作中解脱出来，Arbortext 将帮助作者追溯信息的原始来源，以便让作者轻松地实现信息重用。

2）降低了信息更新的成本，提高了信息的准确性、一致性和相关性。

Arbortext 能够帮助作者创建可在多个文档和多种媒介类型中重用的内容，以消除不同文档版本中的信息不一致性；Arbortext 能够消除发布内容所需的大多数手工工作量，并且能够帮助作者标记文档内容的任何部分，以制作出满足单一个体的特定需求的出版物。

3）改善产品信息和维修信息的准确性。

Arbortext 可帮助作者维护和使用在整个创作过程中重复使用的最新工程和操作数据，自动交付多种语言、多种渠道的产品信息和维修信息。

4）保持一致性。

Arbortext 使用标准化的内容和样式表规则来设置格式。

5）提高创作效率。

Arbortext 可以创建可重复使用的、基于 XML 或 SGML 组成部分的内容。

Arbortext Editor 的外观和工作方式与用户熟悉的字处理软件相似，允许作者从可重用的内容组成部分构建完整的业务文档、技术文档和参考文档，并可以通过与数据库、业务系统和其他数据源的直接连接将数据导入文档中。Arbortext 目前全面支持 DITA 标准，以及将已有内容向 DITA 文档的转换。此外，对于高级用户，Arbortext 还可以通过 XML 配置文件和嵌入的 ActiveX 控件来创建和定制 Arbortext 对话框和工具栏，并且超过 95%的 Arbortext Editor 功能都是通过 API 对外提供调用接口，外部应用程序代码可以直接访问 Arbortext API，实现外部功能调用。

PTC 公司在 Arbortext 基础上，针对动态信息内容的创作与交付研发了一系列支撑软件，其中 Arbortext Editor 能够为用户提供功能全面的结构化内容创作支撑，Arbortext Architect 能够实现针对动态内容的高效的应用程序开发，Arbortext Styler 则用于实现动态出版物的样式表开发。作者和编辑人员最常用的 Arbortext Editor 操作界面如图 7.11 所示。

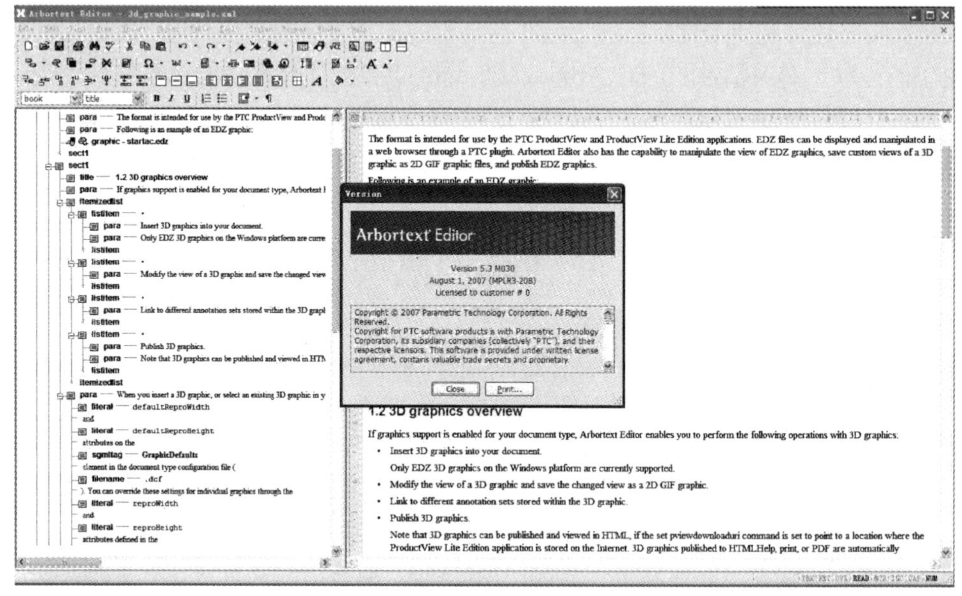

图 7.11 Arbortext Editor 操作界面

7.3.5 传知 DITA 工具

传知 DITA 工具是由从事数字化出版和数字化教育的传知信息科技公司开发的 DITA 编辑和发布工具。

传知 DITA 工具可以通过模板来进行 DITA 元数据编辑。进入模板编辑器后，通过添加变量，可以调用后台设置好的针对某种类别的 DITA 元数据字典，可以将元数据变量添加到模板中使用。对于每个添加的元数据可以单击来设置元素的展现形式，元素可以是文本、列表等，如图 7.12 所示。

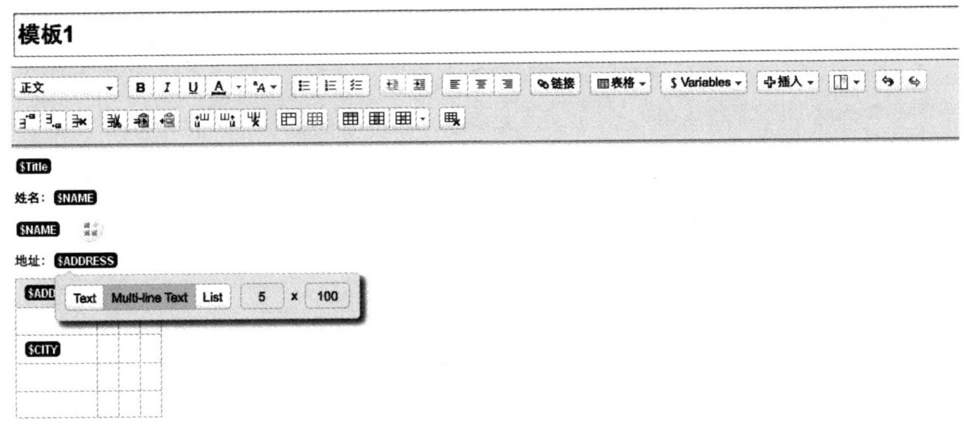

图 7.12　传知 DITA 工具编辑界面

传知 DITA 工具可以基于元数据模板编辑词条，编辑界面能够自动和 DITA 元数据进行关联，所有的编辑内容会自动保存在数据库中。同时传知 DITA 工具提供整个 DITA 知识库的分类管理，如添加字典库的分类，可以自由地对分类进行上移、下移、重命名和添加根分类目录等，如图 7.13 所示。

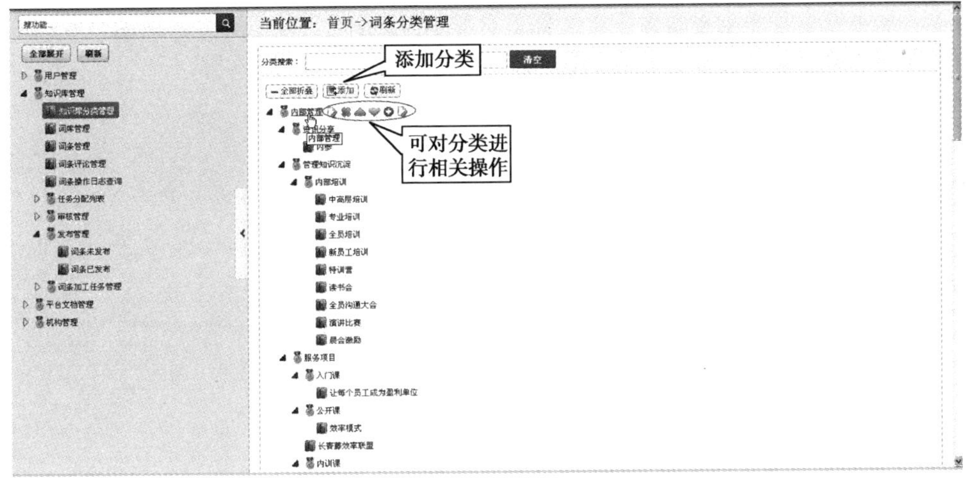

图 7.13　传知 DITA 知识库管理界面

传知 DITA 提供了词库管理，可以对词库进行编辑、删除和查询等操作。此外，可以在词库中添加词条，添加时可以选择模板来对应相应的 DITA 元数据，当然也可以对应 DocBook 或者其他元数据策略。同时词条支持多媒体和 MathML 数学公式。词库管理界面如图 7.14 所示。

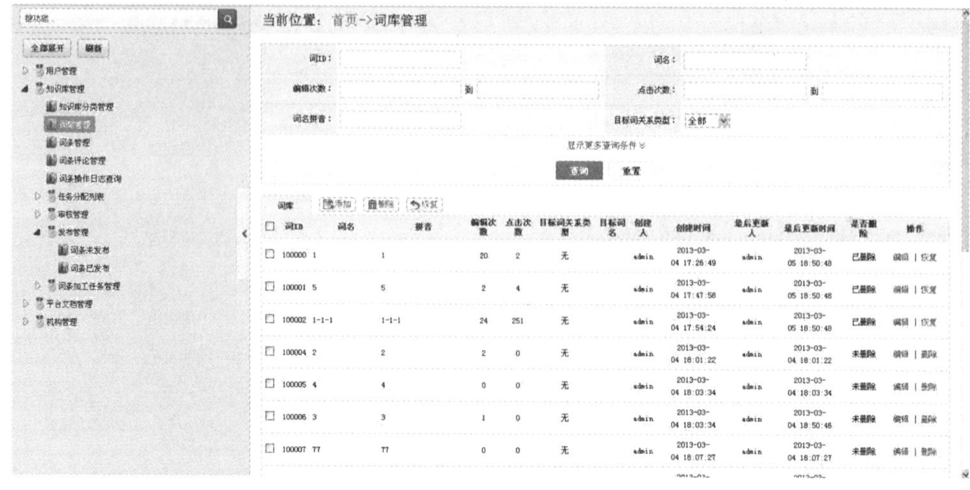

图 7.14 DITA 词库管理界面

传知 DITA 工具支持多人协作的任务分配协同工作，在工具的任务分配列表中，可以对新建词条分配给参与编辑的人员。小组内成员能看到被分配的词条，但只有一个人能领取，权限被领取人占用。领取词条后，进入加工任务管理界面，小组成员可以对词条进行完善编辑，保存后单击“编辑完成并提交审核”按钮。词条审核通过后，进入审核未发布界面，单击发布后，前端可以看到最后完成的词条信息。DITA 词库发布管理界面如图 7.15 所示。

图 7.15 DITA 词库发布管理界面

7.4 XML 支撑工具与产品

7.4.1 MarkLogic 数据库

Amazon 与 Mark Logic 公司开展合作，在 AWS 云服务中加入 XML 格式数据的搜索与处理功能，以针对特殊用户的需求增强云服务的适用性。Mark Logic 为 Amazon 的用户提供运行在 AMI 服务器映像上的 XML 服务器资源，以及虚拟化的 XML 数据存储服务。

对大多数国内数据库使用者来说，Mark Logic 的知名度远不如主流数据库厂商，用户也较少。但在业界，Mark Logic 却是非结构化数据管理技术的领导者，其主要用户覆盖新闻出版部门、政府机构和财经信息服务等不同的专业领域。

Mark Logic 公司的拳头产品 MarkLogic Server 是以文档为中心的领域专用数据库，专门针对半结构化和非结构化数据进行设计和优化，能够实现 TB 级非结构化数据资源的全文检索。MarkLogic Server 支持针对 Web 内容、XML 文档和 JSON 内容的 RESTFul 和 HTTP 请求。在数据模型组织方面，MarkLogic Server 采用 XML 树状结构组织，数据查询和检索使用的 DML 和 DDL 语言为 XQuery，此外，Mark Logic 还是 XQuery 标准发展和应用的推动者。

较之同类数据库，MarkLogic 在技术上有着独特的优势。MarkLogic 始终保持着远超同类数据库（如 IBM DB2 Viper 2）的 XML 文档处理速度，并且能够保证数据在事务处理过程中的原子性、一致性、独立性和持久性要求。此外，MarkLogic 对 XML 文档提供多种形式的索引，索引包含文档实体、父子关系以及要素取值等内容。由于 MarkLogic 可以在不预先建立文档 Schema 的基础上自动索引 XML 包含的所有要素，因此，MarkLogic 对文档的管理几乎无须借助 DDL 数据库模式定义。

MarkLogic 广泛应用于信息服务领域，用户包含世界领先的科技及医学期刊数据库 Elsevier；为法律和学术领域提供专业信息服务的 LexisNexis 数据集团；提供金融财经领域高质量信息及工作流程解决方案的威科集团（Wolters Kluwer）及摩根大通银行；帮助全球性出版、财经和传媒服务集团 McGraw-Hill 对外提供信息服务，并辅助其旗下的标准普尔为全球资本市场提供信用评级、指数服务、风险评估和数据服务。此外，MarkLogic 还被美国陆军、美国国防部等不少政府机构采用，来建立信息管理业务。

如今，随着大型跨国企业数据量的逐步增加，传统的数据库应用已不能满足企业的需求。在存储和服务器成本不断降低的趋势下，不少企业已开始寻找在云端存储以 XML 形式存在的媒体文件、文档和网页等信息的有效途径。

MarkLogic 能够帮助拥有海量非结构化数据的大型企业摆脱传统数据库组织数据，并建立索引的束缚，快速搭建数据搜索和查询应用。这样的趋势正快速走向云端，为那些希望使用云服务来增强非结构化信息索引能力的中小型企业带来新的机遇。图 7.16 为在 MarkLogic Server 中使用 XQuery 进行数据查询界面。

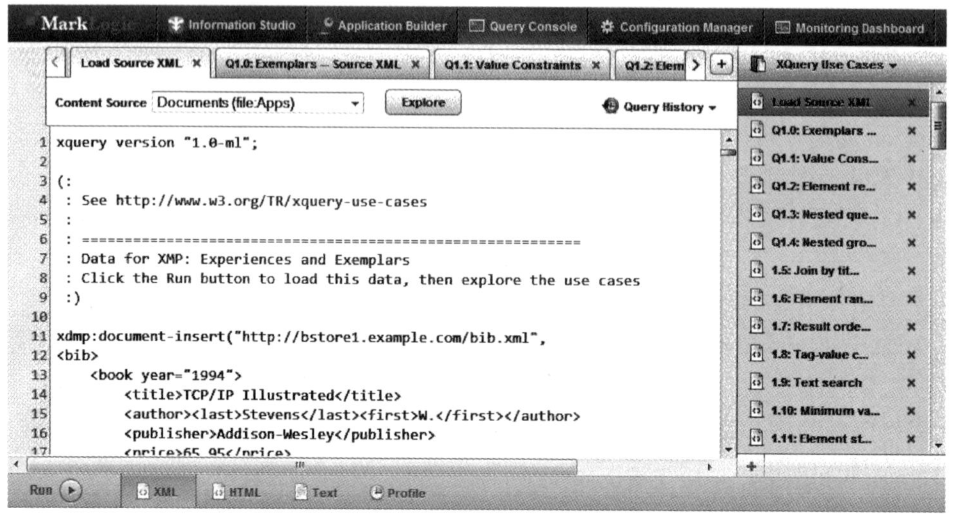

图 7.16 在 MarkLogic Server 中使用 XQuery 进行数据查询界面

7.4.2 方正智睿 XML 数据库

方正智睿XML数据库是一个能够以Native方式高效存储、高速检索海量XML文档的分布式原生 XML 数据库管理系统。方正智睿 XML 数据库提供了可扩展的智能全文检索技术，在设计上可靠稳定、可以灵活扩展并具有完整事务处理能力，支持大规模并行处理。同时，方正智睿 XML 数据库还是我国国产的基础 XML 数据库，拥有完全的自主知识产权。

方正智睿 XML 数据库旨在面向信息化内容资源，打造世界领先的、专业化技术平台，服务于出版、教育、医疗和装备等多个行业。方正智睿 XML 数据库可以帮助用户实现以下目标：

- 让内容创作更加专注、方便；
- 让内容加工更加自动化、高效；
- 让内容搜索更加智能、快速；
- 让内容分析/聚合更加专业、准确；

● 让内容发布更加自由、形式更加丰富；
● 使内容资源管理更加安全、易于扩展和便于维护。

图 7.17 为方正智睿 XML 数据库业务应用图。

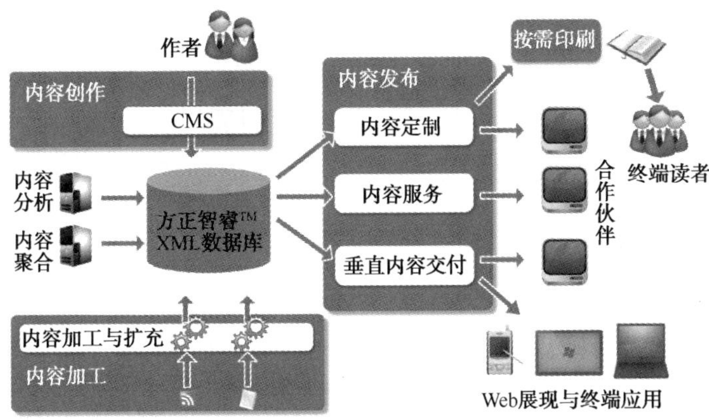

图 7.17　方正智睿 XML 数据库业务应用图

方正智睿 XML 数据库的优势和特点主要体现在以下几个方面。

1）新一代可扩展的智能全文检索技术。

遵循 W3C XQuery Fulltext 全文检索标准，能够与 XQuery 查询无缝融合。数据库具备基于结构和语义的智能全文检索，此外，数据库支持特征向量法计算检索相关度以及基于正向迭代切分法进行中文分词。

2）通过日志复制（Replication）实现高可靠性。

分布式数据库集群的每个节点（Master）可以有若干个备节点（Replica），主节点通过日志复制将数据变化复制到所有备节点。

3）优化的存储空间管理技术。

高效利用磁盘空间，存储空间占用率仅为普通数据库的 30%～50%。

4）支持 W3C 规范。

XQTS 基准测试通过率达 99%，Full-Text 基准通过率达 92%，Update 基准通过率达 97%。

5）灵活的访问控制。

采用有向无环图（DAG）技术，构造与提供带有权限配置信息的 XML 文档多层存储的逻辑视图，根据应用逻辑和系统安全的需求灵活地配置访问控制策略。

6）便捷的版本控制。

完整的版本控制功能，可以维护 XQuery Update 产生的多个版本并且避免重复存储数据，可通过版本号获得以前版本的文档，以及显示 XML 文档的版本历史信息。

图 7.18 为方正智睿 XML 数据库应用功能图。

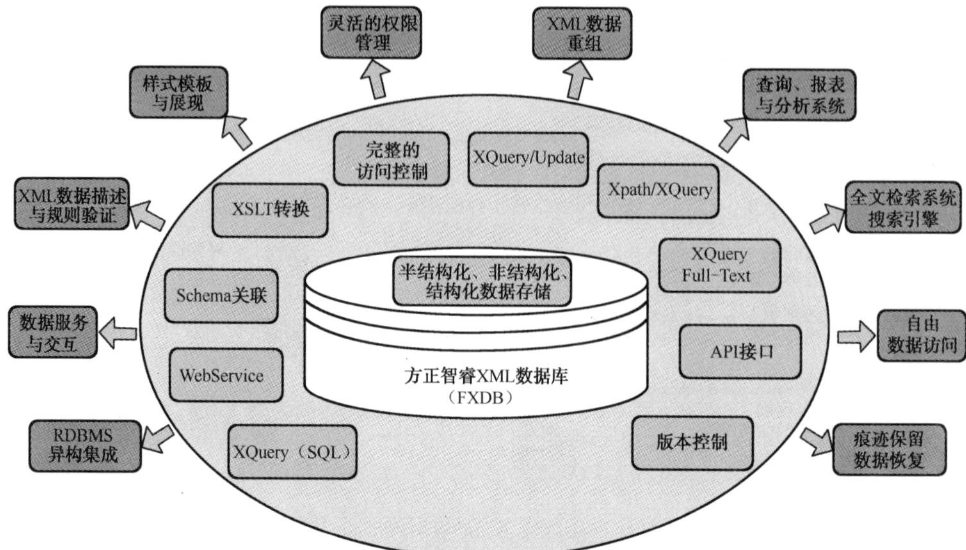

图 7.18　方正智睿 XML 数据库应用功能图

7.4.3　oXygen

oXygen 是 Syncro 公司开发的一款支持所有 XML 标准语言的所见即所得的 XML 编辑器。oXygen 工具支持 Windows、Mac OS 和 Linux 在内的各种主流操作系统，既可以独立安装使用，也可以作为 Eclipse 等开发工具的插件使用。

作为一款拥有从初学者到 XML 专家在内的大量用户的编辑器，oXygen 支持所有的 XML Schema，并针对 XSLT 和 XQuery 查询提供了强大的调试器和性能分析模块。

在 oXygen 系列产品中，专门为内容创作者开发的 oXygen XML Author 内置了可配置和可扩展的可视化编辑模块，支持 DITA、DocBook 及 XHTML 的创作和编辑，使其成为 XML 创作的最佳解决方案之一。

oXygen 的主要特点如下。

1）智能化的 XML 编辑。

在作者创作的过程中，oXygen 提供了网格式文档编辑界面以及智能化的实时内容编辑提示，包括 XML 元素、属性、值、引用、枚举和列表值等。依照 XML 文档遵循的 Schema 或 DTD，oXygen 还为用户提供了可以跟随当前编辑位置光标移动的上下文提示。此外，oXygen 的 XML 文档和代码向导模板也使用户在 XML 文档编辑过程中感到更加轻松。

2）XML 验证。

oXygen 支持 Xerces、XSV、LIBXML、MSXML、Saxon 和 SQC 等多种文档验证引擎，可以通过 XML Schema、Relax NG、NVDL 和 DTD 对编辑的 XML 文档进行验证和结构完整性检查。同时，oXygen 还提供了文档错误跟踪，能够准确定位错误位置并提示用户进行校正。

3）XML Schema 可视化编辑。

oXygen 可以对 XML Schema 和 RelaxNG Schema 进行可视化编辑，对其依赖的组件进行结构分析。

4）XSL/XSLT 支持。

oXygen 支持多个版本的 XSLT 的编辑、验证、转换、调试和分析，并可以切换 Xalan 和 Saxon 等多种 XSLT 处理引擎完成上述工作。

5）XQuery 及 XPath 支持。

oXygen 支持在 XML 文件或关系数据库中，利用 XQuery 和 SQL 进行数据检索查询。此外，oXygen 全面支持 XPath 标准，包括 XPath 1.0、XPath 2.0 和开发版。

6）支持单个 XML 资源出版。

oXygen 支持 DocBook、DITA、TEI、XHTML 等 XML 方言的可视化编辑，通过集成 DITA Open Toolkit，实现 DITA 的编辑转换，并通过集成 Apache FOP，实现 FO 转换为 PDF 或 PS 文件，将编辑的 XML 文档转换成正式出版物。

7）支持协同编辑。

oXygen 支持文档的修改轨迹跟踪，可使用内置的 XML Diff 合并工具，实现不同版本的 XML 文档差异检查与合并，同时借助版本控制系统，支持局域网内的多人同步编辑加工。

oXygen XML Author 操作界面如图 7.19 所示。

7.4.4　XMLSpy

XMLSpy 是 Altova 公司开发的业界最畅销的 XML 编辑器和开发环境，用于建模、编辑、转换和调试 XML 相关的技术。XMLSpy 支持 XML 文档的所见即所得编辑，内嵌 Unicode 以及多种字符集，支持 Well-formed 和 Validated 两种类型的 XML 文档，支持 DITA 和 NewsML 等多种标准的 XML 方言的所见即所得的编辑。

XMLSpy 工具集中包含 XML 代码生成器、文件转换器、XML 调试器和 XML 分析器，并且能够与数据集成进行数据存取。XMLSpy 还提供了 Visual Studio 插件和 Eclipse 插件，以方便应用技术人员将 XMLSpy 集成在开发调试环境中。

XMLSpy 是面向 XML 的编辑工具，可编译符合 DITA 标准的 XML 文件，但对于 DITA 文档的编译和发布，还需将文档导出后借助于 DITA Open Toolkit 工具包实现。XMLSpy 的操作界面如图 7.20 所示。

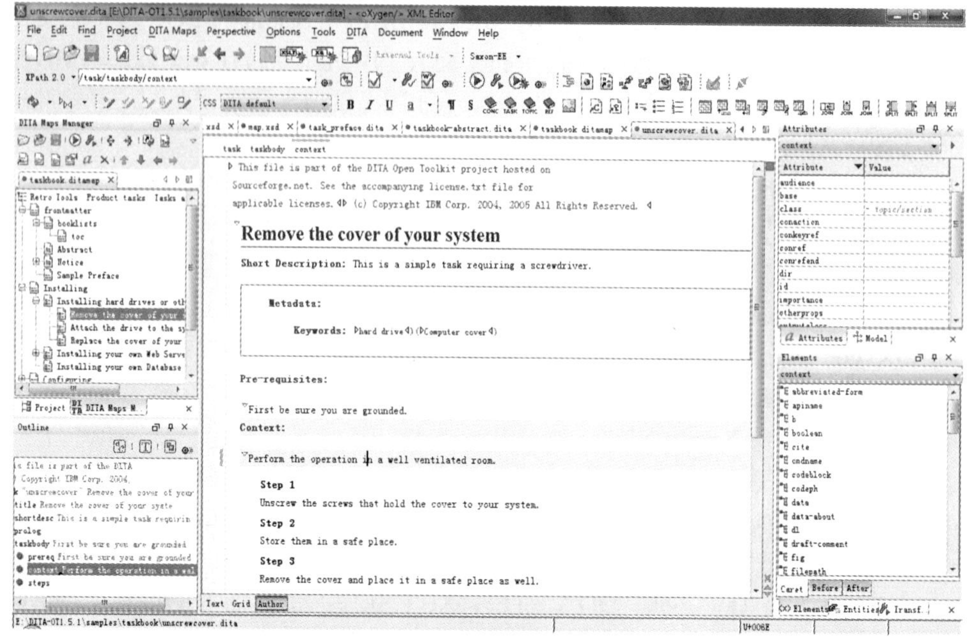

图 7.19 oXygen XML Author 操作界面

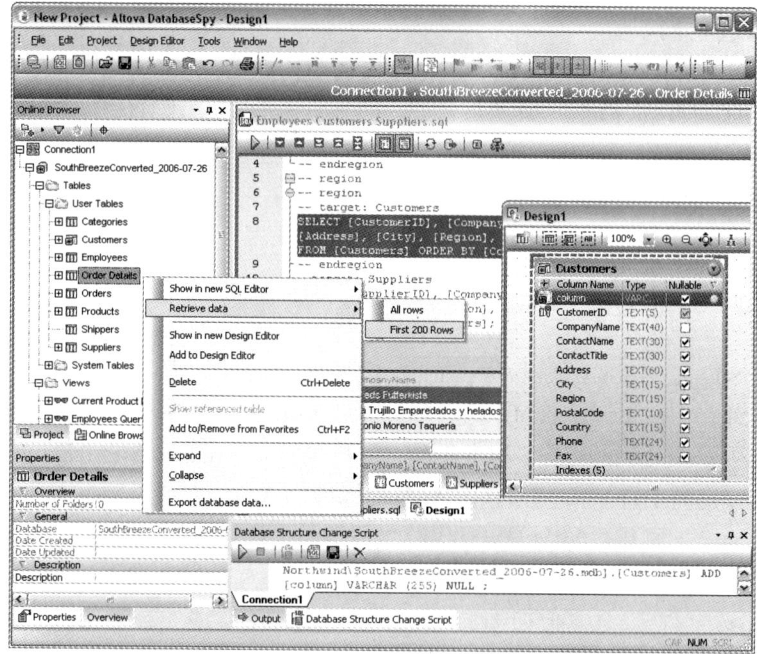

图 7.20 Altova XMLSpy 操作界面

7.4.5　Serna Enterprise XML Editor

Serna Enterprise XML Editor 是 Syntext 公司开发的所见即所得的 XML 编辑器，分为 Serna Free 开源版和 Serna Enterprise 企业版，用户可以根据需要选择使用免费版或付费使用功能更为强大的企业版。

Serna Enterprise XML Editor 易于使用且功能强大，可以应对较为复杂的 XML 处理场景，在内容编辑方面支持 DITA、DocBook、XHTML、TEI 和 NITF 等 XML 方言。Serna Enterprise XML Editor 可帮助用户充分挖掘 XML 能给企业带来的所有潜在收益，包括高质量的内容编辑和多渠道的 XML 内容出版发布等。

Serna Enterprise XML Editor 支持 DITA 标准定义的各项标记，同时通过集成 DITA Open Tookit 处理引擎提供 DITA 文档的编写与发布支持。Serna Enterprise 4 XML Editor 的操作界面如图 7.21 所示。

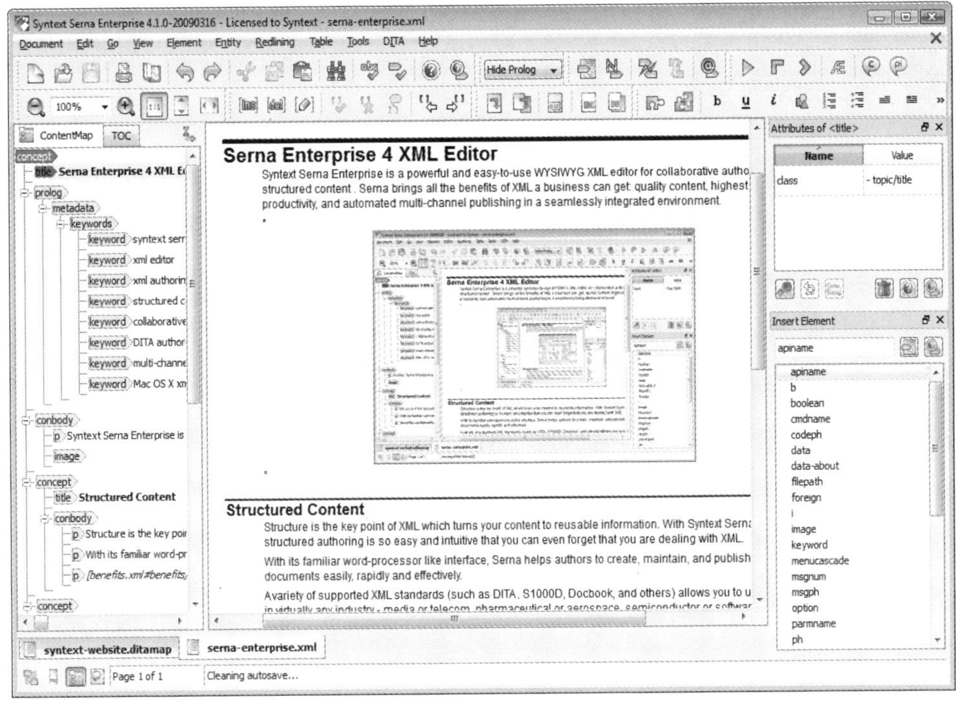

图 7.21　Serna Enterprise 4 XML Editor 操作界面

第 8 章

Chapter 8

DITA 典型应用

8.1 DITA 国家标准应用案例

8.1.1 国家标准

标准是为了在一定范围内获得最佳秩序，经协商一致，制定并由公认机构批准，共同使用的和重复使用的一种规范性文件。国家标准是在全国范围内统一的技术要求，由国家标准化行政主管部门编制计划、协调项目分工、组织修订和统一审批发布，对全国经济、技术发展有重大意义，且在全国范围内统一的标准。

国家标准分为强制性国标（GB）和推荐性国标（GB/T）。国家标准的编号由国家标准的代号、国家标准发布的顺序号和国家标准发布的年号构成。强制性国标是保障人体健康、人身、财产安全的标准和法律及行政法规规定强制执行的国家标准；推荐性国标是指生产、交换和使用等方面，通过经济手段或市场调节而自愿采用的国家标准。

标准是一种动态的信息，随着社会的发展，国家需要制定新的标准来满足人们生产和生活的需要，已有标准也需要根据内容的更新进行周期性的修订或重新制定。如《GB/T 2260—2007 中华人民共和国行政区划代码》会因某一地域的区划信息的变化而更新其中的部分名称和代码，引用过此区域代码的标准都将受到影响并需作出相应调整。如果利用 DITA 将标准中的内容分解成特定层级的信息描述，那么就只需修改相对应的信息描述内容，然后重组发布即可。

作为国家标准，其体例和结构需要遵守《GB/T 1.1—2009 标准化工作导则》，DITA 国家标准应用案例也将以 GB/T 1.1 为实验对象，对其展开分析和处理。

在使用 DITA 对国家标准进行内容分析的过程中，确定的原则如下：

1）具有完整的自我描述能力的内容块拆分为 DITA 主题；

2）不能形成完整描述的段落、没有描述文字的图和表则不拆分为 DITA 主题；

3）可重复使用且内容较为独立的模块应拆分为 DITA 主题。

在国家标准中，具体包括如下要素：

- 《GB/T 1.1—2009 标准化工作导则》中规定的内容要素；
- 国家标准中的术语或名词解释；
- 国家标准中可被其他标准或规范引用的信息内容。

8.1.2 国家标准内容分解原则

依照《GB/T 1.1—2009 标准化工作导则》第一部分：标准的结构和编写的细则，拟定如下内容分解细则。

将国家标准按内容划分为：资料性概述要素、资料性补充要素、规范性一般要素和规范性技术要素。

1）资料性要素：标识标准、介绍标准，提供标准的附加信息的要素。

- 资料性概述要素包含封面、目次、前言和引言等，用于提供标准标识，介绍其内容，说明其背景、制定情况以及该标准与其他标准或文件的关系的要素。
- 资料性补充要素包含资料性附录、参考文献和索引，提供有助于标准的理解或使用的附加信息的要素。

2）规范性要素：要声明符合标准而应遵守的条款的要素。

- 规范性一般要素包含名称、范围和规范性引用文件等，用于描述标准的名称和范围，对于标准的使用给出必不可少的文件清单等要素。
- 规范性技术要素包含术语和定义、符号和缩略语、要求和规范性附录等，规定标准技术内容的要素，是标准的核心。

国家标准的资料性概述要素的拆分原则如表 8.1 所示。

表 8.1 资料性概述要素的拆分

名称	可选状态	内 容	是否需领域专门化	特殊样式要求	拆 分 建 议	备 注
封面	必备	标准名称、英文译名、层次、标志、编号、国家标准分类号、中国标准文献分类号、备案号、发布日期、实施日期、发布部门等	是	有	1．按照内容组成定义元素类型（如：标准名称等）；2．按照内容结构定义 DITA 主题结构（如：元素顺序）	需对文档内容结构化，有利于内容重用

续表

名称	可选状态	内　容	是否需领域专门化	特殊样式要求	拆分建议	备　注
目录	可选	文档内容标题	否	有	应自动生成（显示粒度按需求，根据需求选择 DITA 主题标题是否出现在目录）	用以显示标准的结构，方便读者查阅
前言	必备	标准结构的说明、标准的起草规则、代替标准的说明、与国际标准关系的说明、有关专利的说明、标准的提出信息或归口管理信息、标准的起草单位和主要起草人、代替标准的历次版本	是	有	1. 按照内容组成定义元素类型（如：标准结构的说明等）； 2. 按照内容结构定义 DITA 主题结构（如：元素顺序）	按照特定顺序组织内容，需对文档内容结构化
引言	可选	标准内容的特殊信息或说明、编制该标准的原因	否	有	应作为 DITA 主题进行拆分	

国家标准的资料性补充要素的拆分原则如表 8.2 所示。

表 8.2　资料性补充要素的拆分

名称	可选状态	内容	是否需领域专门化	特殊样式要求	拆分建议	备注
参考文献	可选	文献清单中每个参考文献前，应在方括号中给出序号并包括标准的编号与名称	是	有	主题专门化过程中，可按照内容组成定义元素类型，如编号与名称	需对文档内容结构化
索引	可选	按照一定方式有序编排，具有检索需要的事项	否	有	可以自动生成	

国家标准的规范性一般要素的拆分原则如表 8.3 所示。

表 8.3　规范性一般要素的拆分

名称	可选状态	内　容	是否需领域专门化	特殊样式要求	拆分建议	备　注
标准名称	必备	简练并明确表示出标准的主题，以区别于其他标准 引导要素（可选）：表示标准所属的领域； 主题要素（必备）：表示上述领域内标准所涉及的主要对象； 补充要素（可选）：表示上述主要对应的特定方面	是	有	主题专门化时，需按照内容组成定义元素类型（如：主题要素等），也可按照内容结构定义 DITA 主题结构（如：元素顺序）	需对文档内容结构化

续表

名称	可选状态	内容	是否需领域专门化	特殊样式要求	拆分建议	备注
范围	必备	指明标准或其特定部分的适用界限	否	无	应作为单个 DITA 主题来拆分，内容可采用 Section 来分段，条目可设置为包含编码的 id	
规范性引用文件	可选	列出标准中规范性引用其他文件的文件清单	否	无	应作为单个 DITA 主题拆分，文件清单可采用带有编码 id 的 Section 段落	

国家标准的规范性技术要素的拆分原则如表 8.4 所示。

表 8.4 规范性技术要素的拆分

名称	可选状态	内容	是否需领域专门化	特殊样式要求	拆分建议	备注
术语和定义	可选	给出为理解标准中某些术语所必需的定义	否	无	应作为单个 DITA 主题进行拆分	
缩略语	可选	给出为理解标准所必需的缩略语清单	否	无	应作为单个 DITA 主题进行拆分	
要求	可选	直接或以引用方式给出标准涉及的产品、过程或服务等方面的所有特性； 可量化特性所要求的极限值； 针对每个要求，引用测定或检验特性值的实验方法，或者直接规定试验方法	否	无	应作为单个 DITA 主题进行拆分	
规范性附录	可选	给出标准正文的附加或补充条款	否	无	应采用单个 DITA 主题拆分，包含的段落可采用 Section 拆分	
资料性附录	可选	给出有助于理解或使用标准的附加信息	否	无	应采用单个 DITA 主题拆分，包含的段落可采用 Section 拆分	

根据《GB/T 1.1—2009 标准化工作导则》，也可将标准内容按层次划分为：部分、章、条、段和列表。如果将国家标准内容按层次进行划分，则国家标准文档内容分解如表 8.5 所示。

表 8.5　按标准层次进行拆分

名　称	内　容	拆分建议	备　注
部分	在同一标准号下，将一项标准分成若干个系列标准	采用 DITA 映射的方式来组织章的 DITA 主题	
章	标准内容划分的基本单元	可拆分为 DITA 主题	
条	章的细分	可拆分为 DITA 主题下的 Section	
段	章或条的细分	应拆分为 p	
列表	应由一段后跟冒号的文字引出	应拆分为 ol 或 ul 或 dl	

8.1.3　国家标准封面分析

根据上述预先定义的国家标准拆分规则，下面以《GB/T 1.1—2009 标准化工作导则》第一部分：标准的结构和编写为例，对国家标准的分解进行实例介绍。

在标准编写规范中，封面为必备要素，封面给出了标准的各项标示信息，包括：标准名称、英文译名、层次、标志、编号、国际标准分类号（ICS 号）、中国标准文献分类号、发布日期、实施日期和发布部门等。如果标准代替了某个或某几个已有标准，则封面信息还包含被代替标准的编号。

国家标准封面中包含的这些标准标识信息，在标准的分类管理以及信息检索方面非常重要，同时也是国家标准内容重用和引用的重点对象。因此，为国家标准中各项封面元素提供良好的描述和展现将会极大地便于标准内容的重用。

在国家标准内容分解的过程中，利用 DITA 的主题专门化实现对标准封面信息的专门化，对封面中包含的元素给出完整的描述，这些元素包括国际标准分类号、中国标准文献分类号、标准类型标记、标准编号、标准名称、发布与实施日期、发布部门等信息的 Schema 定义。国家标准封面示意图如图 8.1 所示，封面中包含的要素分述如下。

1. 国际标准分类号（图 8.1 中①）

国际标准分类法（International Classification for Standards，ICS）是由国际标准化组织编制的标准文献分类法。ICS 主要用于国际标准、区域标准和国家标准以及相关标准化文献的分类、编目与建库，从而保证国际标准、区域标准、国家标准以及其他标准化文献在世界范围检索的分类一致性。国际标准分类法采用数字编号。第一级和第三级采用双位数，第二级采用三位数表示，各级分类号之间以实圆点相隔。如：ICS 01.120。

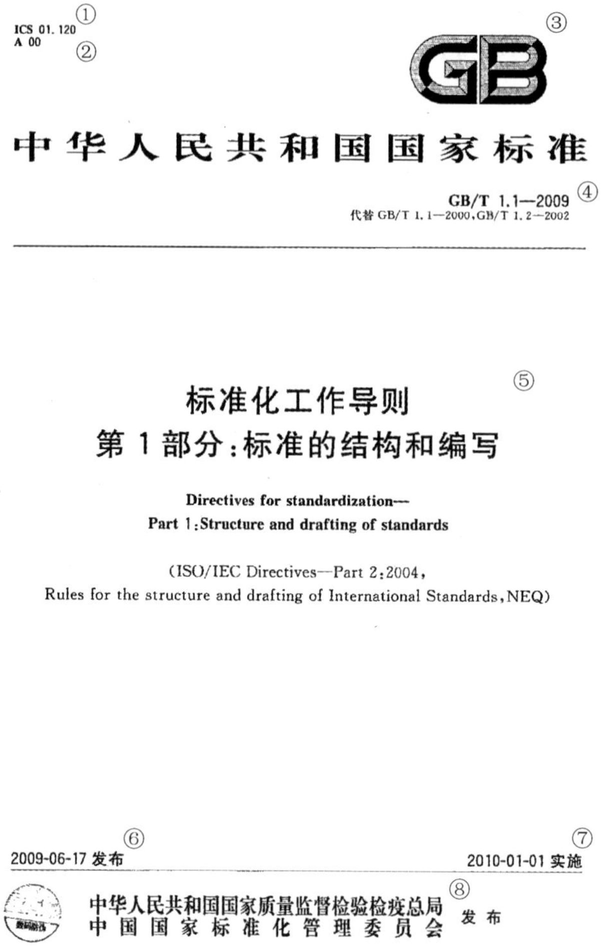

ICS 01.120 ①
A 00 ②

中华人民共和国国家标准

GB/T 1.1—2009 ④
代替 GB/T 1.1—2000,GB/T 1.2—2002

标准化工作导则 ⑤
第 1 部分:标准的结构和编写

Directives for standardization—
Part 1:Structure and drafting of standards

(ISO/IEC Directives—Part 2:2004,
Rules for the structure and drafting of International Standards,NEQ)

2009-06-17 发布 ⑥ 2010-01-01 实施 ⑦

中华人民共和国国家质量监督检验检疫总局 ⑧
中国国家标准化管理委员会 发布

图 8.1 国家标准封面示意图

根据 DITA 专门化规则定义的 ICS 结构的 Schema 代码如下:

```
<xs:element name="ICS" type="ICS.class"/>
<!-- 名称-->
 <xs:complexType name="name.class">
    <xs:sequence>
       <xs:element name="cnname" type="xs:string"/>
       <xs:element name="engname" type="xs:string"/>
    </xs:sequence>
 </xs:complexType>

 <!-- 分类子集 -->
 <xs:complexType name="stdcategory.class">
    <xs:complexContent>
```

```
            <xs:extension base="name.class">
                <xs:sequence>
                    <xs:element name="num" type="xs:string"/>
                </xs:sequence>
            </xs:extension>
        </xs:complexContent>
    </xs:complexType>

    <!-- 分类号 -->
    <xs:complexType name="categorynum.class">
        <xs:sequence>
            <xs:element name="first" type="stdcategory.class"/>
            <xs:element name="second" type="stdcategory.class"/>
            <xs:element name="three" type="stdcategory.class" minOccurs
="0"/>
        </xs:sequence>
    </xs:complexType>

    <!-- ICS 编号  例如：01.120-->
    <xs:complexType name="ICS.class">
        <xs:complexContent>
            <xs:extension base="categorynum.class"/>
        </xs:complexContent>
    </xs:complexType>
```

在 ICS 分类号结构的 Schema 基础上，ICS 代码的 DITA 主题代码表示如下：

```
  <ICS>
      <first>
          <cnname>综合、术语学、标准化、文献</cnname>
          <engname>Comprehensive 、 terminology 、 standardization 、
documentation</engname>
          <num>01</num>
      </first>
      <second>
       <cnname>标准化工作导则</cnname>
       <engname>Directives For standardization</engname>
       <num>120</num>
      </second>
   </ICS>
```

2. 中国标准文献分类号（图 8.1 中②）

中国标准分类法（Chinese Classification for Standards，CCS）是由国内标准化组织编制的标准文献分类法。本分类法采用二级分类，一级分类由 24 个大类组成，每个大类有 100 个二级类目，一级分类由单个拉丁字母组成，二级分类由双数字

组成。如：A 00。

根据 DITA 专门化规则定义的 CCS 结构的 Schema 代码如下：

```
<xs:element name="CCS" type="CCS.class"/>
   <!-- 名称-->
    <xs:complexType name="name.class">
        <xs:sequence>
            <xs:element name="cnname" type="xs:string"/>
            <xs:element name="engname" type="xs:string"/>
        </xs:sequence>
    </xs:complexType>

    <!-- 分类子集 -->
    <xs:complexType name="stdcategory.class">
        <xs:complexContent>
            <xs:extension base="name.class">
                <xs:sequence>
                    <xs:element name="num" type="xs:string"/>
                </xs:sequence>
            </xs:extension>
        </xs:complexContent>
    </xs:complexType>

    <!-- 分类号 -->
    <xs:complexType name="categorynum.class">
        <xs:sequence>
            <xs:element name="first" type="stdcategory.class"/>
            <xs:element name="second" type="stdcategory.class"/>
            <xs:element name="three" type="stdcategory.class" minOccurs
="0"/>
        </xs:sequence>
    </xs:complexType>

    <!-- CCS 编号  例如：A 00-->
    <xs:complexType name="CCS.class">
        <xs:complexContent>
            <xs:extension base="categorynum.class"/>
        </xs:complexContent>
    </xs:complexType>
```

在 CCS 分类号结构的 Schema 基础上，CCS 代码的 DITA 主题代码表示如下：

```
<!--A  00-->
<CCS>
    <first>
        <cnname>综合</cnname>
```

```
        <engname>Comprehensive</engname>
        <num>A</num>
    </first>
    <second>
        <cnname>标准化、质量管理</cnname>
        <engname>standardization、quality management</engname>
        <num>00</num>
    </second>
</CCS>
```

3．标准类型标记（图 8.1 中③）

我国标准分为国家标准、行业标准、地方标准和企业标准四个级别。在标准的封面中，针对四种类别的标准提供了不同的类型标记：国家标准（代号 GB）；行业标准的类型标记由行业主管部门制定，如化工行业标准（代号为 HG）、石油化工行业标准（代号为 SH）；地方标准（代号为 DB）由省、自治区、直辖市标准化行政主管部门制定；企业标准由企业制定并报当地政府标准化行政主管部门备案。针对不同标准的类型标记，定义的 Schema 代码如下：

```
<xs:element name="mark" type="stdtype.class"/>
<!-- 标准类型 -->
<xs:simpleType name="stdtype.class">
    <xs:restriction base="xs:string">
        <xs:enumeration value="GB"/>
        <xs:enumeration value="DB"/>
<xs:enumeration value="HG"/>
<xs:enumeration value="SH"/>
……
    </xs:restriction>
</xs:simpleType>
```

在标准类型标记的 Schema 基础上，对国家标准的类型描述代码表示如下：

```
<!--GB -->
<mark>GB</mark>
```

4．标准编号（图 8.1 中④）

标准编号由标准化评审发布部门设定，标准编号能够唯一地标识一项标准。标准编号一般由标准的类型标记、顺序号和颁布年份组成。如 GB/T 1.1 2009。另外，在标准封面中，还应注明本标准代替的标准编号。针对标准编号定义的 Schema 结构如下：

```
<!-- 标准编号-->
<xs:element name="stdnum">
    <xs:complexType>
```

```
        <xs:sequence>
            <xs:element name="now">
                <xs:complexType>
                    <xs:sequence>
                        <xs:element name="stdserial" type="stdserial.
class">
    </xs:element>
                    </xs:sequence>
                </xs:complexType>
            </xs:element>
            <xs:element name="replace" minOccurs="0">
                <xs:complexType>
                    <xs:sequence>
                        <xs:element name="stdserial" type="stdserial.
class" maxOccurs="unbounded"/>
                    </xs:sequence>
                </xs:complexType>
            </xs:element>
        </xs:sequence>
    </xs:complexType>
    </xs:element>

    <!-- GB/T 1.1- 2009 -->
        <xs:complexType name="stdserial.class">
            <xs:sequence>
                <!-- GB/T -->
                <xs:element name="type">
                    <xs:complexType>
                        <xs:sequence>
                            <xs:element    name="first"    type="stdtype.
class"/>
                            <xs:element name="second" type="xs:string"/>
                        </xs:sequence>
                    </xs:complexType>
                </xs:element>
                <!-- 1.1 -->
                <xs:element name="num">
                    <xs:complexType>
                        <xs:sequence>
                            <xs:element name="first" type="xs:integer"/>
                            <xs:element name="second" type="xs:integer"/>
                        </xs:sequence>
                    </xs:complexType>
                </xs:element>
                <!-- 2009 -->
                <xs:element name="date" type="xs:gYear"></xs:element>
```

```
        </xs:sequence>
    </xs:complexType>
```

在标准编号的 Schema 基础上，国家标准的编号代码表示如下：

```
<!- GB/T 1.1 2009  代替 GB/T 1.1 2000  GB/T 1.1 2002-->
<stdnum>
    <now>
        <stdserial>
            <type>
                <first>GB</first>
                <second>T</second>
            </type>
            <num>
                <first>1</first>
                <second>1</second>
            </num>
            <date>2009</date>
        </stdserial>
    </now>
    < replace >
        <stdserial>
            <type>
                <first>GB</first>
                <second>T</second>
            </type>
            <num>
                <first>1</first>
                <second>1</second>
            </num>
            <date>2000</date>
        </stdserial>
    </ replace >
    < replace >
        <stdserial>
            <type>
                <first>GB</first>
                <second>T</second>
            </type>
            <num>
                <first>1</first>
                <second>2</second>
            </num>
            <date>2002</date>
        </stdserial>
    </ replace >
</stdnum>
```

5. 标准名称（图 8.1 中⑤）

标准的名称包含标准的中文名、英文译名和与国际标准一致性程度的标识等内容。针对标准名称定义的 Schema 结构如下：

```
<xs:element name="stdtitle">
    <xs:complexType>
        <xs:sequence>
            <xs:element name="name" type="name.class"/>
            <!-- 与国际标准一致性程度的标识 -->
            <xs:element name="internationaldentifier" type="xs:string"/>
            <xs:any minOccurs="0"/><!-- 其他属性 -->
        </xs:sequence>
    </xs:complexType>
</xs:element>
<!-- 名称-->
    <xs:complexType name="name.class">
        <xs:sequence>
            <xs:element name="cnname" type="xs:string"/>
            <xs:element name="engname" type="xs:string"/>
        </xs:sequence>
    </xs:complexType>
```

在标准名称的 Schema 基础上，国家标准的名称代码表示如下：

```
<stdtitle>
    <name>
        <cnname>标准化工作导则 第 1 部分：标准的结构和编写</cnname>
        <engname>Directives for standardization Part1: Structure and
drafting of standards</engname>
    </name>
    <internationaldentifier>ISCO/ICE Directives--Part2:2004,Rules
for the structure and drafting of International Standards,NEQ</
internationaldentifier>
</stdtitle>
```

6. 发布与实施日期（图 8.1 中⑥和⑦）

标准的发布与实施日期也包含在标准封面的要素中，其 Schema 结构定义如下：

```
<!-- 发布与实施日期-->
<xs:element name=" stdtime " type="stdtime.class">
<xs:complexType name="stdtime.class">
    <xs:complexContent>
        <xs:restriction base="section.class">
            <xs:all>
                <xs:element ref="title" minOccurs="0"/>
```

```
                <xs:element name="release" type="xs:date"/>
                <xs:element name="implementation" type="xs:date"/>
            </xs:all>
            <xs:attribute name="outputclass" type="xs:string"/>
            <xs:attributeGroup ref="univ-atts"/>
            <xs:attributeGroup ref="global-atts"/>
            <xs:attribute  ref="class"  default="-  topic/section
std/stdtime"/>
        </xs:restriction>
    </xs:complexContent>
</xs:complexType>
```

在标准发布与实施日期的 Schema 基础上，国家标准的日期要素代码表示如下：

```
<stdtime>
    <release>2009-06-17</release>
    <implementation>2010-01-01</implementation>
</stdtime>
```

7．发布部门（图 8.1 中⑧）

标准封面中包含标准的发布部门，此外，标准一般还需要注明标准提出和归口部门，部门相关的 schema 结构定义如下：

```
<!– 部门 -->
<xs:element name="stddepartments" type="stddepartments.class"/>
<xs:complexType name="stddepartments.class">
    <xs:complexContent>
        <xs:restriction base="section.class">
            <xs:all>
                <xs:element ref="title" minOccurs="0"/>
                <!-- 发布 -->
                <xs:element name="release">
                    <xs:complexType>
                        <xs:sequence>
                            <xs:element  name="name"  type="xs:string"
maxOccurs="unbounded"/>
                        </xs:sequence>
                    </xs:complexType>
                </xs:element>
                <!-- 提出 -->
                <xs:element name="propose"  type="SOME_DEPARTMENTS_INFO"
minOccurs="0" />
                <!--  归口 -->
                <xs:element name="manager" type="SOME_DEPARTMENTS_INFO"/>
            </xs:all>
            <xs:attribute name="outputclass" type="xs:string"/>
```

```
            <xs:attributeGroup ref="univ-atts"/>
            <xs:attributeGroup ref="global-atts"/>
            <xs:attribute ref="class" default="- topic/section std/
stddepartments"/>
          </xs:restriction>
      </xs:complexContent>
   </xs:complexType>

   <!-- 标准的提出、归口信息 -->
   <xs:complexType name="SOME_DEPARTMENTS_INFO">
      <xs:sequence>
          <xs:element name="name" maxOccurs="unbounded">
             <xs:complexType>
                <xs:simpleContent>
                   <xs:extension base="xs:string">
                      <xs:attribute name="code" type="xs:string"
use="optional"/>
                   </xs:extension>
                </xs:simpleContent>
             </xs:complexType>
          </xs:element>
      </xs:sequence>
   </xs:complexType>
```

在标准部门的 Schema 基础上，对 GB/T 1.1 的部门信息代码表示如下：

```
   <stddepartments>
             <release>
                 <name>中华人民共和国国家质量监督检验检疫总局</name>
                 <name>中国国家标准化管理委员会</name>
             </release>
             <manager>
                <name code="SAC/TC 286">全国标准化原理与方法标准化技术委员
会</name>
             </manager>
   </stddepartments>
```

8. 标准起草人与单位

除了上述出现在标准封面中的要素，还有一些信息出现在标准的前言中，如标准的编制个人与单位信息，其 Schema 结构定义如下：

```
   <!-- 起草信息 -->
   <xs:element name="stdcreate" type=" stdcreate.class"/>
   <xs:complexType name="stdcreate.class">
      <xs:complexContent>
          <xs:restriction base="section.class">
```

```
            <xs:sequence>
                <xs:element ref="title" minOccurs="0"/>
                <xs:element name="corporations">
                    <xs:complexType>
                        <xs:sequence maxOccurs="unbounded">
                            <xs:element    name="corporation"    type=
"corporation.class"/>
                        </xs:sequence>
                    </xs:complexType>
                </xs:element>
                <xs:element name="persons">
                    <xs:complexType>
                        <xs:sequence maxOccurs="unbounded">
                            <xs:element  name="person"  type="person.
class" />
                        </xs:sequence>
                    </xs:complexType>
                </xs:element>
            </xs:sequence>
            <xs:attribute name="outputclass" type="xs:string"/>
            <xs:attributeGroup ref="univ-atts"/>
            <xs:attributeGroup ref="global-atts"/>
            <xs:attribute  ref="class"  default="-  topic/section
std/stdcreate"/>
        </xs:restriction>
      </xs:complexContent>
    </xs:complexType>
    <!-- 起草单位 -->
    <xs:complexType name="corporation.class">
      <xs:sequence>
        <xs:element name="name" type="xs:string"/>
        <xs:any minOccurs="0"/><!-- 扩展属性 -->
      </xs:sequence>
    </xs:complexType>
    <!-- 起草个人 -->
    <xs:complexType name="person.class">
      <xs:sequence>
        <xs:element name="name" type="xs:string"/>
        <xs:element name="corporation" type="xs:string"/>
        <xs:any minOccurs="0"/> <!-- 扩展属性 -->
      </xs:sequence>
    </xs:complexType>
```

在标准起草信息的Schema基础上，对GB/T 1.1的起草信息代码表示如下：

```
    <stdcreate>
      <corporations>
```

```
        <corporation>
            <name>中国标准化研究所</name>
        </corporation>
        ……
    </corporations>
    <persons>
        <person>
            <name>白殿一</name>
            <corporation>中国标准化研究所</corporation>
        </person>
        ……
    </persons>
</stdcreate>
```

通过上述针对国家标准封面信息主题的专门化定义，可以使用不同的 DITA 主题完成标准封面中的各项要素描述，对于其他未提及的文档要素，也可以采用类似的方法进行主题专门化处理，以完成标准封面各项信息的描述和组织。

8.1.4 国家标准正文分析

在国家标准的正文中，按照内容层次可划分为：部分、章、条、段和列表等内容。内容分解需要依据于不同部分的特征进行处理。

对于标准的不同部分，可以按照不同部分的先后顺序建立 DITA 映射，示例如下：

```
<map title="标准名称">
    <topicref    href="…" type="topic" navtitle="第一部分"/>
    <topicref    href="…" type="topic" navtitle="第二部分"/>
</map>
```

对于《GB/T 1.1—2009 标准化工作导则》标准中章、条、段等内容形成的 DITA 主题，处理示例如下：

```
<?xml version='1.0' encoding='UTF-8'?>
<!DOCTYPE    topic    PUBLIC    "-//OASIS//DTD    DITA    Topic//EN"
"http://docs.oasis-open.org/dita/v1.1/OS/dtd/topic.dtd">

<topic id="4-总则" xml:lang="zh_CN">
    <title>4  总则</title>
    <body>
        <section>
            <title>4.1 目标</title>
            <p>制定标准的目标是规定明确且无歧义的条款，以促进贸易和交流……</p>
```

```
        </section>
        <section>
            <title>4.2 统一性</title>
            <p>每项标准或系列标准内，标准的文体和术语应保持一致……</p>
        </section>
        <section>
            <title>4.3 协调性</title>
            <p>为了到达所有标准整体协调的目的，标准的编写应遵循现行基础标准的
有关条款……</p>
        </section>
    </body>
</topic>
```

对于《GB/T 1.1—2009 标准化工作导则》标准中列表的处理示例如下：

```
<p>一项标准分成若干个单独的部分时，通常有诸如下列特殊需要或具体原因：</p>
<ol id="5-1-2-1">
    <li>标准篇幅过长；</li>
    <li>后续的内容相互关联；</li>
    <li>标准的某些内容可能被法规引用；</li>
    <li>标准的某些内容拟用于认证。</li>
</ol>
```

对于《GB/T 1.1—2009 标准化工作导则》标准中正文段落的处理示例如下：

```
<dl>
    <dlentry>
        <dt>规范</dt>
        <dd>规定产品、过程或服务需要满足的要求的文件。</dd>
    </dlentry>
</dl>
```

8.1.5　国家标准内容重组

在上述已分解完成的主题信息类型文件的基础上，按照顺序建立新的 DITA 映射文件 Map，将 DITA 主题通过映射文件重新组织，再通过 DITA OT 提供的 Ant 编译脚本转换为作者选定的交付格式文件，形成内容完整连贯的出版物。

将各个部分进行衔接的 DITA 映射文件示例如下：

```
<?xml version="1.0" encoding="UTF-8"?>
<!DOCTYPE  map  PUBLIC  "-//OASIS//DTD  DITA  Map//EN"  "http://
docs.oasis-open.org/dita/v1.1/OS/dtd/map.dtd">
```

```
<map title="国家标准 DITA 映射文件示例">
    <topicmeta>
        <metadata>
            <prodinfo>
                <prodname>GB/T 1.1 2009</prodname>
                <vrmlist>
                    <vrm version="1.0"/>
                </vrmlist>
            </prodinfo>
        </metadata>
    </topicmeta>
    <topicref href="preface.xml" type="topic"/>
    <topicref href="introduction.xml" type="topic"/>
    <topicref href="region.xml" type="topic"/>
    <topicref href="specified_file.xml" type="topic"/>
    <topicref href="terminology.xml" type="topic"/>
    <topicref href="section_1.xml" type="topic">
        <topicref href="section_1_1.xml" type="topic"/>
        <topicref href="section_1_2.xml" type="topic"/>
    </topicref>
    <topicref href="section_2.xml" type="topic">
        <topicref href="section_2_1.xml" type="topic"/>
        <topicref href="section_2_2.xml" type="topic"/>
    </topicref>
    <topicref href="app_a.xml"/>
    <topicref href="app_b.xml"/>
    <topicref href="app_c.xml"/>
</map>
```

对 DITA OT 中提供的生成 PDF 的 Ant 编译脚本进行配置修改，具体内容如下：

```
<?xml version="1.0" encoding="UTF-8" ?>
<project name="sample_pdf" default="sample2pdf" basedir="../..">
<property file="${basedir}/docs.properties"/>
  <property name="book.name" value="XMLInterchange"/>
  <property name="transtype.name" value="pdf"/>
  <property name="dita.input.dir" value=""/>
  <property   name="book.output.dir"   value="${dita.output.dir}/
${book.name}/${transtype.name}"/>
  <property name="css.source.dir" value="${basedir}${file. separator}
src${file.separator}css"/>
  <import file="${dita.dir}${file.separator}integrator.xml"/>
  <target name="sample2pdf" depends="integrate">
```

```
        <ant  antfile="${dita.dir}${file.separator}build.xml"  target=
"init">
          <property name="args.input" value="src/XMLInterchange/ book.
ditamap"/>
          <property name="clear.temp" value="no"/>
        <property name="transtype" value="${transtype.name}"/>
        <property name="output.dir" value="${book.output.dir}"/>
      </ant>
    </target>
  </project>
```

对 DITA OT 的参数进行设置，具体配置文件是 docs.properties，内容如下：

```
dita.dir=D:/DITA-OT
dita.zip=${dita.dir}/lib/DITA-OT_full_easy_install_bin.zip
dita.script.dir=${dita.dir}/xsl
dita.dtd.dir=${dita.dir}/dtd
dita.css.dir=${dita.dir}/css
dita.resource.dir=${dita.dir}/resource
dita.output.dir=${basedir}/out
dita.src.dir=${basedir}/src
dita.temp.dir=${basedir}/temp
dita.lib.dir=${basedir}/lib
dita.extname=.dita
args.csspath=
clear.temp=false
```

执行 Ant 脚本，生成最终的 PDF 文档。

```
D:\DITA-OT>cd D:\DITA\samples\src\XMLInterchange
D:\DITA\samples\src\XMLInterchange>ant -f build.xml
```

8.2　DITA 辞书应用案例

8.2.1　词典的 DITA 主题描述

针对词典的 DITA 主题编辑与发布，通用化的整体解决方案如图 8.2 所示。核心就是利用 DITA 的 XML 写作来满足一次编辑、多次使用的数字出版需求。

对于词典类出版物，每个词条的描述应遵循统一的模式和结构，可以构建一套词典自有的元数据，对词条 DITA 主题进行描述。

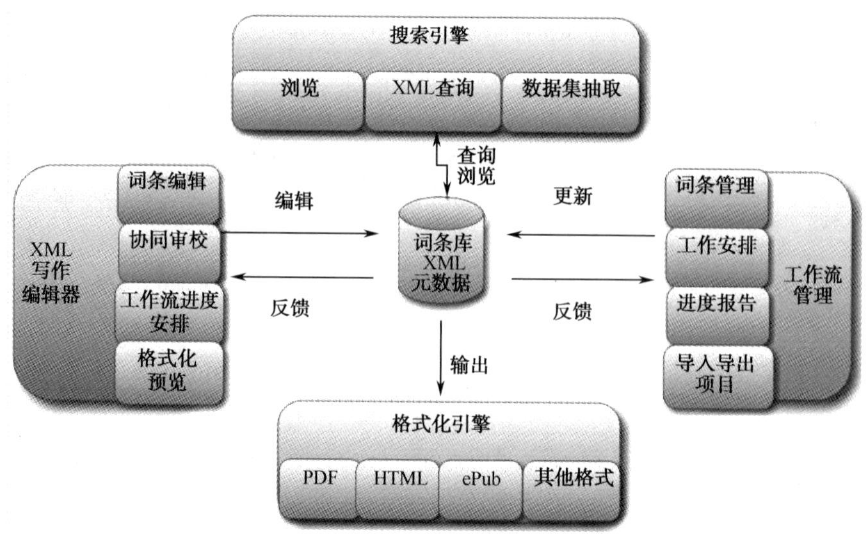

图 8.2 词典类读物的 DITA 解决方案

下面以英汉字典为例，对词典中一个词的英汉解释的 DITA 主题定义如下：

```
    <headword group>
            <headword></headword>
            <pronunciation group> [ <pronunciation></pronunciation> ]
</pronunciation group>
        </headword group>

        <sense group>
            <sense1>
    <part of speech group><part of speech></part of speech></part of
speech group>
    <MsDict>
        <definition></definition>
    <example group>:
    <example><tr></tr></example></example group>
    </MsDict>
            </sense1>
    </sense group>

    <derivative group>
        <subentry>
            <lemma></lemma>
            <part of speech group><part of speech></part of speech></part
of speech group>
    </subentry>
    </derivative group>
```

```
    <phrase group>
            <subentry>
                <lemma></lemma>
                <definition></definition>
    </subentry>
        </phrase group>

    <label group><subject></subject></label group>
    <inflection
group><syntactic></syntactic><inflection></inflection>
    </inflection group>
    <cross-reference
group><cross-reference></cross-reference></cross-reference group>
```

在上述DITA主题定义的基础上，对一个单词awake的具体表述如下所示，其中包含单词的词条、读音、词性、时态、解释、例句和注释等信息的描述。

```
    <entry>
    <headword group>
            <headword>awake</headword>
            <pronunciation group> [<pronunciation> □</pronunciation>]
</pronunciation group>
        </headword group>
    <sense group>
            <sense1>
    <inflection group>(<syntactic>过去式</syntactic><inflection> awoke
</inflection>或<inflection> 〖=d〗 </inflection>, <syntactic>过去分词
</syntactic><inflection> awoke </inflection> 或 <inflection> 〖=d〗
</inflection>或<inflection>awoken</inflection>
    )</inflection group>
    <sense2>
    <part of speech group><part of speech> vt </part of speech></part
of speech group>
        <MsDict>1
    <definition>唤醒，吵醒</definition>
    <example group>:
        <example> The sound of the doorbell <italics>awoke</italics> the
baby.<tr>门铃声把婴儿吵醒了。</tr></example></example group>
                    </ MsDict >
    < MsDict >2
    <definition>唤起；激起</definition>
    <example group>:
        <example>~ old memories <tr>使人想起往事</tr>
    </example></example group>
                    </ MsDict >
```

```
    < MsDict >3
    <definition>使意识(或认识)到</definition>
    <grammatical   group><preposition>(to)</preposition></grammatical
group>
                    </ MsDict >
    </sense2>
    <sense2>
    <part of speech group><part of speech> vi </part of speech></part
of speech group>
    < MsDict >1
        <definition>醒</definition>
    <example group>:
    <example>I ～ at six every morning.<tr>我每天早上 6 点醒。</tr>
</example>/
    <example>～ to find 〖=3d〗<tr>醒来发觉…</tr></example></example
group>
    </ MsDict >
    < MsDict >2
        <definition>觉醒；(希望等)被唤起，被激起</definition>
    </ MsDict >
    < MsDict >3
        <definition>意识到，认识到，醒悟</definition>
    <grammatical   group><preposition>(to)</preposition></grammatical
group>
    <example group>:
    <example>～ <italics>to</italics> the fact that 〖=3d〗<tr>认识到…
的事实</tr></example>/
    <example> ～  <italics>to</italics>  the  danger  <tr> 认 识 到 危 险
</tr></example></example group>
    </ MsDict >
    </sense2>
            </sense1>
            <sense1>
    <part of speech group><part of speech> adj</part of speech></part
of speech group>
    <grammatical group><syntactic> [用作表语] </syntactic></grammatical
group>
    <MsDict>1
        <definition>醒着的</definition>
    <example group>:
    <example>Is he ～ or asleep?<tr>他醒着还是睡着?</tr></example>/
    <example> I lay ～ all night.<tr>我一夜未曾睡着。</tr></example>
    </example group>
    </MsDict>
    <MsDict>2
        <definition>警觉的；意识到的</definition>
```

```
    <example group>:
    <example> be ～ <italics>to</italics> <tr>认识（或意识）到…
</tr></example></example group>
    </MsDict>
          </sense1>
    </sense group>
       <notes>
    awake / awaken / waken / wake
    这些动词均可表示醒、醒来：● wake 使用最为普遍，其后通常用 up： I wake up in
the middle of the night.● 作“醒悟”，“清醒”解时，使用 awake 和 awaken 的情形
更多。● awake 通常用于书面语，也可以用作形容词： The main thing is to keep the
audience awake.● waken 和 awaken 都是比较正式的用词，其中 awaken 多用于文学作
品中： The old man was awakened at dawn by a curious noise.
    </notes>
    </entry>
```

在对具体词条进行标引的工作过程中，可以分项对上述 DITA 主题定义的各项词条要素逐条补全所需的信息项。具体的标引过程如图 8.3 所示。

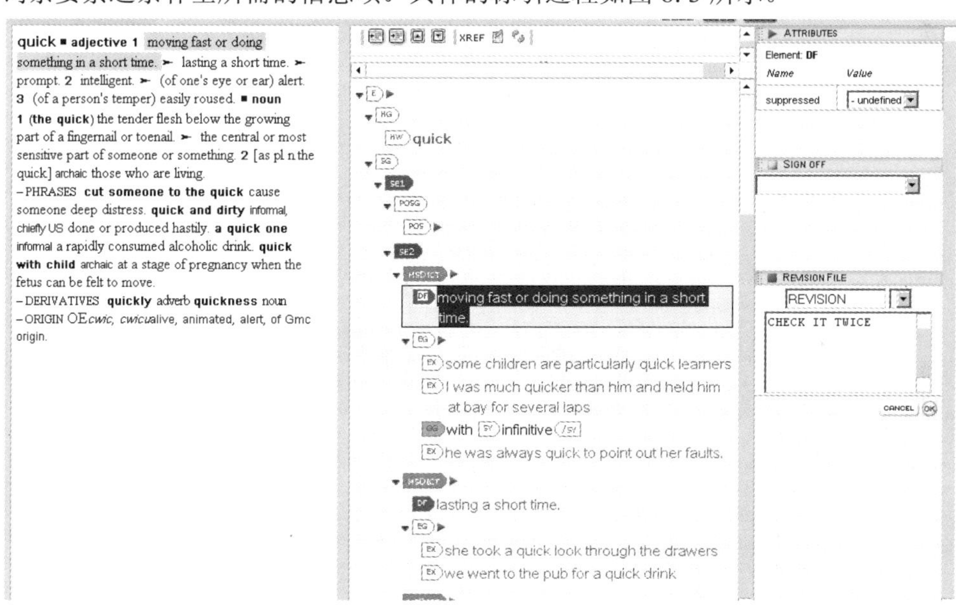

图 8.3　词典中对词条的标引

8.2.2　基于 DITA 重组的按需出版

在完成对整个英汉词典的 DITA 编辑描述之后，将来即可通过 DITA 的重组映射特性轻松输出各类所需的词典，如英汉小词典、简明英汉词典和单词速记手册

等，如图 8.4 所示。

在出版发布方面，只需要设置好导出的格式处理器，就可以生成 PDF、Word、ePub 和 HTML 等多种格式，以满足各种出版形式的需要。

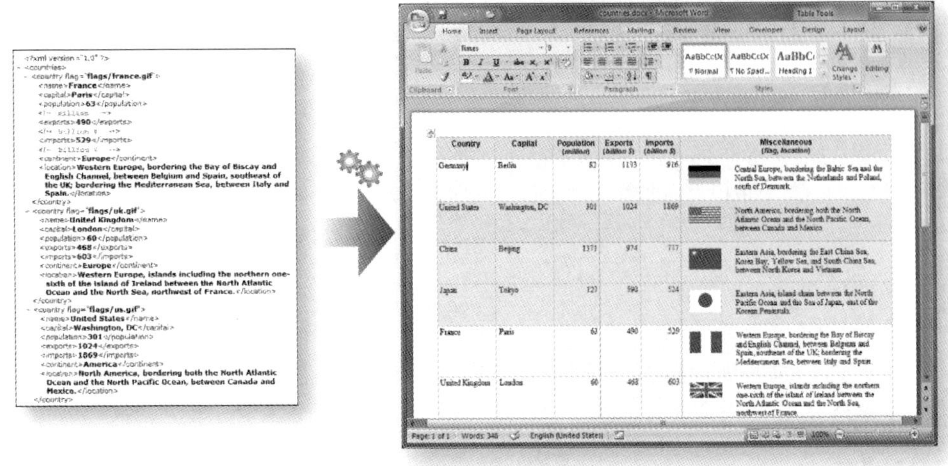

图 8.4 词典内容的按需出版

第 9 章

Chapter 9

DITA 数字出版技术总结

随着数字化出版时代的到来，传统出版业从单终端、单形态和单一传播途径的出版业态，逐步开始向多终端、多形态和多渠道传播的出版模式转型。

在内容承载形式多元化、展现形式和终端多样化的数字出版新形势下，需要一种统一、完善、标准化的数字出版技术作为多元化出版的支撑，而 DITA 为数字出版领域提供了结构化内容重组与映射解决方案。DITA 凭借其特有的优势能够帮助用户将出版内容，特别是技术类出版内容以多种形态、多种渠道在传统介质和多媒体介质中传播，实现信息制作和传播效益的最大化。

综合本书对 DITA 的介绍，DITA 数字出版技术的优势主要体现在以下几个方面。

1）支持出版内容分解。

DITA 标准以其特有的主题概念来描述内容单元，将出版内容以主题为单元进行模块分解，且分解后的内容能够满足内容块的原子性和自我描述等特点，适合数字出版对内容重用与组织的需求。

2）支持出版内容合成。

出版内容的分解是内容合成的基础，DITA 通过一套机制，能够将以 DITA 主题为单元分解的内容通过 DITA 映射重新组织起来，实现数字出版内容的合成。在这个过程中，编辑或作者均能够针对不同的目标读者或出版要求对 DITA 映射进行创造性的重组。此外，DITA 的映射关联机制使得出版内容在松散耦合的基础上补充一定的黏性，能够以灵活的方式将内容合成，用最小的成本完成出版内容的按需调整。

3）支持出版内容重用。

内容重用建立在数字出版内容分解与合成机制的基础上。能够在多文档间重用的内容块一般是语义完整、可自我表述的信息单元，DITA 的内容描述基于 DITA 主题，而 DITA 主题的特性为实现出版物内容重用提供了良好的支撑。

4）良好的扩展机制。

借助领域专门化的方式，DITA 标准能够在自身已有的支持范围基础上根据用户的特定需求进行拓展，理论上可以拓展支撑各种领域的内容描述，借助 DITA 标准良好的扩展能力，以满足用户对各类数字出版物的定制化出版需求。

5）开源、免费。

DITA 标准是国际化的公用标准，依靠 OASIS 组织提供强有力的维护与支持，DITA 标准并非依赖于某企业或个人的意志而发展，所以在标准的公开性和公平性方面，可以让编辑和作者放心地参考和使用。DITA 还提供了开源、免费的 DITA 标准处理工具 DITA OT，可以让使用者参考、学习和使用。对于想了解 DITA 的用户，可以不借助任何商业化工具就可以完成从创作、编辑到出版的整套流程。

DITA 在数字出版领域体现的优势很引人注目，但 DITA 标准本身也并非在各方面都能做到尽善尽美，在使用上也存在一定的限制，需要在后续版本升级中不断优化，才能更好地为数字出版工作服务。目前 DITA 存在的主要限制如下。

1）DITA 的内容和版式没有完全分离。

内容与版式的分离，是数字出版实现内容高效存储和重用的基础。DITA 在一定程度上实现了内容与版式的分离，但是对于精细排版要求的样式细节 DITA 没有提供较好的支持，如某段文字中特殊语句或缩略语的版式处理，需要用户借助专门化机制定义新的标签进行样式渲染，这在一定程度增加了排版的工作量。

2）针对数字出版领域的多样化元素定义有待健全。

DITA 标准的 1.2 版本已包含通用技术出版物和针对工业制造行业使用的标签定义。但总体来说，DITA 在数字出版领域可用的已定义标签还较少，对于技术类出版物的内容编辑和排版已够用，但距离通用化的出版行业要求还有一定差距，目前在使用过程中需根据目标出版物的特性进行标签专门化的定义工作。

3）DITA 内容分解的粒度规范不明确。

针对具体文档内容的分解，对于分解的粒度，DITA 规范中给出了建议性的说明，但对于新手来说，DITA 主题划分的基准和粒度不易把握，针对具体情况的分析与指导还相对较少，内容分解的规范不能涵盖所有的出版物类型。一方面内容分解需要作者和编辑人员根据以往的经验进行判断，另一方面 DITA 标准在后续发展过程中，也需要在内容分解规范性方面不断加强。

4）欠缺适合我国出版行业特点的可视化编辑工具。

DITA Open Toolkit 没有提供可视化的编辑工具，在使用方面也需要一定的计算机操作技巧作为支撑。目前市场上大多数支持 DITA 标准的可视化编辑工具均来自国外软件公司，对中文字符集支持方面参差不齐，与国内用户的操作习惯也存在一定差异。同时，软件工具的技术支持文档以英文为主，这对国内 DITA 用户的创作和使用造成了一定障碍。因此，DITA 在国内的普及和发展还需要国内公司研发支持 DITA 的所见即所得可视化编辑工具，并且支持用户管理和维护自己的 DITA 主题库。

综上，DITA 提供了基于主题的内容描述特性和基于映射表的分解与合成机制，本书从出版流程、内容处理、技术实现和业务应用等多个角度介绍了 DITA 数字出版技术，DITA 标准为数字化编辑加工技术提供了思路，也为我国研制基于内容分解与合成的自有数字出版标准提供了示例，值得我国出版从业者，特别是数字出版物采编人员参考和借鉴。

附　录

附录 A　DITA 标准规范

DITA 标准架构规范主要介绍 DITA 的设计原理、DITA 的基础内容和 DITA 的技术细节等内容。附录 A 对 DITA 1.2 标准规范中的重要内容进行了翻译，以帮助读者在需要了解 DITA 标准技术细节时查阅。

DITA 标准规范的英文原版阅读地址为：

http://docs.oasis-open.org/dita/v1.2/spec/DITA1.2-spec.html

A.1　架构规范：基础内容

DITA 的基础结构包括主题、映射元素、元数据、类别、专门化元素，包含危险信息、印刷与计算机元素的信息域等。

架构规范的基础内容如下。

- 引论：介绍了基本背景并对架构进行了综述。
- DITA 标记部分：对 DITA 的主题、映射与元数据进行了综述。
- DITA 处理部分：描述了 DITA 处理方面的各种常见目标。
- 配置、专门化与约束部分：描述了 DITA 用于定义、扩展与约束 DITA 文档类型的机制及其具体细节。

A.1.1　引论

DITA 是一种基于 XML 语言的体系结构，可用于写作、制作与发布面向主题的分类信息内容，使用户能够以多种方式对这些内容进行重用与单源化。最初创建 DITA 的目的是进行大规模技术文档的写作、管理和发布，但实际上 DITA 也适用于旨在向读者进行展示的出版物等内容。例如交互式培训与教育材料、标准、报告、商务文档、常规书刊以及自然指南等。

DITA 的本质是在现有类型和信息域的基础上创建新的文档类型、描述新的信息域。创建新类型与域的过程称作专门化。专门化使用户能够定义具有特定目标的具体文档类型，而且用户还能共享统一的输出转换方式，并设计适用于更为一般的类型和域的准则。这与面向对象系统中类继承的情形十分相似。

由于 DITA 主题兼容 XML 语言，因此用户可以在标准的 XML 工具中预览、编辑和确认各种 DITA 主题。但为了发挥 DITA 的全部潜力，建议用户使用专用的 DITA 工具。

1. 规范源

本 DITA 规范以 DITA 内容集的形式写作而成，并利用 DITA 开放工具包进行发布。它本身就是团队利用多种 DITA 特性开发复杂文档的最佳示例，在其开发过程中所涉及的特性包括键引用（keyrefs）和内容引用（conrefs）等。

为了方便读者阅读，本 DITA 规范以多种软件包的形式进行发布，这些软件包包含不同的必选模块和可选模块。通过将 DITA 用于规范的源文件，我们能够便捷地定义、管理与发布这些软件包。本 DITA 规范的源文件位于由 OASIS 维护的版本控制系统之中，感兴趣的读者可以从 OASIS 中下载源文件。

本 DITA 规范的 PDF 版本由 Antenna House XSL Formatter 和 RenderX XEP 生成。

2. DITA 术语与记号

本 DITA 规范使用如下记号和术语来定义 DITA 标准中的各个组件。

1）记号。

本规范使用如下记号。

● 属性类型。

所有属性名之前均冠以@，以将其与元素或上下文进行区分，例如，@props 属性或@class 属性等。

● 元素类型。

尖括号（“<”与“>”）用于标明元素名，以将其与上下文进行区分，例如，<keyword>元素和<prolog>元素等。

通常我们使用术语“映射（map）”或“主题（topic）”来说明相关对象是“一个<map>元素或其专门化”或是“一个<topic>元素或其专门化”。

2）标准信息与非标准信息。

本 DITA 规范中包含标准信息和非标准信息两种。

● 标准信息。

标准信息指本规范中用于描述 DITA 标准的标记规则及所要求的形式化内容，用户必须遵循这些规则与要求。

● 非标准信息。

非标准信息表包括对背景、示例及其他有用信息的描述，它们并非用户必须遵循的形式化要求或规则。在本规范中术语“非标准”与“信息型”的意义相仿，时常交换使用。

除了示例、附录或明确说明为信息型或非标准的内容外，本规范中的所有信息均为标准信息。本 DITA 规范还包括若干用于阐明具体内容的示例。但由于示例通常是具体的，它们无法反映规范的所有层面，也并非实现或实施某个具体层面的唯一途径，因此除非特别说明，所有示例均为非标准信息。

3）基本 DITA 术语。

下述术语用于描述基本 DITA 概念。

a．DITA 属性类型。

属性类型指下述两种情形之一：

● 由 DITA 规范所定义的基础属性类型；
● @base 或@props 属性的专门化。

b．DITA 文档。

符合本规范所要求的 XML 文档。DITA 文档必须以以下一种元素为根元素：

● <map>元素或其专门化；
● <topic>元素或其专门化；
● <dita>元素，该元素不支持专门化，但支持多个兄弟主题。

c．DITA 文档类型。

结构化模块、域模块和约束模块的特定集合，它们为定义 DITA 文档的结构提供了 XML 元素与属性声明。DITA 文档类型通常利用 DITA 文档类型外壳程序进行实施。

d．DITA 文档类型外壳程序。

通过利用本 DITA 规范中的规则或设计样式而对某 DITA 文档类型进行实施的 DTD 或 XSD 声明集合。DITA 文档类型外壳程序包含一个或多个结构化模块、不含或含多个域模块、不含或含多个约束模块，并对这些模块进行了相应的配置。除<dita>元素及其属性的可选声明外，DITA 文档类型外壳程序并不直接声明元素或属性类型。

e．DITA 元素。

类型为 DITA 元素类型的 XML 元素实例。DITA 元素必须包含@class 属性，且其值必须与专门化层级规范中的规定一致。

f．DITA 元素类型。

DITA 元素类型是指下述两种情形之一：

● 由 DITA 规范所定义的基础属性类型；

● @base 属性或@props 属性的专门化。

DITA 元素仅声明于一个词汇模块。DITA 元素可能仅包含属于 DITA 属性类型的属性。

g．映射实例。

指文档中属于映射类型的具体实例。

h．映射类型。

指定义主题实例中关系集合的元素类型。映射类型定义了根元素与映射实例的子结构，其中后者主要通过其所包含的元素类型实现。映射的子结构包括主题实例引用的层级、分组与矩阵结构。

i．结构化类型实例。

指文档中属于主题类型或映射类型的具体实例。

j．主题实例。

指文档中属于主题类型的具体实例。

k．主题类型。

指定义完整内容单元的元素类型。主题类型提供了主题的根元素与主题实例的子结构，其中后者主要通过其所包含的元素类型实现。主题类型的根元素并非必须与文档类型的根元素一致；文档类型中可嵌套多个主题类型，另外考虑到与其他过程的兼容性，也可将非 DITA 封装的元素声明为根元素。

4）专门化术语。

下列术语用于讨论 DITA 的专门化。

a．基础内容模型。

指 DITA 元素在专门化或实施约束或扩展之前的内容模型。

b．基础类型。

指未经专门化的元素类型或属性类型。所有基础类型均由 DITA 规范定义。

c．扩展元素。

隶属于词汇模块，指可以在 DITA 文档类型中扩展、替换或约束的元素类型。

d．一般化。

指将专门化的元素（或属性）转化为专门化程度较低的父元素（或父属性）的过程。一般化的实例中仍然保留着最初专门化的阶层信息，因此用户还可以从一般化的实例中重构出最初的专门化类型。

e．限制内容模型。

对于给定的 DITA 元素类型，限制内容模型是指可依据以下一条或多条机制对元素类型的基础内容模型进行限制所获得的内容模型：

● 移除可选元素；
● 限制可选元素；

- 对无序元素进行排序；
- 对可重复的可选元素进行重复限制。

对内容模型的限制可通过约束模块或专门化而实现。

f. 特定域扩展。

将扩展元素替换成定义于某个域模块之中的元素类型扩展，此类扩展中的基础类型在 DITA 文档类型外壳程序中是不可用的。

g. 专门化。

- 将新元素或新属性定义为现有元素或属性类型的特定语法提炼的行为。
- 属于基础类型专门化的元素或属性类型。
- 将一般化元素（或属性）转化为其专门化元素类型（属性）的过程。

h. 专门化层级。

按照由最为一般至最为特殊的顺序所构成的元素类型或属性类型的序列，其中某个元素类型或属性类型进行了专门化。DITA 元素的专门化层级由其@class 属性所定义。

i. 专门化父类。

对于给定的 DITA 元素类型，专门化父类指其专门化层级中专门化程度最高的父类元素。

j. 专门化属性类型。

定义为其他属性类型的特定语法提炼的属性类型。属性类型必须由@base 属性或@props 属性专门化而来，且其允许的取值范围必须是原始属性类型取值范围的子集或与之相等。

k. 专门化元素类型。

定义为现有元素类型的特定语法提炼的元素类型。专门化元素类型的允许内容必须是原始属性类型内容的子集或与之相等。DITA 文档中的全部专门化元素类型必须提炼自某种基础元素类型，除非这些元素在<foreign>元素或<unknown>元素中使用。

l. 结构化类型。

主题类型或映射类型。

5）DITA 模块。

下述术语用于讨论 DITA 模块。

a. 属性域模块。

用于定义@base 属性或@props 属性的某种专门化的域模块。

b. 约束模块。

将额外的约束作用于特定词汇模块之中所定义的元素类型或属性类型的声明集合。

c．域模块。

支持特定话题或功能的元素类型或属性类型集合。域中的元素类型或属性类型可以通过与主题类型或映射类型进行整合的方式来实现特定内容的语法支持。例如，结构化类型<topic>声明了<keyword>元素，当其与声明用户界面的域进行整合时，只要原始结构化类型支持<keyword>，那么新的关键词专门化（例如<wintitle>）也将是可用的。

d．元素域模块。

定义映射或主题中一个或多个元素类型的域模块。

e．映射模块。

用于定义单个映射类型的结构化模块。

f．结构化模块。

用于定义单个最高阶层的映射类型或主题类型的词汇模块。结构化模块也可用于定义域模块中元素的专门化。

g．主题模块。

用于定义单个最高阶层主题类型的结构化模块。

h．词汇模块。

指命名唯一的元素类型或属性类型的声明单元。共有两类词汇模块：结构化模块和域模块。对于给定的映射类型、主题类型或域，仅存在一个用于定义它的词汇模块。

图 A.1 描述了 DITA 文档、其 DITA 文档类型外壳程序及其所使用的各种词汇模块之间的关系。

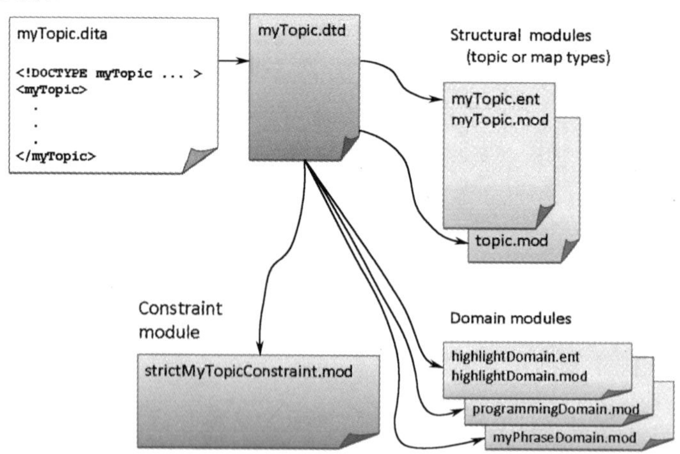

图 A.1　DITA 文档的实例、模块与声明

6）关联项与寻址项。

下列术语用于讨论关联项与寻址项。

a．键名。

指由@key 属性的取值所定义的标识符。用户可以为下列一种或多种对象添加键：

- 由<topicref>元素或其专门化所指定的资源；
- <topicref>元素或其专门化中<topicmeta>元素所包含的元素。

b．键定义。

指明@key 属性并定义一个或多个键名的<topicref>元素或其专门化。

c．键解析环境。

创建用于解析键引用的环境的根映射。对于给定的键解析实例，至多存在一个定义其有效键空间取值（由键定义的优先规则所确定）的根映射。

d．键空间。

由给定键解析空间所定义的唯一键名的有效集合。在给定的键解析空间内，每个键名至多包含一个绑定。

e．被引用元素。

由其他 DITA 元素所引用的元素。

f．示例。

下面的代码节选自 installation-reuse.dita 主题。其中的<step>元素即为被引用元素，而其他 DITA 主题则通过@conref 属性来引用该<step>元素。

```
<step id="run-startcmd-script">
    <cmd>Run the startcmd script that is applicable to your operating-system environment.</cmd>
</step>
```

g．引用元素。

通过寻址属性引用其他 DITA 元素的元素。

h．示例。

下述<step>元素即为引用元素，它通过使用@conref 属性来引用 installation-reuse.dita 主题中的<step>元素。

```
<step conref="installation-reuse.dita#reuse/run-startcmd-script>
    <cmd/>
</step>
```

i．寻址属性。

指诸如@conref、@conkeyref 和@href 等用于指定地址（URI 引用或键引用）的属性。

3. 基本概念

DITA 旨在满足用户在信息分类、语法标注、模块化、重用、交换与从单源文件中创建多种发布形式等需求。下列主题对 DITA 中用于满足这些需求的关键特性与功能进行了概述。

1）DITA 主题。

主题是 DITA 中进行写作与重用的基本单元。所有 DITA 主题的基本结构均相同，即标题和可选的内容主题。主题可以是一般性的，也可以较为具体。具体的主题反映更为具体的信息类型或语法内容，例如<concept>、<task>、<reference>或<learningContent>等。

2）DITA 映射。

DITA 映射是将主题或其他资源组织为结构化信息集合的文档。DITA 映射为主题赋予了具体的层级与关系，并提供了定义与解析键的环境。DITA 映射的文件后缀为.ditamap。

3）信息分类。

信息分类是将概念、引用与任务等主题进行鉴别，并明确区分各种类型信息的行为。旨在回答读者各种问题（例如，如何……什么是……）的主题可分类为不同的信息类型。由 DITA 组织（例如，技术内容、工业内容及学习与培训等）提供的基础信息类型为许多技术或商业组织提供了可立即使用的初始信息类型集合。

4）DITA 链接。

DITA 高度依赖于链接。DITA 提供链接的目的在于定义内容、组织出版结构（DITA 映射）、提供主题间的导航链接和交叉引用，以及利用引用来重用内容等。所有 DITA 链接均提供相同的寻址功能，并利用键或键引用来进行基于 URI 的寻址或进行与具体 DITA 内容有关的间接寻址。

5）DITA 寻址。

DITA 提供了可用于创建 DITA 元素之间或 DITA 元素与非 DITA 资源之间关系的若干功能。所有 DITA 关系均使用与所创建关系的语法无关的寻址功能。DITA 寻址可以是基于 URI 的直接寻址，也可以是基于键的间接寻址。在 DITA 文档中的每个元素均由共同的@id 属性所指明的唯一标识符来定位。DITA 定义了两种用于寻址 DITA 元素的标识符语法，一种适用于映射内的主题和元素，而另一种适用于主题之间的非主题元素。

6）内容重用。

DITA 中的@conref、@conkeyref、@conrefend 及其他相关属性使 DITA 主题或映射之间的内容重用成为可能。

7）条件处理。

基于属性所进行的分析（又称为条件处理或应用）指通过对元素在具体分类域中的一个或多个取值进行赋值的方式来使用元数据，后者可以实现过滤、标记、搜索和索引等多种功能。

8）配置。

任意 DITA 映射或主题文档均由定义映射或主题所支持的结构化模块(主题或映射类型)、域模块和约束模块集合的 DITA 文档所确定。

9）专门化。

DITA 的专门化特性使用户能够由现有类型显式化、形式化地创建新的元素类型和属性。新的专门化使所有符合条件的 DITA 内容之间的隐式交互以及全部 DITA 内容之间的低层次共通处理成为可能。

10）约束。

约束模块对相应的词汇模块添加了额外的约束，从而限制了特定元素类型的内容模型或属性列表、将扩展元素从整合域模块中移除，或利用由域所提供的扩展元素类型来替换基础元素类型。约束模块并不改变元素语法，它只改变元素类型在具体文档类型环境中的运作方式。由于约束可能将可选元素变为必选元素，因此使用相同词汇模块的文档也可能存在不兼容的约束。进而，使用约束可能影响其他主题或映射直接调用给定主题或映射中内容的能力。

4. 文件命名规则

DITA 对于主题、映射、模块和文档类型的实施文件运用特定的命名规则与文件后缀。

包含 DITA 内容的文件应当遵循如下命名规则。

1）DITA 主题。

- *.dita （推荐）;
- *.xml。

2）DITA 映射。

- *.ditamap。

3）条件处理分析。

- profilename.ditaval。

用于定义 DITA 文档类型组件的文件必须遵循下述命名规则。

a．文档类型的外壳程序文件。

- typename.dtd;
- typename.xsd。

其中，typename 是由文档类型外壳程序所定义的目标根主题或映射类型的名称，或者是既能够表明目标根映射或任务类型、又能够区分其文档类型外壳程序的名称。

非标准信息。例如，由 OASIS 所提供的技术内容文档类型外壳程序对任务主题类型即采用两种不同的文档类型外壳程序：task.dtd 与 generalTask.dtd，其中，task.dtd 包含严格的任务主题约束模块，而 generalTask.dtd 则不包含。

b．DTD 结构化模块文件。

- typename.mod；
- typename.ent。

c．DTD 域模块文件。

- typenameDomain.mod；
- typenameDomain.ent。

d．DTD 约束模块文件。

constraintnameConstraint.mod。

e．Schema 结构化模块文件。

- typenameMod.xsd；
- typenameGrp.xsd。

f．Schema 域模块文件。

- typenameDomain.xsd。

g．Schema 约束模块文件。

- constraintnameConstraintMod.xsd；
- constraintnameConstraintIntMod.xsd。

5. 从单源创建多种出版物

DITA 的一大特点就是由单一的 DITA 内容集合创建多种出版物格式。这意味着 DITA 规范或 DITA 内容并未确定诸多解释细节，实际上这些细节均由处理器所定义和控制。

与可读的许多基于 XML 的文档应用一样，DITA 也支持内容与表现形式的分离，当内容需要在多种背景下使用时这种分离是十分有必要的，因为作者实际上无法预测他们所撰写的材料的使用方式和使用地点。下述特性与机制使用户可以从单源创建多种出版物。

1）DITA 映射。

不同的 DITA 映射可根据不同的出版物格式进行优化。例如，你可以为印刷输出选择书籍映射，而选择其他的 DITA 映射来生成在线帮助，但每个映射均调用相同的内容集合。

2）专门化。

DITA 的专门化功能使用户能够创建特定的信息集合所需的 XML 元素，这样便能实现适当的解释区分。在基于 XML 的系统中，通常表现细节是由附属于元素的风格所定义的。标记越精确越详细，对渲染方式的定义就越便捷。由于使用专门化并不影响交互性与互用性，因此 DITA 用户可以按照具体的出版方式与解释需求来进行专门化，这种行为并不会对依赖于或使用这些内容的系统或商业流程产生过多的影响。尽管常见的 XML 实践建议元素类型与语法一致，但实际上用户可以利用专门化来定义本质上更符合人类直觉的的元素类型。强调域就是此类专门化的一个示例。

3）条件处理。

条件处理使用户能够创建包含多种与具体出版格式有关的内容的主题或 DITA 映射。

4）内容引用。

内容引用机制使用户能够同时处理一般组件或与具体出版格式环境有关的组件，进而创建与具体出版格式有关的映射或主题。

5）键引用。

键引用机制使用户能够改变易变内容的变量、重新定向链接与使用非直接寻址等。

6）@outputclass 属性。

@outputclass 属性所提供的机制使作者能够在必要时指定具体的解释方式。注意，DITA 规范并未定义@outputclass 属性的取值，因此@outputclass 属性的使用在本质上是依赖于具体处理器的。

尽管 DITA 并不依赖于任何具体的出版格式，但它的一项基本标准是创建人类可读的内容，因此，DITA 定义了段落、列表和表格等基础文档组件。如果用户希望以统一的方式渲染这些基本文档组件，那么 DITA 规范将定义默认的或推荐的渲染方式。

A.1.2　DITA 标记

主题和映射是 DITA 的基石。用户可以向 DITA 主题和映射（以及主题中的元素）添加元数据属性及其取值，进而实现条件出版与内容重用。

DITA 主题与映射是兼容 XML 规范的 XML 文档。因此，用户可以直接在标准的 XML 工具中对其进行预览、编辑、验证和处理。但 DITA 的若干特性（例如内容引用、键引用和专门化等）则需要特殊的 DITA 处理才能发挥全部作用。

1. DITA 主题

DITA 主题是 DITA 内容的基本单元，也是重用的基础。每个主题均包含一个话题。主题可能隶属于具体的信息类型，例如任务、概念或引用等；也可能更为一般，并不属于具体的信息类型。

1）主题是信息的基本单元。

主题是 DITA 中进行写作与重用的基本单元。

DITA 主题所包含的内容单元既可能是像段落和无序列表这样的一般信息，也可能是像某个程序中的说明步骤或实施步骤前的注意事项这样的具体内容。DITA 中的内容单元均为 XML 元素，因此用户可以利用元数据属性及其取值来实现条件处理。

通常 DITA 主题是带标题的信息单元，用户可以将其看做是孤立的、能在多种环境中使用的信息整体。它既可以言简意赅，仅讲述一个简单的话题或回答一个问题，也可能自成一体。当然，DITA 主题还可以更为开放，例如主题可能仅包含标题与简短描述，且其目的仅仅是定义子主题、链接或主题的结构，进而实现信息的管理与写作的便捷性和交互性。

DITA 主题可以单独使用或发表。例如，用户可以将全部出版物均置于一个由根主题与嵌入主题所构成的 DITA 文档之中。这种策略既可以利用非面向主题的旧内容，也可以使用在父主题环境外意义不明确的信息。然而，只有将每个 DITA 主题存储于单一的 XML 文档，并利用 DITA 映射来组织主题的发布形式这种处理方式，才能发挥 DITA 的全部潜力。这种方式对主题的写作和存储方式与其组织与发布方式进行了明确的区分。

2）基于主题架构的优点。

主题使内容可用并且可重用。

尽管 DITA 并不限定特定的写作习惯，但实际上 DITA 架构旨在令用户写作、管理和处理可重用的内容。尽管在用户的主要诉求并非重用时 DITA 也能彰显出极大的价值，但实际上只有在用户进行写作时也力求实现内容重用的情况下，DITA 的全部价值才能得以充分体现。写作基于主题的信息意味着创建孤立的信息单元，它们在上下文很少甚至没有上下文时依然意义明确。

通过将主题组织为可重用的主题，作者可以实现下述目标。

- 在从索引或搜索访问内容时保证相应内容是可读的，而不仅仅是在像读故事那样按顺序阅读时才是可读的。由于大部分读者并不会从头到尾阅读技术内容或商业内容，因此面向主题的信息设计方式将保证每个信息单元都是独立可读的。
- 在线发布与印刷出版的内容组织方式不同。作者可以为在线发布创建任务流程与概念层级，而为印刷出版创建面向印刷的层级关系，进而展现故事般的内容线索。

- 内容可以在不同的集合中重用。由于写作主题的目的是支持随机访问（或搜索访问），因此主题作为不同出版物的组成部分也应当是可读的。主题使作者能够按照需求重构信息，从而包含适用于具体场景的主题。
- 无论是作为传统文件系统中的单独文件，还是作为内容管理系统中的对象，以主题形式写作的内容都更易管理。
- 相较于以大规模单元或顺序单元形式写作的信息，对主题形式写作的内容进行翻译与更新的效率更高、成本更低。
- 对以主题形式写作的内容进行过滤的效率更高，这使得用户能够将信息子集从共享的信息容器中进行组装和配置。

以重写为目的所撰写的主题的规模应当满足下述准则：小到便于重用而大到便于连贯地写作与阅读。由于每个主题均讨论一个话题，因此作者可以根据逻辑关系对主题集合进行组织并展现一定的故事线索。

3）有效的面向主题写作方式。

面向主题写作是强调模块化与具体信息单元（即主题）重用的写作方式。精心撰写的 DITA 主题可以在多种环境中重用，但这需要作者尽量避免写一些不必要的过渡性内容。

a．简明性与适当性。

希望进行快速学习或迅速完成某些任务的读者喜欢结构清晰、易于遵循而仅仅包含完成任务或理解概念所需的必要信息的内容。食谱、百科全书词条或汽车的修理流程都是重点明确的信息单元，这种主题包含读者希望了解的全部信息。

b．局部独立性。

精心撰写的主题不依赖于上下文，可以在其他环境中重用。换言之，这些主题可以不经修改就插入新文档。不依赖于上下文的主题应当避免使用过渡性内容。当主题重用于相互关系发生改变甚至不复存在的新环境中时，“正如先前所考虑的……”或“现在您已经完成了第一步……”等语句将变得毫无意义。精心撰写的主题应当在各种新环境中均意义明确，这是因为其中的语句并不会将读者引入主题外的其他内容。

c．导航独立性。

大部分印刷出版物或网页均为内容与导航的混合体。内部链接使读者能够浏览整个网站。DITA 通过将独立的主题嵌入 DITA 映射的方式实现了导航与内容间的分离。然而，作者可能希望在主题内部添加指向其他主题或外部资源的链接。DITA 并不禁止主题间的链接，DITA 关系表即用于支持主题之间与指向外部内容的链接。由于关系表是在 DITA 映射中所定义的，因此用户对它的管理方式可以独立于主题内容之外。

内容之间的链接由主题内部的交叉引用所实现。用户应当避免将主题指向其他主题或外部资源，否则将限制主题的可重用性。欲将某个项或关键词指向其定义，应使用 DITA 的键引用功能，它可以避免出现难以维护的主题依赖关系。

4）过渡性语句的解决方案。

面向主题的写作方式并非意味着利用 DITA 写作时不能使用过渡性语句。兼顾局部孤立性与意义连续性的关键就是活用 DITA 的标记特性。

topicref 元素中的印刷属性包括"printonly"取值，用户可以利用该取值来指定在将 DITA 映射转化为无须过渡语句的格式时忽略相应内容。因此，定义为"printonly"的主题的写作风格十分随意，自然也可以作为印刷内容中展现线索的过渡性主题。

你还可以利用条件处理将过渡性语句添加至映射之中，这样即可在主题末尾选择添加或移除简短描述或段落之中的某些内容。但请注意，当与其他业务伙伴或团队共享带有条件标注的主题时，必须就如何进行正确的实时设置进行沟通，以便条件的运作方式与预期相符。

DITA 并不排斥过渡性语句，而且它还提供了标记与管理过渡性元素，和将其与背景信息或封装于主题中的信息相分离的环境。

5）信息分类。

信息分类是将概念、引用与任务等主题进行鉴别，并明确地区分各种不同类型的信息的行为。

信息分类可以改善信息的质量，在技术文档写作领域的应用由来已久。信息分类的方式主要基于大量的相关研究与实践，例如 Robert Horn 的信息映射技巧与 Hughes Aircraft 的连续建议主题组织技巧（Sequential Thematic Organization of Proposals，STOP）等。注意，许多 DITA 主题类型与传统的信息映射之间并不一定存在直接关系。

信息分类旨在使文档重点突出、模块化程度高，进而清晰易懂、便于搜索与导航及更适于重用等。对信息进行分类有助于作者实现下述目标：

- 以统一的方式开发新信息；
- 确保对密切相关的信息使用正确的结构（例如，用于引用信息的表格和用于描述任务信息的简单序列等，它们都属于面向检索的结构）；
- 避免因内容类型混杂不清而导致分散读者的注意力；
- 将辅助性概念与引用信息和主题相分离，这样用户可以按需选读辅助性信息；
- 移除不重要或冗余的细节；
- 明确通用的、可重用的话题。

目前 DITA 定义了旨在反映特定商业环境中的少量意义明确的信息集合，例如，技术沟通、说明与评估等。然而，信息类型集合是可以无限延展的。通过利用专门化机制，用户可以将新信息类型定义为基础主题类型（<topic>）的专门化或现有主题类型（如<concept>、<task>、<reference>或<learningContent>等）的提炼。

你可能无须使用已定义的信息类型。但当某个已定义的信息类型符合你所撰写的信息类型时，则应当优先使用已定义的类型，无论是直接使用还是将其作为专门化的基础类型。例如，本质上带有顺序的信息应当使用任务信息类型或其专门化。统一地使用已创建的信息类型有助于保持 DITA 内容之间的交互性和互用性。

6）一般主题。

元素类型<topic>是对所有其他主题类型进行专门化的基础主题类型，而所有主题的基础结构都是相同的。

通常作者更倾向于使用经过分类的内容，这有助于保持写作与阅读的一致性。只有当无法进行信息分类或内容并不适用于具体的主题类型时，才应当考虑使用一般性主题类型。OASIS 的 DITA 标准提供了包括概念、任务与引用等若干种具体的主题类型，它们在写作技术内容时至关重要。

在专门化时，新的专门化主题类型应当继承于适当的父主题类型，以便满足写作和输出的各项要求。

7）主题结构。

无论主题的类型如何，所有主题的基础结构都是相同的：包括标题、描述或摘要、前言、主题、相关链接和嵌入主题等。

所有的 DITA 主题必须包含 XML 标识符（@id 属性）与标题。基本的结构主题包含下述部件，其中某些是可选的。

a．主题元素。

主题元素包含必需的@id 属性与其他所有元素。

b．标题。

标题包含主题的话题。

c．替代标题。

用于导航或检索的标题。如果并未明确指定，则 DITA 将使用基础标题。

d．简短描述或摘要。

主题的简短描述或包含嵌入于简短描述的长摘要。简短描述可用于主题内容中（作为第一段出现）、包含主题的生成总结中及指向主题的链接中。或者也可以使用摘要，它包含更为复杂的介绍性内容及嵌入其中的简短介绍。还可以将摘要的一部分内容用于总结与链接预览。

尽管简短描述并非必需内容，但实际上简短描述对信息集合的可用性有着极其重要的作用，因此所有的主题通常都应当包含简短描述。

e．前言。

前言包含主题的元数据，例如，变更历史、目标受众与产品等信息。

f．主体。

主题的主体包括主题内容，例如，段落、列表、章节以及其他信息类型允许的内容等。

g．相关链接。

相关链接指向其他主题。当作者在主题内部创建链接时，该主题对其他主题就产生了依赖性。为了降低主题之间的依赖性，提升每个主题的可重用性，作者可以利用 DITA 映射来定义和管理主题之间的链接，而非直接在每个相关的主题中嵌入链接。

h．嵌入主题。

你可以在其他主题中定义主题。然而，在嵌入主题时需要格外留意，因为这可能导致杂乱的文档结构，进而降低文档的可用性与可重用性。主题嵌入主要适用于由桌面发布或 Word 文件转化而来的信息，以及独立于其父主题或兄弟主题的不可用主题等。

你可以在文档类型外壳程序中配置主题嵌入的规则。例如，概念主题的标准 DITA 配置仅允许嵌入概念主题。但在进行配置后，概念主题类型也可以支持嵌入其他主题类型或完全不支持主题嵌入。另外@chunk 属性使嵌入主题与单独主题一样支持重用。对于属于 DITA 基础文档类型的文档而言，标准的 DITA 配置允许无限制地添加主题嵌入，这些文档可用于存储其他包含可重用内容的无关主题。该属性还可用于将 DITA 主题由不属于 DITA 类型的旧式文档转换为独立的 XML 文档，而无须事先考虑其中孤立主题的组织方式。

8）主题内容。

无论主题的类型如何，所有主题内容的结构都是相同的。

a．主题主体。

主题的主体包含除标题、简短描述或摘要以外的全部内容。当主题的标题与前言相对一般时，对主题主体进行专门化可以为具体的主题类型添加适当的约束；而当主题的标题与前言较为具体时，主题主体可以更为一般化。

b．章节与示例。

主题的主体可以进一步划分为章节与示例等部分。章节与示例可包含块层元素，例如，题目、段落、API 名或文字等段落层的元素。建议用户为各个章节内容设置标题，无论标题内容是直接输入至主题元素还是通过固定或默认的标题进行渲染所得的。

主体划分、无标题章节或示例均可用于界定主题主体中的各种结构。但主体划分支持嵌入，而章节与示例则无法包含章节。

● Sectiondiv（章节划分）。

Sectiondiv 使用户能够对章节中的内容进行分组，从而实现内容重用，但它并不支持添加标题。需要添加标题的内容应当选用章节或示例。

● Bodydiv（主体划分）。

Bodydiv 使用户能够对主题主体中的内容进行分组，从而实现内容重用，但它并不支持添加标题。需要添加标题的内容应当选用章节或示例。

c．块层元素。

段落、列表和表格等都属于“块状”元素类型。作为一种内容分类，块层元素可以包含其他块、段落或文字，但实际上每种结构的相应规则也不尽相同。

d．段落与关键词。

块层元素中的标记可用于指定具有特殊语法含义或表现特征的段落内容或语句内容，例如<uicontrol>或<b>等。段落通常还包含其他段落、关键词和文字等，而关键词仅包含文字。

e．图像。

添加图像的目的是展示照片、示意图、截图与图表等内容。在段落层中，图像还可用于展示商标、图表与工具栏按钮等内容。

f．多媒体。

多媒体信息这种对象元素主要用于展示。例如，我们可以利用多媒体信息展示可旋转与伸缩的图表。用户可以利用<foreign>元素将媒体文件插入到主题内容之中，例如可插入 SVG 图形与 MathML 公式等。

9）主题域：基础 DITA 域。

DITA 词汇域定义了与特定话题或写作要求有关的元素集合。DITA 中将印刷、计算机与索引这三种域视为其基础内容，而将其他域视为 DITA 技术内容与学习和培训内容。

域中的元素由域模块定义。域模块又与主题类型相结合，使用户可以在主题类型结构中使用域元素。表 A.1 是 DITA 中提供的基础域。

表 A.1 DITA 中提供的基础域

域	描 述	简 称	域 名
印刷	在无语法元素适用时进行强调	hi-d	highlightDomain.mod (DTD) highlightDomain.xsd (Schema)
计算机	提供映射图等有用结构	ut-d	utilitiesDomain.mod (DTD) utilitiesDomain.xsd (Schema)
索引	提供“参考”或“也可参考”等扩展索引功能	idexing-d	indexingDomain.mod (DTD) indexingDomain.xsd (Schema)

2. DITA 映射

主题集合包含有关 DITA 映射及其构建意义的信息，它同时也包含有关 DITA 映射元素、属性与元数据的高级信息。

1）DITA 映射定义。

DITA 映射是用于将主题与其他资源组织为结构化信息集合的文档。DITA 映射明确了主题之间的层级与关系，也提供了定义与解析键的环境。DITA 映射的文件后缀为.ditamap。

映射是在定义信息模型的大量最佳实践与标准（例如层级任务分析等）的基础上提炼而成的。映射也支持定义非层级关系，例如矩阵与分组等。这种功能与资源描述框架（Resource Description Framework，RDF）和 ISO 主题映射较为类似。

DITA 映射利用<topicref>元素（或其专业化）来引用 DITA 主题、DITA 映射与 HTML 和 TXT 等非 DITA 资源。<topicref>元素支持嵌入与分组，因此用户能够利用该元素创建引用主题、映射与非 DITA 文件之间的关系。同时，<topicref>元素还支持层级组织关系，因此可用于定义导航与展示的具体顺序。

DITA 映射为主题集合赋予了具体的架构。信息架构师可以利用 DITA 映射来指定利用哪些 DITA 主题来支持特定的用户目标或需求、主题的顺序以及各个主题之间的关系等。由于 DITA 映射为主题提供了环境，而实际上主题本身是不依赖于环境的，因此我们可以在不同的环境中使用和重用这些主题。

DITA 映射通常用于描述具体的发布形式，例如具体的网站、印刷出版物或某产品的在线帮助等。DITA 映射还可作为某种发布形式的组件，例如 DITA 映射可能包含印刷出版物中某章的内容或是在线帮助系统的故障排查信息等。DITA 规范提供了若干种特定的映射类型，例如书籍映射可用于描述印刷出版物、话题模式映射可描述各种分类，而学习映射则可形式化地描述说明与评估单元等。当然，这些映射类型仅仅是反映具体需求的初始映射类型集合。

DITA 映射通过嵌入<topicref>元素和应用@collection-type 属性来创建关系。关系表可用于在特定的主题和与其同行的主题间创建关系。在处理过程中，这些关系的渲染方式也不尽相同，其中最为典型的结果就是“相关主题”列表或“参考信息”链接。这些链接关系在 DITA 中的表现方式实际上是依赖于具体的 DITA 处理器的。

DITA 映射还定义了键并提供了解析键引用的环境。用户可以使用<topicref>元素（或<keyref>等<topicref>元素的专门化）来定义键，这些键将键名绑定至特定的资源。

2）DITA 映射的意义。

DITA 映射使信息架构师、作者或出版商能够灵活地计划、开发和发布多种环境中的内容。

DITA 映射支持下述功能。

a．定义信息架构。

映射可用于定义针对某个特定的受众群体的主题，甚至在创建主题之前就可以进行预先定义。DITA 映射可以为一个发布物指定多个主题。

b．定义针对某种输出结果的主题。

映射会引用输出处理时所需的主题。信息架构师、作者与出版商可以利用映射来指定当时所处理的主题集合，这样可以避免分别处理各个主题。此时 DITA 映射的作用与材料清单类似。

c．定义导航。

映射可用于为某个出版物定义在线导航或目录。

d．定义相关链接。

映射可用于定义被引用主题之间的关系，这些关系通过将元素嵌入 DITA 映射、关系表或使用已设置@collection-type 属性的元素而实现。在输出端，这些关系将以相关链接或目录层级的形式体现。

e．定义写作环境。

DITA 映射可用于定义写作框架，这是写作新主题与整合现有主题的基础。

f．定义键。

映射可用于定义键，而键通过提供间接寻址机制提高了内容的可移植性。键通过<topicref>元素及其专门化（例如<keydef>）而定义。<keyref>元素十分简单易用，它是<topicref>元素的专门化，具有下述属性：

● 必需的@keys 属性；

● @processing-role 属性，其默认值为“resource-only”。

映射还提供了解析键引用的环境，例如设置有@keyref 或@conkeyref 取值的元素等。

专门化映射在组织映射、链接映射与间接映射之外还提供了其他语法。例如，subjectScheme 专门化映射提供了分类定义的语法。

3）DITA 映射元素。

DITA 映射描述了若干 DITA 主题之间的关系。DITA 映射与映射分组元素将主题根据层级与分组等关系进行组织，同时定义了相应的键。

a．映射与映射分组元素。

DITA 映射由下列元素构成。

● map（映射）。

<map>元素是 DITA 映射的根元素。

● topicref（主题引用）。

<topicref>元素是映射的基础元素。<topicref>元素可用于引用DITA主题、DITA映射或其他非 DITA 资源。同时，<topicref>元素还可包含题目、简短描述以及主题的前言元数据等。

嵌套<topicref>元素时将创建层级关系，而层级关系可用于定义印刷输出结果中的目录、在线导航与父子链接等。@collection-type 属性通过定义特定的关系类型（例如选择集合、序列或族群等）来对层级进行注解。这些集合类型对链接的生成方式有影响，而且不同的输出结果可以按照不同的方式解释。

b．reltable（关系表）。

关系表由<reltable>元素所定义。关系表可用于定义 DITA 主题之间以及 DITA 主题和非 DITA 资源之间的关系。关系表中的列定义了所引用资源的共通属性、元数据或信息类型（例如任务或问题排查）等，而行则定义了相同行中不同单元格中所引用资源的关系。

关系表的组件包括<relrow>、<relheader>和<relcolspec>元素，而关系表中的关系可以通过@collection-type 属性进一步提炼。

c．topicgroup（主题组）。

<topicgroup>元素用于定义在层级关系或关系表之外的分组或集合，它实际上就是不带@href 属性或导航标题的<topicre>元素。分组可与层级关系和关系表进行整合。例如，用户可以将<topicgroud>元素包含至层级中的兄弟元素集合或包含至某个表格单元格。如此分组的<topicref>元素可以在不影响导航与目录的前提下共享继承属性与链接关系。

d．topicmeta。

包括映射本身在内的大部分映射层元素均可在<topicmeta>元素中包含相应的元数据。通常<topicmeta>元素可作用于元素及其子孙元素。

e．topichead。

<topichead>元素提供导航标题，它实际上是带导航标题但不带@href 属性的<topicref>元素。

f．anchor。

<anchor>元素是一个整合点，它使其他映射能够通过引用将其导航链接插入到当前的导航树。该功能与 Eclipse 帮助系统中的<anchor>元素完全相同。但需注意，并非所有的输出格式均支持该功能。

g．navref。

<navref>元素表示一个指向其他映射的指针。该指针应作为引用链接保存，而不应进行解析。支持此链接的输出格式会在向终端用户展示引用映射时整合被引用的资源。

h．keydef。

用于定义键。作为<topicref>元素的专门化，<keydef>是一个十分便捷的元素。其@processing-role 属性的默认取值为“resource-only”（仅用于资源），因此包含键定义的映射所定义的导航中并不直接包含键定义所引用的资源。

i．mapref。

用于引用整个 DITA 映射（包括其层级与关系表）。作为<topicref>元素的专门化，<mapref>是一个十分便捷的元素，它将@format 属性的默认取值设置为 ditamap。<mapref>元素可用于表示由父映射到子映射的引用。

j．topicset。

用于定义 DITA 映射中的导航分支，以便其他 DITA 映射可以引用该分支。

k．topicsetref。

用于引用在其他 DITA 映射中定义的导航分支。

l．auchorref。

用于定义推送至由锚所定义的位置的映射片段。

4）带关系表的简单映射示例。

下面是一个带关系表标记的简单示例：

```
<map>
...
<reltable>
    <relheader>
        <relcolspec type="concept"/>
        <relcolspec type="task"/>
        <relcolspec type="reference"/>
    </relheader>
    <relrow>
        <relcell>
            <topicref href="A.dita"/>
        </relcell>
        <relcell>
            <topicref href="B.dita"/>
        </relcell>
        <relcell>
            <topicref href="C1.dita"/>
            <topicref href="C2.dita"/>
        </relcell>
    </relrow>
</reltable>
</map>
```

DITA 专用工具能够以图表的形式表示<reltable>，如表 A.2 所示。

表 A.2 以图表形式表示的<reltable>

类型="concept"	类型="task"	类型="reference"
A	B	C1 C2

在生成输出结果时，相关主题将包含下述链接：

A

链接至 B、C1 与 C2

B

链接至 A、C1 与 C2

C1，C2

链接至 A 与 B

5）定义键的简单映射示例。

下述示例描述了如何定义键：

```
<map>
    <keydef keys="dita-tc" href="dita_technical_committee.dita"/>
    <keydef keys="dita-adoption" href="dita_adoption_technical_
committee.dita"/>
    ...
</map>
```

用户还可利用以下方式对映射进行标记。

利用<topicref>元素，将@processing-role 属性设置为“resource-only”：

```
<map>
    <topicref keys="dita-tc" href="dita_technical_committee.dita"
processing-role="resource-only"/>
    <topicref keys="dita-adoption" href="dita_adoption_technical_
committee.dita" processingrole="resource-only"/>
    ...
</map>
```

利用<topicref>元素，将@toc、@linking 和@search 属性设置为“no”：

```
<map>
    <topicref keys="dita-tc" href="dita_technical_committee.dita"
toc="no" linking="no" search="no"/>
    <topicref keys="dita-adoption" href="dita_adoption_technical_
committee.dita" toc="no"
    linking="no" search="no"/>
    ...
</map>
```

6）引用其他映射的简单映射示例。

下述代码描述了 DITA 映射是如何引用其他 DITA 映射的：

```
<map>
    <title>DITA work at OASIS</title>
    <topicref href="oasis-dita-technical-committees.dita>
        <topicref href="dita_technical_committee.dita"/>
        <topicref href="dita_adoption_technical_committee.dita/>
    </topicref>
<mapref href"oasis-processes.ditamap"/>
...
</map>
```

用户还可利用下述方法对映射进行标记：

```
<map>
    <title>DITA work at OASIS</title>
    <topicref href="oasis-dita-technical-committees.dita>
        <topicref href="dita_technical_committee.dita"/>
        <topicref href="dita_adoption_technical_committee.dita/>
    </topicref>
<topicref href"oasis-processes.ditamap" format="ditamap/>
...
</map>
```

在上述示例中，系统在处理时将以下述方式解析映射：

```
<map>
    <title>DITA work at OASIS</title>
    <topicref href="oasis-dita-technical-committees.dita>
        <topicref href="dita_technical_committee.dita"/>
        <topicref href="dita_adoption_technical_committee.dita/>
    </topicref>
<-- Contents of the oasis-processes.ditamap file -->
<topicref href"oasis-processes.dita>
    ...
</topicref>
...
</map>
```

7）使用<anchor>元素与@anchorref 属性的映射示例。

在下例中，我们利用标识符“a1”定义了一个锚：

```
<map>
    <title>MyComponent tasks</title>
    <topicref navtitle="Start here" href="start.dita" toc="yes">
        <navref mapref="othermap2.ditamap"/>
```

```
        <navref mapref="othermap3.ditamap"/>
        <anchor id="a1"/>
    </topicref>
</map>
```

其他映射的<map>元素中的 anchorref 属性可以引用<anchor>元素的标识。例如，可以用如下方式定义一个希望引用该<anchor>元素的映射：

```
<map anchorref="a1">
    <title>This map is pulled into the MyComponent task map</title>
    ...
</map>
```

8）DITA 映射属性。

DITA 映射的诸多特殊属性可用于控制不同输出结果中各种关系的解释方式。另外，DITA 映射与 DITA 主题共享若干元数据与链接属性。

a．DITA 映射的特有属性。

DITA 映射通常会包含与具体媒介或输出结果（例如网页或 PDF 文档等）有关的结构信息。诸如@print 和@toc 属性等都可用于协助处理器，针对各种输出结果解释 DITA 映射。这些属性是 DITA 主题所不具备的。如果将每个主题从其所处的高级结构及与特定输出结果有关的依赖关系中剥离出来，那么它对于各种输出格式都应当是可以完全重用的。@collection-type 和@linking 属性主要影响 DITA 映射中引用主题的相关链接的生成方式。

b．@collection-type。

@collection-type 属性指明了<topicref>元素的子元素与其父元素及兄弟元素之间的关系。该属性通常设置于父元素，处理器会利用它来确定所渲染主题中导航链接的生成方式。例如，@collection-type 属性的取值“sequence”，说明<topicref>元素的子元素是主题的有序序列，此时处理器可能会为子主题序列添加编号或者在在线文档中添加“下一个/前一个”的链接。对于不能直接包含元素的元素（例如<reltable>或<relcolspec>），@collection-type 属性的行为将得以保留，以便在接下来使用。

c．链接。

映射中所引用主题之间的关系默认是相互的：

- 子主题链接至父主题，反之亦然；
- 序列中的下一个主题与前一个主题也相互链接；
- 族群中的主题均链接至其兄弟主题；
- 关系表同一行中所引用的主题也链接至同行的主题。同一表格单元格中所引用的主题默认并不链接至相同单元格中的其他主题。

用户可以利用@linking 属性来修改上述行为，作者或信息架构师可以利用该属性来指明某主题在相应关系中的地位。@linking 属性支持下述取值。

- linking="none"

说明主题在映射中的目的并非计算链接。

- linking="sourceonly"

说明主题仅链接至其相关主题，但反之不然。

- linking="targetonly"

说明相关主题可链接至该主题，但反之不然。

- linking="normal"

默认取值，说明链接是相互的（主题可链接至其他相关主题，反之亦然）。

作者还可利用<xref>或<link>元素在主题中直接创建链接，但通常我们建议使用基于映射的链接，因为主题之间的链接会在主题间创建依赖关系，进而降低主题的重用能力。

注意：尽管映射中所引用主题之间的关系是相互的，但实际上这种相互链接关系仅限于包含链接的输出结果，而所渲染出的导航链接的表现方式则由处理器所确定。

d. toc。

指明某些主题是否被排除在导航输出结果（例如网站映射或在线目录等）之外。默认导航输出结果包含<topicref>的层级关系，而关系表则被排除在外。

e. navtitle。

用于指明导航标题。系统默认忽略@navtitle 属性，它仅用于协助 DITA 映射的创建者追踪主题的标题。

注意：相较于@navtitle 属性，用户应当首选<navtitle>元素。当<navtitle>元素与@navtitle 属性均被指定时，系统优先选用<navtitle>元素。

f. locktitle。

当 locktitle 设置为“是”时，系统将使用<navtitle>元素或@navtitle 属性（如果有的话），否则系统将忽略 navtitle，转而使用所引用文件中的导航标题。

注意：相较于@navtitle 属性，用户应当首选<navtitle>元素。当<navtitle>元素与@navtitle 属性均被指定时，系统优先选用<navtitle>元素。

g. print（印刷）。

用于指明印刷输出结果中是否包含给定主题。

h. search（搜索）。

用于指明索引中是否包含给定主题。

i. chunk（数据块）。

用于命令处理器首先生成临时 DITA 主题集合并将其作为最终处理的输入。这种处理方式可生成以下输出结果：

- 包含多个主题的文件将被转化为规模较小的文件，例如每个 DITA 主题均生成单独的 HTML 文件；
- 将多个独立的 DITA 主题合并为单一文件。

在<map>元素中，为@chunk 属性赋值将为整个映射创建分块行为，除非该 DITA 映射中的具体元素所设置的@chunk 属性覆盖了原属性。

j．copy-to（复制至）。

在大多数情况下，该属性用于指明在转化主题时是否创建副本。副本既可能是实际存在的，也可能是虚拟的。@copy-to 属性的取值指明了诸如@conref 属性、<topicref>元素或<xref>元素等引用主题时所需的唯一资源标识（Uniform Resource Identifier，URI）。副本对于使用主题 URI 来生成输出结果的基本地址的处理器是十分便捷的。而@keys 和@keyref 属性则提供了另一种机制，能够在不进行复制的情况下引用上下文中的主题。

@copy-to 属性还可用于在主题被分块时指明新数据块的名称。另外，它还可用于确定生成自<topicref>元素、仅包含标题却并未指明目标的占位主题。在这两种情况下，系统均不生成主题副本。

k．processing-role。

指明在处理被引用的特定主题或映射时，系统应当对其进行常规处理，还是仅将其作为用于解析键或内容引用的资源。

processing-role=“normal”

说明主题是信息集的可读内容，此时主题将包含在导航与搜索结果之中。这是<topicref>元素的默认取值。

processing-role=“resource-only”

说明主题仅作为处理资源，此时主题并不包含在导航与搜索结果之中，也不作为主题进行渲染。这是<keydef>元素的默认取值。

如果某元素并未设置@processing-role 属性，那么其取值将继承自包含层级中距离它最近的元素的取值。

9）DITA 映射与 DITA 主题的共通属性。

下述元数据与重用属性对 DITA 映射与 DITA 主题是共通的：

- product、platform、audience、otherprops、rev、status 与 importance；
- dir、xml:lang 与 translate；
- id、conref、conrefend、conkeyref 与 conaction；
- props 与 base；
- search。

在 DITA 映射中，下列属性可以与 DITA 主题中的<link>元素或<xref>元素共同使用：

- format；
- href；
- keyref；
- scope；
- type；
- query。

当@props 属性或@base 属性将新属性设置为域时，这些属性可以整合至映射与主题结构类型。

10）关系表中@collection-type 属性与@linking 属性的运作方式。

下述示例说明了 DITA 映射中的链接是如何定义的：

```
<topicref href="A.dita" collection-type="sequence">
    <topicref href="A1.dita"/>
    <topicref href="A2.dita"/>
</topicref>
<reltable>
    <relrow>
        <relcell><topicref href="A.dita"/></relcell>
        <relcell><topicref href="B.dita"/></relcell>
    </relrow>
</reltable>
```

在生成输出结果时，主题将包含下述链接。

A

　　链接至 A1 与 A2，将其作为子节点。

A1

　　链接至 A，将其作为父节点；

　　链接至 A2，将其作为序列中的下一个元素。

A2

　　链接至 A，将其作为父节点；

　　链接至 A1，将其作为序列中的前一个元素。

B

　　链接至 A，将其作为对应节点。

下述示例说明，设置@linking 属性可改变上述默认行为：

```
<topicref href="A.dita" collection-type="sequence">
    <topicref href="B.dita" linking="none"/>
    <topicref href="A1.dita"/>
    <topicref href="A2.dita"/>
</topicref>
```

```
    <reltable>
        <relrow>
            <relcell><topicref href="A.dita"/></relcell>
            <relcell  linking="sourceonly"><topicref  href="B.dita"/>
</relcell>
        </relrow>
    </reltable>
```

利用@linking 属性创建链接的示例如上，在生成输出结果时，主题将包含下述链接。

A

链接至 A1 与 A2，将其作为子节点；

不链接至 B，无论是将其作为子主题还是对应主题。

A1

链接至 A，将其作为父节点；

链接至 A2，将其作为序列中的下一个元素；

不将 B 作为序列中的前一个元素进行链接。

A2

链接至 A，将其作为父节点；

链接至 A1，将其作为序列中的前一个元素。

B

链接至 A，将其作为对应节点。

11）话题模式映射。

话题模式映射可用于在不撰写 DITA 规范的情况下为整个组织或项目创建自定义的可控取值，并管理元数据的属性值。

话题模式映射利用键定义来定义可控取值集合（而非主题集合）。使用可控取值集合的最高级映射必须引用定义相应可控取值的话题模式映射。

可控取值指可被元数据属性作为取值所使用的简短而意义明确的关键字。例如，@audience 元数据的属性可选用用于定义与特定内容单元有关的用户群体的取值。在医疗设备产品中，典型的用户取值包括：临床医师、肿瘤学家、物理学家及放射线学家等，此时信息架构师可在话题模式映射中定义上述受众的取值列表。而编辑工具可利用可控取值列表来提供输入元数据时的可选取值。

在利用话题模式映射定义元数据的可控取值时，编辑工具可能会为组织提供可读的标签列表、用于简化选择的取值层级关系及取值的共通定义等。

可控取值可用于对内容进行分类，以便在构建程序时进行过滤与标注。如果信息浏览器支持，它们还可在运行阶段检索与遍历内容。

编辑工具可以通过引用话题模式映射的方式使属性的可控取值生效。与其他所有的键定义与引用一样，该引用必须在调用这些可控取值的最高级映射中出现。

a．定义可控取值列表。

用户可以使用<subjectScheme>这种特殊的 DITA 元素来定义可控取值集合，其中每个可控取值均由名为<subjectdef>的特殊主题引用定义。<subjectdef>元素既可用于定义可控取值的种类，也可用于定义其列表。最高阶层的<subjectdef>元素用于定义种类，而其子元素用于定义具体的可控取值。下述示例介绍了如何使用<subjectdef>元素为一组用户定义可控取值：

```
<subjectScheme>
<!-- Pull in a scheme that defines audience user values -->
    <subjectdef keys="users">
        <subjectdef keys="therapist">
        <subjectdef keys="oncologist">
        <subjectdef keys="radiationphysicist">
        <subjectdef keys="radiologist">
    </subjectdef>
<!-- Define an enumeration of the audience attribute, equal to
    each value in the users subject. This makes the following values
    valid for the audience attribute: therapist, oncologist,
physicist, radiologist -->
    <enumerationdef>
        <attributedef name="audience"/>
        <subjectdef keyref="users"/>
    </enumerationdef>...
</subjectScheme>
```

<subjectdef>元素中的<navtitle>可用于指定更具可读性的取值名；<topicmeta>中的<shortdesc>可用于提供定义。

用户可通过嵌入主题定义的方式来利用层级定义枚举值。如果过滤方式或标记方式不包含“therapist”（临床医师）且并没有显式地指明“novice”，那么系统在处理时将对临床医师的全部子集进行过滤；如果过滤方式包含“novice”但并没有显式地排除“therapist”，则系统在处理时将包含与临床医师有关的一般内容，因为处理时利用了“novice”；如果标记包含“therapist”但没有显式地设置“novice”，则系统在处理时会将“therapist”标记应用于“novice”内容，并将其作为临床医师的一种特殊类型，代码如下：

```
<subjectScheme>
    <subjectdef keys="users">
        <subjectdef keys="therapist">
            <subjectdef keys="novice"/>
            <subjectdef keys="expert"/>
        </subjectdef>
```

```
        <subjectdef keys="oncologist">
        <subjectdef keys="physicist">
        <subjectdef keys="radiologist">
    </subjectdef>
```

<subjectdef>元素可使用@href 属性来引用主题的详细定义。例如，“oncologist”（肿瘤学家）取值可以引用百科全书中的相应词条来介绍医学中肿瘤学家的地位。

```
<subjectdef keys="oncologist" href="encyclopedia/oncologist.dita"/>
```

这些定义有助于阐述取值的具体含义，这在组织中的各个部门对某个术语见仁见智时尤为重要。为了获得话题的详细解释，编辑器应当支持追溯定义话题的主题。DITA 的输出处理可能会创建用于理解可控取值含义的帮助文档、PDF 文件或其他可读文档等。

b. 对比话题模式使元数据属性生效。

在确认模式后，编辑器会为某个属性设置枚举边界，以防用户输入拼写错误的或未定义的取值。映射编辑器可通过对比模式使映射中的受众属性生效。在过滤与标记之前，处理器可能会检查 DITAVAL 文件中某属性所列的全部取值是否受模式中的属性约束。

c. 利用话题模式来定义类别。

类别与可控取值列表的主要不同在于所定义元数据取值的精确度。可控取值列表集合有时被认为是最为简单的类别。但无论是可控取值的简单列表还是分类，它们均使用相同的核心元素（subjectScheme、subjectdef 和 schemeref）。

d. 种类及其话题均包含可用于枚举元数据属性取值的绑定。

除了核心元素与属性绑定元素外，复杂的类别还可利用模式中的可选元素来设置更为详细的话题关系。

<hasNarrower>、<hasPart>、<hasKind>、<hasInstance>和<hasRelated>元素可用于指明容器话题及其所包含主题之间的层级关系。在下述示例中，旧金山既是一个城市，同时在地理上也是美国加利福尼亚州的组成部分。

```
<subjectScheme>
    <hasInstance>
        <subjectdef keys="city" navtitle="City">
            <subjectdef keys="la" navtitle="Los Angeles"/>
            <subjectdef keys="nyc" navtitle=New York City"/>
            <subjectdef keys="sf" navtitle="San Francisco">
        </subjectdef>
        <subjectdef keys="state" navtitle="State">
            <subjectdef keys="ca" navtitle="California"/>
            <subjectdef keys="ny" navtitle=New York"/>
        </subjectdef>
```

```
        </hasInstance>
        <hasPart>
            <subjectdef keys="place" navtitle="Place">
                <subjectdef keys="ca">
                    <subjectdef keys="la">
                    <subjectdef keys="sf">
            </subjectdef>
            <subjectdef keys="ny">
                <subjectdef keys="nyc">
            </subjectdef>
        </hasPart>
    </subjectScheme>
```

复杂的工具可以利用这种模式来关联与旧金山有关的内容和与加州其他地方或城市有关的内容（当然，这取决于用户的兴趣）。

模式还可用于定义话题之间的非层级关系。例如某些城市可能会有一些“兄弟”城市。

此时示例模式可以添加用于定义这种相互关系的 subjectRelTable 元素，其中每对兄弟城市为一行，而每行中两个城市各占一栏。

使用复杂处理工具的用户可以从这种定义分类的高精确度中获益，而普通用户可以忽略这种高级标记模式，转而使用 subjectdef 元素来定义层级分类，尽管后者在定义话题之间的关系时并不十分精确。

3. DITA 元数据

元数据可应用于 DITA 主题与 DITA 映射。在 DITA 映射中定义的元数据可作为在 DITA 主题中所定义的元数据的补充或替代，这种设计模式有利于在不同的 DITA 映射和与具体应用有关的背景中重用 DITA 主题。

1）元数据元素。

元数据元素多数是指向都柏林核心元数据的映射，它们可用于主题与 DITA 映射。这种设计模式使作者与信息架构师能够在主题与映射中使用相同的元数据标记。

<metadata>是包含多种元数据元素的封装元素。主题可以利用<prolog>元素使用<metadata>元素，而映射则利用<topicmeta>元素使用<metadata>元素。

尽管 DITA 映射也可以直接利用<topicmeta>元素来调用元数据元素，但我们建议用户利用<metadata>元素来实现调用，因为后一方式有利于主题与映射之间的内容重用。用户可以利用 conref 或 keyref 机制来共享 DITA 映射与主题中的元数据集合。

通常，设置<topicmeta>元素中的元数据与设置被引用主题<prolog>元素中的元数据的效果是相同的。在映射层设置元数据的优点在于相应的主题可以在包含其他元数据的映射之间重用。另外，<topicmeta>元素中的许多项也可继承至映射中所嵌入的<topicref>元素。

注意：目前<metadata>元素并不支持所有元数据，但通常主题中的<prolog>元素或映射中的<topicmeta>元素均支持这些元数据。

相关链接。

都柏林核心元数据倡议（Dublin Core Metadata Initiative，DCMI）。

2）元数据属性。

有些属性在大部分 DITA 元素之间是通用的，它们均支持内容引用、条件处理、元数据应用与全球化和本地化。

a．条件处理属性。

元数据属性可设置用于确定内容处理方式的性质。特殊的元数据属性可用于满足特定的业务处理需求，例如语法处理和数据挖掘等。

通常元数据可用于下述目的：

- 根据属性取值（例如压缩或出版解析内容等）来过滤各种内容；
- 根据属性取值（例如强调输出结果中的特定内容等）来标记各种内容；
- 进行个性化处理，例如提取对于业务至关重要的数据并存储至数据库等。

通常@audience、@platform、@product、@otherprops 和@props 属性的专门化均可用于实现过滤，而这些属性与@rev 属性协同使用则可用于标记。@status、@importance 属性及由@base 专门化而来的自定义属性均可用于满足特定的需求，例如鉴别可用于搜索与检索的元数据等。

b．过滤与标记属性。

大部分元素均可调用下述条件处理属性。

- product（产品）：指所讨论的话题中的产品。
- platform（平台）：指配置产品的平台。
- audience（受众）：指内容的目标受众。
- rev（修订）：指当前文档的修订版本（通常该属性仅用于标记）。
- otherprops（其他属性）：无须进行语法识别的其他属性。
- props（属性）：可在专门化后用于创建语法条件处理属性的通用条件处理属性。

通常，条件处理属性支持一个或多个由空格所分开的取值列表。例如，audience="administrator programmer"说明相应的内容适用于管理员与程序员。

c．其他元数据属性。

元素中的元数据还包含其他属性，但这些属性的目的并非进行过滤或标记。

- importance（重要性）：指内容的优先级。该属性可取枚举值中的单一取值。
- status（状态）：指内容的当前状态。该属性可取枚举值中的单一取值。
- base（基础）：该属性并无任何特定的目的，它可作为带简单取值语法（例如条件语法属性，它包含一个或多个由空格所分开的取值列表）的专门化属性的基础。

- outputclass（输出类）：该属性可为一个或多个元素实例设置标签，以指明相应的角色或实现语法区分。由于@outputclass 属性并不提供形式化的类型定义或专门化的结构化一致性，用户在使用该属性时应当谨慎，通常仅将其用做专门化时的临时措施。例如，用户可以为用于定义按钮标签的<uicontrol>元素添加@outputclass 属性，以将其与其他元素进行区分：

```
<uicontrol outputclass="button">Cancel</uicontrol>
```

@outputclass 属性的取值可用于触发 XSLT 或 CSS 规则，从而为未来将用户界面中的元素转化为更为具体的集合提供相应的映射。

基于属性所进行的分析（又称为条件处理或应用）指通过对元素在具体分类域中的一个或多个取值进行赋值的方式来使用元数据，后者可以实现过滤、标记、搜索和索引等多种功能。

d．翻译与本地化属性。

DITA 元素中的若干属性可用于进行本地化与翻译。

- xml:lang。

利用标准语言与国家代码来指定内容的语言。例如，加拿大法语的标识值为 fr-ca。@xml-lang 属性确保带有特定属性的元素中的全部内容与属性值均由特定的语言写作而成，除非所含元素单独声明了其他语言。

- translate（翻译）。

说明相应元素是否需要翻译。该属性的默认取值因元素类型而异。例如，默认<apiname>元素无须翻译，而<p>则可能需要翻译。

e．结构化属性。

结构化属性可用于指明相应内容所支持的 DITA 版本与所使用的 DITA 域，并提供内容所使用的专门化的必要信息。

DITA 映射与主题实例中不应标注结构化属性。实际上结构化属性的取值在处理器处理内容时进行操作，通常这种操作是通过 DTD 或 Schema 声明中所设置的默认集而实现的。这种方式确保了 DITA 内容实例不会为结构化取值设置无效值。

结构化属性包括以下属性。

- class（类）。

该属性指明了元素类型及其父元素的专门化模块。除 ditabase 文档的根<dita>元素外，每个 DITA 元素均包含@class 属性；

- domains（域）。

该属性指明了映射或主题中所使用的域专门化模块以及各个域模块的模块依

赖性。每个主题与映射的根元素均包含@domains 属性；

● DITAArchVersion。

该属性指明了 DTD 或 Schema 中所使用的 DITA 结构类型。每个主题与映射的根元素均包含@ DITAArchVersion 属性。该属性声明于 DITA 命名空间之中，对命名空间敏感的工具可以检测到 DITA 标注。

如果希望当不存在 DTD 或 Schema 声明时文档实例也是不可用的，那么用户应当利用标准化过程来设置文档实例中的结构化属性。

3）映射与主题中的元数据。

DITA 映射与映射所引用的主题均可制定主题元数据。默认映射中的元数据将补充或覆盖在主题级别中所指明的元数据，除非<topicref>元素中的@lockmeta 属性指定为“no”。

a. 主题元数据的声明位置。

与主题有关的信息可声明为映射的元数据、<topicref>元素的属性及主题的元数据属性或元素。

b. DITA 映射：元数据元素。

在映射层，用户可以利用元数据元素设置各种属性，此时所设置的元数据可用于单独的主题、主题集合甚至整个文档。用户可以在<topicmeta>元素中对元数据元素进行编辑，该元素会将元数据与其父元素（以及父元素的子元素）进行关联。由于层级中每个分支的主题均会共享若干话题或性质，因此该机制在为主题集合设置属性时十分便利。例如，<relcolspec>中的<topicmeta>元素可以关联<reltable>栏中所引用的全部主题。

除了主题的主标题及主体内容外，映射可以覆盖或补充主题中的其他全部内容。主题中可用的元数据元素在映射中同样可用。另外，映射还可以设置其他标题与简短介绍。映射中的这些标题能够覆盖主题中的对应标题，而在下述两个条件均为真时，映射中的简短介绍将覆盖主题中的简短介绍：

● <topicref>元素设置了@copy-to 属性；

● 处理器实施了该属性，注意，处理器是否实施该属性并不确定。

DITA 映射：<topicref>元素的属性。

在映射层，相应的性质可设置为<topicref>元素的属性。

c. DITA 主题。

作者可以在主题内将元数据属性设置为根元素或在<prolog>元素中添加元数据元素。

d. 映射层与主题层的元数据集合的处理方式。

主题中的元数据对整个主题均有效，而在映射中的元数据可以补充或覆盖所引用主题中的对应元数据。但当映射与主题设置了相同的元数据元素或属性时，默认映射中的取值的优先级更高。系统之所以采用这种机制，是因为通常映射的创建者比主题的作者更了解内容重用。<topicme>中的@lockmeta 属性可用于控制是否令映射所设置的取值覆盖所引用主题中的取值。

<navtitle>元素是<topicmeta>元素所设置的元数据传播规则中的一个例外。只有当父元素<topicref>元素的@locktitle 属性设置为“yes”时，系统才会以<navtitle>元素中的内容作为导航标题。

e．将基于属性与基于元素的元数据进行关联。

在主题层中，引言元数据元素的内容可包含有关 DITA 主题主体中元素属性取值的更多信息。然而，引言元数据与属性元数据均可单独地使用与表达。

4）DITA 映射中属性与元数据的继承。

许多映射层的属性与元数据均可在整个映射中进行继承，这有助于属性与元数据的管理。所谓属性与元数据元素的“继承”，是指相关的属性和元素同样适用于对它们进行设置的元素的子元素。继承适用于包含层级关系，但不适用于元素类型的层级关系。

下述属性与元数据会在整个映射中进行继承：

- <map>元素中所设置的属性；
- <map>元素的<topicmeta>子元素中所包含的元数据元素。

关系表中的属性取值与元数据元素适用于每个独立的表格单元及整个行或列，这十分有利于属性与元数据的管理。

a．可继承的属性与元数据。

下述属性与元数据元素是可继承的。

属性：

- @audience，@platform，@product，@otherprops，@rev；
- @props and any attribute specialized from @props；
- @linking，@toc，@print，@search；
- @format，@scope，@type；
- @xml:lang，@dir，@translate；
- @processing-role。

元数据元素：

- author，source，publisher，copyright，critdates，permissions；
- audience，category，prodinfo，othermeta。

对于支持多取值的元数据元素而言，继承将是叠加的；而对于仅支持单一取值的属性而言，包含它的元素的最近取值将生效；对于关系表而言，行中的元数据通常比列中的元数据更为具体。具体如下述包含层级关系所示。

<map>（最一般）

<topicref>容器（较具体）

<topicref>（最具体）

<reltable>（较具体）

<relcolspec>（较具体）

<relrow>（较具体）

<topicref>（最具体）

b．映射中进行继承的规则。

在确定属性值时，处理器必须按照指定的顺序对每个元素的每个属性进行赋值。系统将依次处理列表中的各个步骤，直至某个取值得到了确定或到达列表末尾（此时该属性无具体赋值）为止。原则上该列表确定了处理器如何构建哪些设置全部属性值与所有继承关系的映射。

例如，当<topicref toc="yes">时，系统一定在列表中的第 2 步停止，此时系统将为文档实例中的@toc 属性赋值，而包含元素的@toc 取值则不会继承至该<topicref>元素。而该<topicref>元素中设置的@toc="yes"可能会继承至被包含元素，只要对@toc 属性进行赋值时这些元素的处理步骤超过下述步骤中的第五步。

映射中的属性必须遵循下述处理顺序。

第一，对@conref 属性与@keyref 属性赋值。

第二，赋文档实例中显式指明的取值。例如，@toc 属性设置为"no"的<topicref>元素将取该值。

第三，赋在 DTD 或 XSD 中表达的默认或固定属性值。例如，在 DTD 与 XSD 中<reltable>元素的@toc 属性的默认值为"no"。

第四，赋由可控取值文件所提供的默认值。

第五，属性继承。

第六，应用由处理器所提供的默认取值。

第七，属性在映射中解析后即继承至引用映射。

注意：处理器所提供的默认取值并不继承至其他映射。例如，在未设置@toc 属性时，大部分处理器均会提供默认取值@toc="yes"。但处理器所提供的默认取值@toc="yes"不会覆盖引用映射中所设置的@toc="no"取值。当显式设置@toc="yes"取值，或其通过 DTD、XSD 或可控取值文件给定，或继承自映射中包含元素时，该取值将覆盖由引用映射所设置的@toc="no"取值。

第八，对于每个引用映射，重复第一步至第四步。

第九，对每个引用映射中的属性进行继承。

第十，在每个引用映射中应用由处理器所提供的默认取值。

第十一，对于引用映射中所引用的所有映射，重复上述步骤。

DITA 映射中元数据元素的继承示例。

下述代码描述了信息架构是如何将特定的元数据应用于映射中的全部 DITA 主题的：

```
<map title="DITA maps" xml:lang="en-us">
    <topicmeta>
        <author>Kristen James Eberlein</author>
        <copyright>
            <copyryear year="2009"/>
            <copyrholder>OASIS</copyrholder>
        </copyright>
    </topicmeta>
    <topicref href="dita_maps.dita" navtitle="DITA maps">
        <topicref    href="definition_ditamaps.dita"    navtitle=
"Definition of DITA maps"></topicref>
        <topicref href="purpose_ditamaps.dita" navtitle="Purpose
of DITA maps"></topicref>
        ...
</map>
```

作者信息与版权信息会继承至 DITA 映射所引用的所有 DITA 主题。例如，DITA 映射在处理为 XHTML 后，所有的 XHTML 文件都将包含元数据信息。

5）映射间的继承行为。

DITA 映射在引用其他 DITA 映射或其分支时会遵循若干默认规则，这些规则适用于属性、元数据元素与附属于内容的角色（例如由<chapter>元素指定的章节角色）等。属性与元素在由一个映射继承至另一映射时通常将遵循相同的规则。本部分内容还将介绍一些特例与额外规则。

a．映射间的属性继承。

下述属性会在单个映射间进行继承：

- @audience，@platform，@product，@otherprops，@rev；
- @props and any attribute specialized from @props；
- @linking，@toc，@print，@search；
- @format，@scope，@type；
- @xml:lang，@dir，@translate；
- @processing-role。

其中，下列属性不支持映射间的继承。

- @format：只有在该属性设置为“ditamap”时才能对映射或其分支进行引用，因此该属性无法继承至被引用映射。
- @xml:lang 与@dir：xml:lang 的继承行为由“@xml:lang 属性”定义，而@dir 与翻译属性的继承规则也完全相同。

- @scope：@scope 的属性值仅用于描述映射本身，而非其内容。若@scope 取值为“external”，则说明被引用映射作为外部映射是不可用的，因此该取值无法继承至被引用映射。

@class 属性无法在映射内继承，但可用于确定进行映射间继承时的处理角色。

对于映射内部继承的取值，若属性支持多个取值（例如@audience），则继承行为是叠加的；若属性仅支持一个取值，则继承的取值就会覆盖最高阶层元素。

b．映射间继承属性示例。

例如，下述 test.ditamap 映射中的引用：

```
<map>
    <topicref href="a.ditamap" format="ditamap" toc="no"/>
    <mapref href="b.ditamap" audience="developer"/>
    <topicref  href="c.ditamap#branch1"  format="ditamap"  print=
"no"/>
    <mapref href="c.ditamap#branch2" platform="myPlatform"/>
</map>
```

- 映射 a.ditamap 的处理方式与在根元素<map>中指明 toc="no"的情形是相同的。这意味着 a.ditamap 中所引用的主题将不会出现于由 test.ditamap 所生成的导航中（除非映射中的某些分支显式地将 toc 设置为“yes”）。
- 映射 b.ditamap 的处理方式与在根元素<map>中指明 audience="developer"的情形是相同的。若 b.ditamap 中的根元素<map>已设置了相应的受众属性，则取值“developer”会添加至现有取值。
- 映射 c.ditamap 中 id="branch1"的元素的处理方式与在该元素中指明了 print="no"的情形是相同的。这意味着带有 id="branch1"的分支中的主题将不会出现在由 test.ditamap 所生成的印刷输出结果中（除非分支中的某些嵌入分支显式地将 print 设置为“yes”）。
- 映射 c.ditamap 中 id="branch2"的元素的处理方式与在该元素中指明了 platform="myPlatform"的情形是相同的。若带有 id="branch2"的元素已设置了相应的@platform 属性，则取值“myPlatform”会添加至所有现有取值。

c．元数据元素的继承。

<topicmeta>或<metadata>中所包含的元素的继承规则与单一 DITA 映射中的规则是相同的。

例如，下述代码片段 test-2.ditamap：

```
<map>
   <topicref href="a.ditamap" format="ditamap">
   <topicmeta>
```

```
        <shortdesc>This map contains information about Acme defects.
</shortdesc>
      </topicmeta>
    </topicref>
    <topicref href="b.ditamap" format="ditamap">
      <topicmeta>
        <audience type="programmer"/>
      </topicmeta>
    </topicref>
    <mapref href="c.ditamap" format="ditamap"/>
    <mapref href="d.ditamap" format="ditamap"/>
    </map>
```

代码片段 b.ditamap

```
    <map>
      <topicmeta>
        <audience type="writer"/>
      </topicmeta>
      <topicref href="b-1.dita"/>
      <topicref href="b-2.dita"/>
    </map>
```

test-2.ditamap 的处理方式由下述行为准则所确定。

- 由于<shortdesc>元素不支持继承，因此它不适用于 a.ditamap 映射中所引用的 DITA 主题。
- 由于<audience>元素支持继承，因此 b.ditamap 中所引用的<audience>元素将与映射在最高阶层中设置的<audience>属性进行整合。上述行为的结果就是 b-1.dita 主题与 b-2.dita 主题的处理方式与每个主题包含下述子<topicmeta>元素的情况是一致的：

```
    <topicmeta>
    <audience type="programmer"/>
    <audience type="writer"/>
    </topicmeta>
```

注意：有可能专门化所定义的元数据会替代被引用映射中的元数据（而非常规中的添加行为），但目前 DITA 默认并不支持该行为。

d. 专门化映射中的角色继承。

当<topicref>元素或其专门化引用 DITA 资源时，这种行为将定义相关 DITA 资源的一个角色。有时这种角色十分直观，例如当<topicref>元素引用 DITA 主题时（此时相应的角色为“主题”）或当<mapref>元素引用 DITA 映射时（此时相应的角色为“DITA 映射”）。

除非特别说明，引用映射的专门化 topicref 元素将定义被引用内容的一个角色。这意味着，实际上引用元素的@class 属性会继承至被引用映射最高阶层中的 topicref 元素。如果用户希望避免这种行为（例如当所有元素均来源于 OASIS 提供的“mapgroup”域时），用户应当明确地定义非默认行为。

例如，当书籍映射专门化中的<chapter>元素引用某映射时，这种行为将为被引用映射中的所有最高阶层元素设置“章节”角色。当<chapter>元素引用其他映射的一个分支时，这种行为将为该映射分支设置“章节”角色。实际上<chapter>元素的@class 属性（“-map/topicref bookmap/chapter”）将继承至嵌入映射最高阶层中的 topicref 元素，但该属性无法继续继承至下一层元素。

另外，“mapgroup”域中的<mapref>元素也十分便捷易用。系统无法像<mapref>元素一样处理由<mapref>元素所引用的映射最高阶层中的<topicref>元素，而<mapref>元素中的@class 属性（“+map/topicref mapgroup-d/mapref”）也无法继承至被引用映射。

有时保持引用元素的角色可能导致内容与上下文不符。例如，引用书籍映射的<chapter>元素可能会引入包含<chapter>元素的<part>元素，而将<part>元素视为<chapter>进行处理可能会创建嵌入有其他章节的内容，这在书籍映射中是无效的，而处理器可能无法理解这种行为。具体的结果因实现而异，例如处理器可能会选择将其视作错误、提出警告或仅仅为问题元素赋予新角色等。

e. 映射间角色的继承示例。

假设<chapter>元素引用了某个 DITA 映射，此时可能出现以下几种情况。

- 被引用映射包含单个最高阶层<topicref>元素。

整个分支的行为与它们包含于书籍映射的情形是一致的，其中最高阶层的<topicref>元素的处理方式与<chapter>元素相一致。

- 被引用映射包含多个最高阶层<topicref>元素。

每个最高阶层<topicref>元素的处理方式与<chapter>元素（也是引用元素）是一致的。

- 被引用映射包含单个<appendix>元素。

<appendix>元素的处理方式与<chapter>元素是一致的。

- 被引用元素包含单个<part>元素与多个嵌入<chapter>元素。

<part>元素的处理方式与章节元素是一致的，而处理器可能无法理解所嵌入的<chapter>元素，其处理方式如上所述。

<chapter>元素引用单个<topicref>元素，而非单个映射。

- 被引用<topicref>元素的处理方式与<chapter>元素是一致的。

6）主题与映射元数据的调解。

映射中的<topicmeta>元素包含多种可用于声明元数据的元素。这些元数据元素对于父<topicref>元素、所有子<topicref>元素以及整个映射（如果映射是<map>元素的直接子映射）均有影响。

表 A.3 可用于解答有关<topicmeta>元素可包含的各种元素的若干问题。

应用于主题的方式？

该列介绍了<topicmeta>元素与主题中的元数据的交互方式。在多数情况下，相应属性是可叠加的。例如，当映射层的<audience>元素设置为“user”时，该取值“user”将叠加至主题内的所有受众元数据。

是否继承至子<topicref>元素？

该列说明所赋的元数据取值是否继承至嵌入的<topicref>元素。例如，当映射层的<audience>元素设置为“user”时，所有子<topicref>元素中的<audience>元素也被隐式地设置为“user”。但仅适用于具体的<topicref>元素中的元素（例如<linktext>并不支持继承）。

应用于<map>元素的意义何在？

映射元素支持将元数据应用于整个映射。该列描述了某元素应用于整个映射的效果。

表 A.3 Topicmeta 元素及其性质

元素	应用于主题的方式	是否继承至子<topicref>元素	应用于<map>元素的意义何在
<audience>	添加至主题	是	为整个映射设置受众
< author >	添加至主题	是	为整个映射设置作者
< catagory>	添加至主题	是	为整个映射设置类别
< copyright >	添加至主题	是	为整个映射设置版权
< critdates>	添加至主题	是	为整个映射设置关键日期
< data>	添加至主题	否，除非因支持继承的目的而进行专门化	在指明元素前无具体目的
< data-about>	将性质添加至指定目标	否，除非因支持继承的目的而进行专门化	在指明元素前无具体目的
< foreign>	添加至主题	否，除非因支持继承的目的而进行专门化	在指明元素前无具体目的
<keywords>	添加至主题	否	无具体目的
<linktext>	未添加至主题；仅适用于由映射中当前行为所创建的链接	否	无具体目的
<metadata>	添加至主题	是	为整个映射设置元数据

续表

元素	应用于主题的方式	是否继承至子<topicref>元素	应用于<map>元素的意义何在
<navtitle>	未添加至主题；仅适用于由映射中当次行为所创建的导航。欲使用导航标题，父<topicref>元素的@locktitle 属性必须设置为"yes"	否	无具体目的
<othermeta>	添加至主题	否	为整个映射定义元数据
<permissions>	添加至主题	是	为整个映射设置许可
<prodinfo>	添加至主题	是	为整个映射设置产品信息
<publisher>	添加至主题	是	为映射指明出版商
<resoureid>	添加至主题	否	为映射设置资源标识符
<searchtitle>	替换主题的标题。如果某个主题设置有多个<searchtitle>元素，则处理器可能会发出警告	否	无具体目的
<shortdesc>	仅在<topicref>元素设置@copy-to 属性时才会添加至主题；否则它仅适用于由映射中当前行为所创建的链接 注意：处理器可能会也可能不会实施该行为	否	为映射提供描述
<source>	添加至主题	否	为整个映射添加来源
<unknown>	添加至主题	否，除非因支持继承的目的而进行专门化	在指明元素前无具体目的

A.1.3 DITA 处理

DITA 的一些共通处理行为由各种属性所决定，这些行为包括设置词汇集与DITA 文档所依赖的约束模块、导航、链接、（通过直接或间接寻址实现的）内容重用、条件处理、数据块与印刷等。另外，利用@translate 和@xml:lang 属性，以及<index-sort-as>元素可以提高 DITA 内容的翻译效率。

1. 模块兼容性与@domains 属性

DITA 文档通过<map>与<topic>元素中的@domains 属性来声明词汇集与其依赖的约束模块。

@domains 属性主要有两大目的。

● 向 DITA 处理器指明它们必须或应当提供的具体特性，以便对文档进行完整的处理。

- 确定由一个 DITA 文档复制至另一个文档时元素的有效性。复制行为可能由内容引用（conref）或键引用（keyref）所引发，也可能是在作者编辑 DITA 文档时进行的。

处理器能够检测@domains 属性的取值并将列表中的模块集合与处理器直接支持的列表集合进行对比。如果处理器不直接支持某个模块，则它会采取适当的措施，例如在回退处理前发出警告等。

在进行复制时，系统需要检测被复制的数据（复制源）是否依赖于它所在文档（复制目标）不依赖的模块。如果复制源所需的模块是复制目标所需模块的子集，那么复制操作将是安全的；而当数据源依赖于数据目标不依赖的模块时，复制操作是危险的。

如果某个复制操作是危险的，则处理器将对数据源与数据目标进行对比，从而确定数据源是否满足数据目标的各种约束。如果数据源满足这些约束，那么系统将允许这次复制操作。此时处理器将发出警告，说明此次复制操作是允许的，但相应的约束并不兼容。而如果复制源并不满足复制目标的各种约束，则处理器将进行一般化，直至一般化的结果满足复制目标的约束或无法实施进一步的推广。此时如果进行一般化后的系统可以进行复制操作，则处理器将发出警告，说明相应的约束并不兼容且必须进行一般化才能完成复制操作。

2. 导航行为

处理器可利用各种标记来渲染 DITA 主题之间的导航。

尽管系统能够通过处理 DITA 内容来生成带有针对具体媒体形式的导航输出结果，但本部分内容主要讨论由标记所定义的各种导航行为。

目录（Tables of contents，TOC）。

处理器可以根据 DITA 映射中<topicref>元素的层级关系生成目录。映射中的每个<topicref>元素均代表目录中的一个节点（除非该元素被设置为“resource only”的主题引用）。这些主题引用将定义相应的导航树。当映射中包含引用至某个映射的主题引用（通常称为映射引用）时，处理器将在进行引用时整合被引用映射与引用映射的导航树，进而通过编译多个 DITA 映射来生成可出版物。

注意：如果引用某个映射的<topicref>元素包含子<topicref>元素，则系统尚未定义如何处理这些子<topicref>元素。

目录中每个节点的默认文字都是由所引用主题的标题所生成的。如果<topicref>元素中@locktitle 属性的取值为“yes”，那么节点文字必须与@navtitle 属性或<topicref>元素的子<navtitle>元素一致，而不能与被引用主题的标题一致。如果某个<topicref>元素既包含<navtitle>子元素也包含@navtitle 属性，则@locktitle

属性适用于<navtitle>元素和@navtitle 属性，而且当@locktitle 属性的取值为“yes”时，系统将使用<navtitle>元素的取值。

对于引用某个主题或定义导航标题的每个<topicref>元素（或其专门化），系统都将为其生成一个目录节点。下面是一些例外情况：

- <topicref>元素或其父元素已设置@processing-role 属性；
- <topicref>元素或其父元素已设置@print 属性，且当前处理方式不是输出印刷结果；
- 系统利用条件处理对该节点或其父节点进行了过滤；
- 并未设置@href 属性或@navtitle 属性且不存在子<navtitle>元素，或者该节点是<topicgourp>元素。

如果不希望某个<topicref>元素出现于目录之中，则可以将其@toc 属性设置为“no”。@toc 属性的取值将继承至其子<topicref>元素，因此如果某个<topicref>元素的@toc 属性设置为“no”时，则其所有<topicref>子元素都将被排除在目录之外。但如果某个子<topicref>元素通过为@toc 属性赋值“yes”而覆盖对应节点的继承属性，那么设置@toc="yes"的节点将会出现在目录中（但设置@toc 为“no”的中间节点仍不会出现在目录中）。

3. DITA 链接

DITA 高度依赖于链接。DITA 提供链接的目的在于定义内容、组织出版结构（DITA 映射）、提供主题间的导航链接和交叉引用，以及利用引用来重用内容等。所有 DITA 链接均提供相同的寻址功能，并利用键或键引用来进行基于 URI 的直接寻址或进行与具体 DITA 内容有关的间接寻址。

从最广义的角度而言，链接在两个或多个对象之间创建了一定的关系。DITA 中的关系指 DITA 元素与 DITA 元素或其他非 DITA 资源（例如网页）之间的关系。这种关系可能是明确指明的（例如通过关系表或话题模式映射），但实际上它并非总关联于特定的关系类型。

注意：例如，利用键引用链接至关键词定义的<keyword>元素创建了由<keyword>元素到其定义的“提及”关系与由定义至其<keyword>元素的“定义”关系。但 DITA 对于<keyword>元素的定义或其标记中都没有形式化地定义这些链接类型。尽管 DITA 对某些链接元素类型提供了具体的形式化关系定义，但实际上，DITA 并未为其中的所有链接进行形式化分类，也并未提供对具体的链接类型与链接进行关联的机制。

摘要中的链接关系既可能是由元数据中某些标记直接定义的显式关系，也可能是由处理器使用的内容性质所暗示的隐式关系（例如，将<keyword>元素中的内容与隶属具体主题类型的某个主题的标题相关联）。DITA 仅定义形式化的链接，而实际上处理器可以实施隐式链接。

链接可创建导航关系或引用关系（例如内容引用等）。导航关系主要用于提供由一个元素到其他元素的导航，当然导航还包括分类与元数据关联等其他关系。引用关系主要创建信息集的有效结构与内容。

可创建一种或多种关系的元素称为“链接定义元素”。像<link>与<xref>等元素类型永远都是链接定义元素，而其他元素类型在使用特定的链接定义属性时也可成为链接定义元素。

几乎所有元素在使用@conref 或@conkeyref 属性创建至其他元素或元素集合的内容引用（conref）关系后都可变为引用链接，而<term>与<keyword>元素在使用@keyref 属性创建至其他 DITA 元素或非 DITA 资源的关系后可变为导航链接。

通常主题中调用@href 与@keyref 属性的元素将定义导航链接，而调用@keyref 属性但不调用@href 属性的元素只有在其对@keyref 属性赋值后才会定义导航链接。

给定的链接定义元素可创建多种关系。例如，有的元素既可以创建引用链接，也可以创建导航链接。关系表中的一行也可创建不同单元格中所引用主题之间的多种关系。主题引用层级中的主题应用不仅可以创建由映射至主题的引用关系，还可创建由被引用主题至导航层级中的其他主题（父主题、兄弟主题与子主题）的层级关系。

DITA 在定义链接时也定义了两类寻址方式：基于 URI 的直接寻址与间接键引用。无论是哪种情况，所创建的关系在本质上都独立于所使用的寻址方式。例如，对于某个交叉引用而言，利用键引用来定位交叉引用中的目标与利用 URI 引用定位相同目标的功能是完全一致的，最终的处理结果也是相同的。

由映射至其他映射、主题或非 DITA 资源的链接创建了包含这些链接的映射与相关资源之间的显式依赖关系。映射之间的链接创建了“映射树”。根映射的依赖集合是映射树中全部映射的依赖集合的并集。

由主题至其他主题、映射或非 DITA 资源的链接创建了包含这些链接的主题与相关资源之间的显式依赖关系，同时也创建了由使用这些链接主题的映射与主题依赖集合之间的隐式依赖关系。

为了确定给定映射树的依赖集合，处理器将忽略那些并非由映射树中的显式依赖关系所创建的主题之间的链接所创建的隐式依赖关系。当映射包含一个含有主题间链接的主题，但被链接的主题并未显式包含在映射之中、而处理器也仅考虑映射中定义的显式依赖关系时，处理器将无法解析这种主题间的链接。用户可以通过使用映射树中的仅用于资源（resource-only）的主题来创建显式的依赖关系，进而避免这种情况。如果仅用于资源的 topicref 同时也定义了键，那么用户可以转而使用键引用（@keyref 或 conkeyref）来实现主题键的链接，此时不应使用 URI 引用（@href 或@conref）。

大部分导航链接均包含相关的“链接文字”，它是用于渲染链接的文字。对于支持或需要链接文字的所有元素而言，用户可以将链接文字设置为链接元素的一部分，或者不进行设置而自被引用资源中获得链接文字。给定元素的链接文字的生成方式由元素类型所定义，同时解释处理器可能对其产生影响。

对于由<xref>所创建的交叉引用与由<link>所创建的相关链接而言，系统对于构建链接文字的潜在规则实际上是无限制的。例如，处理器可通过@outputclass 属性的取值定义处理方式，该属性使作者能够指定链接文字的构建细节，也可能处理器本身就包含控制或自定义交叉引用中链接文字构建方式的配置选项。

1）映射间的链接。

DITA 映射的首要目的是定义主题与非 DITA 资源的导航层级关系。映射还可以通过关系表来定义任意主题之间的关系，例如“相关链接”等。同时，映射还可以在不绑定被链接资源与导航树的情况下链接至相应的主题或非 DITA 资源，进而创建一定的依赖关系。

在映射中而不在关系表中的主题引用将默认创建映射树中根映射的一个导航树。当主题引用设置有导航标题或引用了其他主题或非 DITA 资源时，主题引用将出现于导航树中之中。<topicref>元素的@collection-type 属性确定了主题引用与其父主题引用、兄弟主题引用和子主题引用之间的关系。

引用映射的<topicref>或<navref>元素并不会将映射绑定至相应的导航树，但它们仍然是指向<map>的直接子元素与被引用映射的关系表的引用链接。

映射中可包含关系表（<reltable>）。关系表可用于创建主题集合与非 DITA 资源集合之间的导航关系。关系表定义了属于特定关系类型的一个或多个链接。每个映射均可包含任意数量的关系表。在映射树中，关系表的有效集合是映射树中全部映射所包含的全部关系表的并集。

将@processing-role 属性值设置为“resource-only”的主题引用将创建该映射对相关资源的依赖性，但并不会将这些资源绑定至相应的导航树。仅用于资源的主题引用通常用于定义并不指向导航树中具体位置的键以及那些包含仅用于内容引用或不应出现于导航树中的元素。

作者可利用@toc 属性来控制导航树中的主题引用是否出现在目录之中。将@toc 属性值设置为“no”而并非仅用于资源的主题引用将会出现在导航树中。特别地，系统将创建由@collection-type 取值所确定的相互关系。

导航树中的主题引用可利用@linking 属性来控制有效的@collection-type 属性值所创建的链接是如何作用于与主题引用有关的资源的。

映射的子映射可通过下述方式之一实现链接：

- @format 属性值设为“ditamap”的<topicref>元素（有时此类映射引用被称为“mapref（映射引用）”）；
- <navref>。

如果<navref>元素链接至其他独立的映射，那么它会将该映射导航与导航树之间的结构整合过程推迟至在发布渲染内容的最终步骤时进行。由<navref>所引用的映射并不出现在引用这些映射的映射树的键空间之中，而且系统在处理引用映射时并不依赖于这些映射。

2）主题内的链接。

主题可能包含多种链接类型：

- 源自所有支持@conref 或@conkeyref 的主题中的元素所创建的内容引用链接。
- 位于主题主体后的<related-links>元素所创建的相关信息链接，相关链接通常渲染在主题的末尾。
- 利用<image>所创建的图像链接。图像元素可调用<longdescref>来链接至图像的详细描述，可用作<alt>元素的补充。
- 利用<object>所创建的对象链接，对象元素可以调用<longdescref>来链接至图像的详细描述，可用作<alt>元素的补充。
- 利用<xref>所创建的导航链接，对于支持超链接的输出媒体，<xref>将生成超链接。
- 在支持@keyref 但不支持@href 的元素（例如<ph>、<cite>、<keyword>和<term>）上利用@keyref 所创建的导航链接。
- 在支持<data>的上下文中利用<data-about>所创建的元数据关联。

利用基于 URI 的直接寻址所创建的指向主题外包含 XML 文档资源的链接将创建主题与资源之间的绝对依赖性。这种依赖性不利于内容重用，具体表现在以下两个方面：

- 映射可能无法使用链接主题，除非该映射同时也使用相关的依赖资源。
- 被引用的资源无法在链接主题所处的映射背景中随意变更。

基于键的寻址方式可以避免上述问题。由于键是在映射中定义的，因此使用相应链接主题的各个映射均可将键与大部分资源进行绑定。

4. DITA 寻址

DITA 提供了可用于创建 DITA 元素之间或 DITA 元素与非 DITA 资源之间关系的若干功能。所有 DITA 关系均使用与所创建关系的语法无关的寻址功能。DITA 寻址可以是基于 URI 的直接寻址，也可以是基于键的间接寻址。在 DITA 文档中的每个元素均由共通的@id 属性所指明的唯一标识符来定位。DITA 定义了两种用于寻址 DITA 元素的标识符句法，一种适用于映射内的主题元素，而另一种适用于主题之间的非主题元素。

5. ID 属性

DITA 标识属性提供了一种用于说明链接内容的机制。

ID 属性为每个 DITA 元素赋予了一个标识符，以便用户能够引用这些元素。大部分元素均支持 ID 属性，而在某些元素中该属性是必需的。除了文档中的整个映射、第一个主题、only 主题或全部直接子主题（与处理的背景有关）外，每个被引用的具体元素必需包含赋有有效值的 id 属性。是否需要 id 属性视其究竟是用于主题元素、映射元素或是主题或映射中的元素而定。

主题元素与映射元素的 ID 属性本质上是 XML 标识符，因此它们必须在包含主题元素或映射元素的 XML 文档范围内是唯一的。而主题或映射中大部分元素的 ID 属性并非声明为 XML 标识符，这意味着 XML 语法分析器并不要求这些属性的取值是唯一的。注意，ID 属性的全部取值必须是 XML 名称标记。

对于包含多个主题的文档而言，同一父主题元素的所有非主题子元素的标识相对于彼此而言必须是唯一的，但不同父主题元素的非主题子元素的标识可以相同。

注意：因此，对于包含多个兄弟主题或嵌入主题的 XML 文档而言，其中每个主题中非主题元素的标识必须是唯一的，但与其父主题或子主题中的元素标识则可以是相同的。

映射中全部元素的标识在映射文档中必须是唯一的。如果映射中两个元素的标识符取值相同，那么系统将把按文档顺序第一个赋有该标识符取值的元素当作引用该标识的目标。ID 要求总结表如表 A.4 所示。

表 A.4 ID 要求总结表

元　　素	属性类型	在什么范围内唯一	是否是必需的	取值类型
映射	ID	文档	否	无冒号 XML 名称标记
主题	ID	文档	是	无冒号 XML 名称标记
子映射	NMTOKEN	文档	除个别例外，否	任意合法的 XML 名称标记
子主题	NMTOKEN	单个主题	除个别例外，否	任意合法的 XML 名称标记

1）基于 URI 的（直接）寻址。

URI 引用可直接指向目标，可用于创建 DITA 元素之间的内容引用与链接关系。

URI 引用可定位“资源”或其子资源。在 DITA 背景中，资源指 DITA 文档（映射、主题或 DITA 的基础文档）或非 DITA 资源（例如网页或 PDF 文档等）。对于 DITA 资源，用户可以利用片段标识符与 URI 来寻址单独的元素。片段标识符是

URI 的组成部分，以符号“#”开头，例如“#topicid/elementid”。另外，URI 引用还可以包含以“?”开头的询问内容，DITA 处理器将忽略指向 DITA 资源的 URI 引用中的询问内容。

注意：形如 URL 的 URI 引用必须同时满足 URL 与 URI 的规则。特别地，在 Windows 操作系统中，URL 不支持带反斜线的路径。

a．URI 与 DITA 片段标识符。

DITA 可在@href、@conref 及其他属性中利用 URI 引用来实现资源的直接定位。

欲定位映射与主题中的 DITA 元素或包含多个主题的文档中的单个主题，URI 引用中必须包含由 DITA 定义的适当的片段标识符。URI 引用既可以是相对的，也可以是绝对的。相对 URI 引用可能仅包含一个片段标识符，这种引用可用于本身包含引用的文档。

在定位 DITA 主题元素时，URI 引用可使用包含主题元素 ID（文件名为.dita#topicId 或#topicId）的片段标识符。

在定位 DITA 主题中的非主题元素时，URI 引用必须使用包含被引用非主题元素的父主题元素 ID 的片段标识符、斜线（“/”）以及非主题元素的 ID（文件名为.dita#topicId/elementId 或#topicId/elementId）。

寻址模型使用户能够有效地定位 ID 属性值在单个 DITA 主题中是唯一的、但在包含多个 DITA 主题的 XML 文档中并不唯一的元素。

在定位 DITA 映射元素时，URI 引用可使用包含映射元素 ID 的片段标识符（文件名为.dita#mapId 或#mapId）。

如果某个目标 DITA 元素与引用它的元素处于同一个 XML 文档，那么此时 URI 引用可以仅包含片段标识符（需包含“#”字符）。

b．通过 URI 寻址非 DITA 目标。

无论属于何种类型，DITA 元素均可以利用 URI 引用来直接引用各种资源。如果寻址目标位于非 DITA 资源之中，那么所使用的片段标识符必须满足目标媒体类型所定义的片段标识符要求，而且必须包含指向非 DITA 类型 XML 资源的引用。

c．通过 URI 寻址 DITA 主题。

用户总可以通过 URI 引用来寻址各个主题，此时片段标识符即为主题的 ID。如果目的是进行链接，那么指向包含多个主题的文档的引用将定位至文档中按顺序的第一个主题；如果目的是进行渲染，那么指向包含多个主题的文档的引用将定位至文档的根元素。

注意：假设某文档的根元素是一个主题，则指向该文档的 URI 引用将隐式地引用该主题元素。假设某<dita>文档包含多个主题，则出于链接的目的（例如利用交叉引用元素），指向该<dita>文档的 URI 引用将隐式地寻址至<dita>元素中的第一个子主题，而出于渲染的目的，URI 引用将寻址至该<dita>元素（意味着该<dita>

元素中包含的全部主题都将渲染至输出结果）。

d. 通过 URI 寻址非主题 DITA 元素。

欲通过 URI 寻址非主题元素，则必须使用 topicID/elementID 片段标识符。

欲通过 URI 寻址 DITA 映射中的元素，则必须使用 elementID 片段标识符。此时链接元素的格式属性的取值必须为“ditamap”。

URI 引用的语法示例。

表 A.5 介绍了各种常见情形中的 URI 语法。

表 A.5 URI 语法

情 形	示 例 语 法
目标为网络地址中主题内的表格	"http://example.com/file.dita#topicID/tableID"
目标为本地文件系统中主题内的章节	"directory/file.dita#topicID/sectionID"
目标为相同 XML 文档中的图片	"#topicID/figureID"
目标为映射中的元素	"http://example.com/map.ditamap#elementID"（format 属性的取值为“ditamap”）
目标为相同映射文档中的映射元素	"#elementID"（format 属性的取值为“ditamap”）
引用外部网址	"http://www.somesite.com"，"http://www.somesite.com#somefragment"或其他有效 URI
引用本地映射中的元素	"filename.ditamap#elementid"（format 属性的取值为“ditamap”）
引用本地映射	"filename.ditamap"（format 属性的取值为“ditamap”）
引用本地主题	"filename.dita"或"path/filename.dita"
引用本地文档中的特定主题	"filename.dita#topicid"或"path/filename.dita#topicid"
引用相同文件中的特定主题	"#topicid"

2）基于键进行寻址。

DITA 的键引用机制对对象进行了抽象，使得由引用所定位的资源可以在 DITA 映射的所有级别中进行全局定义，而非仅仅在每个主题中进行局部定义。

在使用不同映射背景中的 DITA 主题时，通常有必要创建一种用于解析各种资源的相互关系。例如，考虑一个指向包含产品名称的<ph>元素的内容引用，当它位于与具体产品型号有关的映射中时，系统可能需要解析其他的<ph>元素。DITA 的键引用机制提供了一种间接寻址方式，它将引用（topicref、conref 与交叉引用等）与目标的直接地址进行了分离（直接地址指利用@href 或@conref 等引用键的元素中所设置的地址）。需要进行链接的元素可以直接引用键名，而映射会将键名绑定至具体的资源。而且不同的映射可以将相同的键名绑定至不同的资源。这种间接引用的形式是后绑定的。键名与资源之间的绑定是根据映射背景中现有的键定义集合在处理时确定的，而非在写作主题或映射时即创建的静态绑定。

a．键综述。

欲使用键引用，用户必须理解键的定义方式、其与资源的绑定方式、映射层级创建键空间的方式及键与条件处理的相互作用等。

键定义。

键在映射中定义。键名由<topicref>元素（或其专门化，例如<keydef>）中的@keys 属性所定义。

与@keys 属性有关的语法如下：

- @keys 属性的取值是一个或多个由空格分隔的键名；
- 键名由合法的 URI 字符组成，并且区分大小写；
- 键名不支持下列字符："{"、"}"、"["、"]"、"/"、"#"、"?" 和空格。

无论在映射中的具体目的何在，任意<topicref>元素中的@keys 属性均可用于定义键。但是，实践结果表明，作者应当将大部分或全部键的定义与用于创建导航层级和关系的主题引用相分离。如果用户创建了仅包含键定义的单个 DITA 映射，那么其@processing-role 属性应赋值为"resource-only"，而此时映射组的词汇模块应当包含<keydef>元素（<topicref>元素的专门化，且其@processing-only 属性的默认取值为"resource-only"）。

键绑定。

同一个键可同时绑定多个资源。

- 如果定义键的元素并未设置@keyref 的属性值或该属性无法在构造键空间时进行解析，那么键将直接绑定至由元素中的@href 属性所定位的资源。
- 如果定义键的元素设置了@keyref 属性且该属性可以在构造键空间时进行解析，那么键将（直接或间接地）绑定至与被引用键相绑定的直接寻址资源。（topicref 直接或间接引用其定义的任意键时，系统都将报错。）
- 如果定义键的元素中的<topicmeta>元素包含子元素，那么键将绑定至这些子元素。

键空间。

根映射及其直接寻址的本地子孙映射将创建一个唯一的键空间，使得每个唯一的键名均绑定至一个资源集。

为了确定由给定根映射所确定的键空间中的有效键定义，系统将通过考虑继承于根映射的直接寻址的本地子孙映射的方式来创建一个映射树。子映射的顺序由指向它们的 topicref 元素在文档中的顺序所确定。在键空间确定前，系统将忽略利用键引用所实现的指向映射的所有间接引用。

由<navref>所定位的映射不会出现在映射树的键空间中。由<navref>所引用的映射等同于 scope 设定为"peer"或"external"的被引用映射。因此，出于构建键空间的目的，系统在处理引用映射时并不依赖于此类映射。

键与条件处理。

映射的有效键可能受条件处理（过滤）所影响。处理器应当在确定有效的键定义之前实施条件处理。但是，处理器可能会在过滤前就确定有效的键绑定。各种处理器可能会根据具体的选择属性过滤掉某些键定义，因此不同的处理器可能会创建不同的有效键绑定。

如果过滤并不是首先进行的，那么相同的根映射可能为不同的条件集合创建不同的有效键空间。对于提供信息集合内可用键集合的处理器而言（例如写作辅助系统等），键可能需要与键定义所设置的条件相关联。例如，假设某个映射利用不同的条件定义了键“os-name”两次，则作者应当了解该键在键空间中可能有两个绑定，并且需要知道在何种条件下这些绑定才是有效的。这意味着处理器可能需要根映射以及有效条件集合（例如 DITAVAL 文档）来正确地确定有效键空间。

键定义中的相对 URI 引用是相对于基础 URI 进行解析的（后者用于定位键定义），而不是相对于引用的不同位置进行解析的。

有效键定义。

每个键在一个键空间中最多能有一个有效定义。键定义是包含给定键的映射文档中关于文档顺序是第一位且在映射树中关于广度优先顺序是第一位的有效定义。在映射或映射树中多次定义同一键名并不会导致处理器报错，而且系统会在不发出警告的情况下忽略重复的键定义。

注意：定义多个键的<topicref>元素可能对于其中的某些键是有效定义。系统所忽略的是指向键名定义的重复绑定，而非定义键的整个主题引用。

键定义的范围并不限于其出现的映射文档或包含它的映射文档中的元素层级。键无需在引用前声明。键空间对于整个文档都是有效的，因此键定义以及映射层级中键引用的顺序是无关紧要的，而且在映射树的任意映射中定义的键对于在根映射背景中所处理的所有映射与主题而言都是可用的。

注意：上述规则说明，映射树中层级较高的键定义比层级较低的键定义的优先级要高，而且引用映射中的键定义比被引用映射中的键定义的优先级要高。这些规则同时说明，整个键空间必须在其中的任意键解析至最终寻址资源前就已经得到了确定。

注意：由于键定义在映射中，因此所有基于键的处理必须在创建有效键空间的根映射背景中实现。

欲将子映射中的键定义包含在键空间之中，则映射树中必须存在一个直接寻址映射利用直接 URI 引用指向该子映射。但是，如果同一子映射被间接引用但没有直接 URI 引用作为备份（使用@keyref 但并无备用的@href 属性值或使用@conkeyref 但并无备用的@conref 属性值），那么系统在构建键空间时将忽略该引用，因此，此子映射中的定义也无法在此时参与键空间的构造。

b．利用键来寻址 DITA 元素。

用户可以通过@keyref 属性，利用键来寻址主题引用、图像引用和导航链接关系（<link>、<xref>及@keyref 属性有赋值但@href 属性无赋值的元素）等资源，还可以利用@conkeyref 属性来寻址内容引用关系等资源。

语法。

对于指向主题、映射与非 DITA 资源的引用，@keyref 的属性值就是键名：keyref="topic-key"。

对于指向主题中非主题元素与映射中非 topicref 元素的引用，@keyref 的属性值由键名、斜线（“/”）以及目标元素的 ID 构成：keyref=”topic-key/some-element-id”。

如果某个元素同时设置了@keyref 与@href 属性，那么@href 的属性值将作为键名未定义时的备用地址（即键名已定义但键引用无法解析至相应资源时的备用地址）。如果某个元素同时设置了@conkeyref 与@conref 属性，那么@conref 的属性值将作为键名未定义时的备用地址（即键名已定义，但键引用无法解析至相应资源时的备用地址）。

示例。

考虑“file.dita”文档中的下述主题：

```
<topic id="topicid">
    <title>Example referenced topic</title>
    <body>
    <p id="para-01">Some content.</p>
    </body>
</topic>
```

其键定义：

```
<map>
    <topicref keys="myexample"
        href="file.dita"
    />
</map>
```

形如“myexample/para-01”的键引用将解析至主题中的<p>元素。在该映射的背景中，键引用等同于下述 URI 引用：file.dita#topicid/para-01。

如果键引用指向某个 topicref 元素，而其中的链接元素将其 format 属性值赋为“ditamap”，那么该键引用将寻址至 topicref 元素本身，此时该引用的行为与主题引用通过 ID 寻址是一样的。特别地，如果某个 topicref 元素中包含指向其他 topicref 元素的键引用并将其 format 属性值赋为“ditamap”，那么它将使用被引用 topicref 元素中的根映射分支。

c．处理键引用。

当键定义通过@href 或@keyref 属性绑定至某个资源，而未将@linking 属性值赋为“none”时，指向该键定义的所有引用将成为指向被绑定资源的导航链接。当键定义并未绑定至某个资源或@linking 的属性值为“none”时，指向该键的引用将不会出现在导航链接中。

如果键定义包含<topicmeta>子元素，那么引用该键的空元素将从定义键的topicref 元素的<topicmeta>子元素中的第一个匹配子元素中提取有效内容。如果不存在任何匹配元素，那么系统将使用<linktext>标签中的内容（如果存在的话）。并不直接匹配或在一般化后仍不匹配键引用内容模型的<linktext>中的元素将被忽略。对于赋有@keyref 属性的<link>标签而言，定义相应键的元素的<shortdesc>标签中的内容将作为<desc>元素中的内容。

如果键定义不包含@href 与@keyre 属性值，那么指向该键的引用将不生成链接，即便这些引用本身包含@href 属性。如果键定义不包含<topicmeta>子元素，那么指向该键的空元素（例如<link keyref="a"/>或<xref keyref="a" href= "fallback.dita"/>）将被移除。

@keyref 属性中所包含的键引用的匹配元素内容属于以下类别之一：

- 对于不支持@href 属性的元素而言（例如 cite、dt、keyword、term、ph、inexterm、index-bases、indextermref 及其专门化等），匹配内容取自<topicmeta>元素中<keywords>元素的<keyword>元素或<item>元素。如果存在多个<keyword>或<term>元素，那么匹配内容取其中的第一个元素。
- 对于除@keyref 或@conkeyref 属性外还设置@href 属性值的元素而言（例如 author、data、data-about、image、link、lq、navref、publisher、source、topicref、xref 及其专门化等），匹配内容将包含定义键的元素在键引用背景中有效的全部内容。在键引用元素中并不直接有效或在一般化后仍不有效的元素则被排除或过滤掉。

对于出现在导航链接中的键引用元素，如果键定义中没有匹配元素，那么系统将调用用于确定<xref>元素中常规链接文字的规则。

如果引用元素中包含带有未定义键的键引用，那么其处理方式将与不存在键引用时是一样的，而@href 的属性值将用于引用。如果@href 也未设置属性值，那么该元素将不出现在导航链接中。如果系统认定空元素为错误的，那么实施过程可能会报错并通过将该键引用元素设置为空元素的方式来从错误中恢复。

对于设置@keyref 属性的主题引用而言，<topicref>元素的有效取值由下述方式确定。

- 绑定至<topicref>元素的有效资源通过解析所有中间键引用而确定。其中每个键引用要么解析至由@href 属性中的 URI 引用直接寻址的资源，要么不解析至任何资源。处理器会对其解析的中间键引用的数目进行限制，但应当至少支持三层键引用。

注意：上述规则适用于所有主题引用，包括定义键的主题引用。因此，在构建键空间之前，系统是无法确定利用@keyref 属性的键定义所绑定的有效资源的。

除@keys、@processing-role 与@id 属性外，上述属性对于定义键的元素以及使用该键的键引用元素是共通的，它们将作为内容引用进行合并，其中也包括对@xml:lang 与@translate 属性的特殊处理。但在合并这些属性时，系统并不会对@locktitle 属性或@lockmeta 属性进行特殊处理。

- 键引用元素与键定义元素中的内容会按照映射之间以及映射与主题之间的元数据合并方法进行合并。在合并元数据内容时，系统将使用@lockmeta 属性。
- 合并后的属性与内容将由一个映射继承至另一映射，或由映射继承至主题，但继承方法由现有的继承规则所确定，而这些继承规则并不受键引用的影响。

d．键示例。

用于定义绑定至某个主题的键的通用 topicref 元素。

```
<map>
    ...
    <topicref keys="apple-definition"
        href="topics/glossary/apple-gloss-en-US.dita"
    />
    ...
</map>
```

在上例中，topicref 元素既扮演了定义键的角色，也会出现在映射的导航结构之中，这意味着主题 apple-gloss-en-US.dita 的处理方式与@keys 属性不存在时是相同的。

利用<topicref>的专门化<keydef>来定义相同的键

```
<map domains="(map mapgroup-d)">
    ...
    <keydef keys="apple-definition"
        href="topics/glossary/apple-gloss-en-US.dita"
    />
    ...
</map>
```

由于<keydef>元素中@processing-role 属性的默认取值为“resource-only”，因此键定义不会出现在映射的导航结构中，而只是用于创建键“apple-definition”与资源之间的绑定关系。

相同键的重复定义：

```
<map domains="(map mapgroup-d)">
    ...
    <keydef keys="load-toner"
        href="topics/tasks/model-1235-load-toner-proc.dita"
    />
    <keydef keys="load-toner"
        href="topics/tasks/model-4545-load-toner-proc.dita"
    />
    ...
</map>
```

在上面代码中，键“load-toner”的各个定义只能按照文档顺序的第一个定义是有效的，因此根映射范围内所有指向该键的引用都将解析至主题model-1235-load- toner-proc.dita，而非 model-4545-load-toner-proc.dita。

不同条件下的重复定义：

```
<map domains="(map mapgroup-d)">
    ...
    <keydef keys="file-chooser-dialog"
        href="topics/ref/file-chooser-osx.dita"
        platform="osx"
    />
    <keydef keys="file-chooser-dialog"
        href="topics/tasks/file-chooser-win7.dita"
        platform="windows7"
    />
    ...
</map>
```

在上述示例中，两个键定义均利用@platform 属性来说明它们适用于不同的操作系统平台。此时，有效的键定义不仅取决于这些定义出现的顺序，还取决于键空间确定时或键解析时@platform 的有效取值究竟是“osx”还是“windows7”。在这种情况下，这两个键定义都可能是有效的，因为它们在不同的条件属性下取值也不相同。注意：如果在确定有效键时@platform 条件并未赋有效值，那么两个定义都将是有效的，因此按照文档顺序的第一个定义将成为有效定义。

如果将 DITA 取值规范中的默认行为定义为“exclude”（排除）而非常规的默认行为“include”（包含），那么上述情况中的两个定义都将是无效的，而键将变为未定义的。用户可以通过在条件键定义后添加无条件键定义的方式来避免这种情况，例如：

```
<map domains="(map mapgroup-d)">
    ...
```

```
    <keydef keys="file-chooser-dialog"
        href="topics/ref/file-chooser-osx.dita"
        platform="osx"
    />
    <keydef keys="file-chooser-dialog"
        href="topics/tasks/file-chooser-win7.dita"
        platform="windows7"
    />
    <keydef keys="file-chooser-dialog"
        href="topics/tasks/file-chooser-generic.dita"
    />
    ...
</map>
```

此时，如果系统显式地将默认行为定义为“exclude”，且 platform 条件无有效值，那么第三个定义将成为有效定义，并将键“file-chooser-dialog”绑定至主题 file-chooser-generic.dita。

基于子映射的重复键定义：

```
Root map:

<map domains="(map mapgroup-d)">
    <keydef keys="toner-specs"
    href="topics/reference/toner-type-a-specs.dita"
    />
    <mapref href="submap-01.ditamap"/>
    <mapref href="submap-02.ditamap"/>
</map>

submap-01.ditamap:

<map domains="(map mapgroup-d)">
    <keydef keys="toner-specs"
    href="topics/reference/toner-type-b-specs.dita"
    />
    <keydef keys="toner-handling"
    href="topics/concepts/toner-type-b-handling.dita"
    />
</map>

submap-02.ditamap:

<map domains="(map mapgroup-d)">
    <keydef keys="toner-specs"
    href="topics/reference/toner-type-c-specs.dita"
```

```
    />
    <keydef keys="toner-handling"
    href="topics/concepts/toner-type-c-handling.dita"
    />
    <keydef keys="toner-disposal"
    href="topics/tasks/toner-type-c-disposal.dita"
    />
</map>
```

本例中的有效键空间为：

键	绑定资源
toner-specs	toner-type-a-specs.dita
toner-handling	toner-type-b-handling.dita
toner-disposal	toner-type-c-disposal.dita

根映射中键“toner-specs”的绑定是有效的，这是因为它是映射树中广度优先遍历时的第一个键；子映射 submap-01.ditamap 中键“toner-handling”的绑定是有效的，这是因为子映射 submap-01 位于 submap-02 之前，因此它在映射树中的位置也更为靠前；键“loner-disposal”的绑定是有效的，这是因为它是映射树中该键的唯一定义。

在键定义中利用元素进行键定义：

```
<map domains="(map mapgroup-d)">
    <keydef keys="product-name">
        <topicmeta>
            <keywords>
                <keyword>Thing-O-Matic</keyword>
            </keywords>
        </topicmeta>
    </keydef>
</map>
```

通常此类键定义由<keyword>元素所使用，主要用于利用键定义中所定义的取值：

```
<topic id="topicid">
    <title>About the <keyword keyref="product-name"/> product</title>
</topic>
```

在常规处理结果中，有效的主题文字将为“About the Thing-O-Matic product”。

利用两个元素且指向某资源的键定义：

```
<map domains="(map mapgroup-d)">
    <keydef keys="yaw-restrictor"
        href="parts/subassem/subassm-9414-C.dita"
```

```
    >
        <topicmeta>
            <keywords>
                <keyword>yaw restrictor assembly</keyword>
            </keywords>
        </topicmeta>
    </keydef>
</map>
```

如果对某个无直接设置内容的<keyword>元素进行了引用，那么常规的处理方式是将关键词的有效内容设为“yaw restrictor assembly”并将关键词链接至主题subassm-9414-C.dita。

重新定向链接或 xref。

第一，作者 1 创建了一个映射，它将键与各个主题相关联。例如<topicref keys="a" href="a1.dita"/>。

第二，作者 1 创建了包含指向 a0.dita 的相关链接的主题 c.dita，但使用了@keyref 属性：<link keyref="a" href="a0.dita"/>。

第三，作者 2 重用了 c.dita，但希望重新定向该链接，因此他使用了包含<topicref keys="a" href="a2.dita"/>的新映射。此时作者 2 在构建 c.dita 中的链接时，它将解析至 a2.dita（当作者 1 构建该链接时，它仍将解析至 a1.dita）。

第四，作者 3 也重用了 c.dita，但希望链接指向某外部资源，因此他创建了指向外部资源的 topicref 来解析该键：

```
<topicref keys="a" href="http://www.a..." scope="external">
    <topicmeta>
        <linktext>This links to A2</linktext>
        <shortdesc>Because it does.</shortdesc>
    </topicmeta>
</topicref>
```

此时作者 3 在构建 c.dita 中的链接时，它将解析至外部的 URI 引用（但这并不影响其他两位作者在进行重用时的解析位置）。

第五，作者 4 不希望使用该链接，因此他显式地创建了一个空 topicref：<topicref keys="a"/>。这样他就可以在不影响其他作者的情况下弃用该链接了。

第六，作者 5 希望将链接转换为纯文本（不含超链接），例如他想将其转换为指向仅用于印刷的杂志文章的引用：

```
<topicref keys="a">
    <topicmeta>
        <linktext>This is just text.</linktext>
    </topicmeta>
</topicref>
```

第七，作者 6 重用了 c.dita，但他并没有在映射中包含定义键“a”的 topicref。此时主题 a0.dita 将用作“备用”相关链接。

重新定位 conref。

第一，作者 1 创建了一个映射，它将键与包含可重用元素的主题相关联：<topicref keys="reuse" href="prodA/reuse.dita"/>。

第二，作者 1 在创建 conref 时使用了键，而非之前的 href，例如：<p conkeyref="reuse/para1"/>。

第三，作者 2 希望重用作者 1 所创建的内容，但希望切换至不同的可重用内容集合。因此作者 2 将键“reuse”关联至其他主题：<topicref keys="reuse" href="prodB/mytopic.dita"/>。在这种情况下，当作者 2 构建相关内容时，<p conkeyref="reuse/para1"/>将解析至 prodB/mytopic.dita 中标识符为 para1 的段落，而作者 1 使用时该键仍然解析至 prodA/reuse.dita 中标识符为“para1”的段落。

由 keywords、terms 及其他元素创建链接。

第一，作者 1 创建了包含术语表条目的映射，并将所有条目均关联至键：<topicref keys="myterm" href="myterm.dita"/>

第二，然后作者 1 利用键创建了指向内容中所出现术语对应的术语表条目的链接：<term keyref="myterm">my term</term>

注意：希望进行内容重用的作者必须在替换主题中创建元素和 ID 的平行集合。主题中的元素和 ID 并未进行重新映射，实际上重新映射的是指向主题容器的指针。

交换变量内容。

第一，作者 1 创建了一个包含会频繁改变的关键词和短语（例如 UI 标记与产品名等）的映射。此时 topicref 并不包含实际的 href，实际上它仅仅包含需要使用的文本：

```
<topicref keys="prodname">
    <topicmeta>
        <linktext>My Product</linktext>
    </topicmeta>
</topicref>
```

然后作者 1 利用键将文本插入空关键词<keyword keyref="prodname"/>之中。

第二，作者 2 重用了这些内容，但希望使用其他产品名，因此它将 prodname 与其他字符串相关联：

```
<topicref keys="prodname">
    <topicmeta>
        <linktext>Another Product</linktext>
    </topicmeta>
</topicref>
```

现在，对于作者 2，关键词将解析至“Another Product”，而对于作者 1，关键词仍解析至“My Product”。

注意： 如果指向空元素的键引用无法解析，那么处理器可能会发出警告，并最终移除该元素。

分割或合并目标。

第一，作者 1 创建了一个映射，其中的大部分分支均属于同一种结构：intro、example 与 reference 等。其中两个分支中的内容寥寥无几，因为目前产品支持的覆盖面很小。由于期望在未来进行更为详细的阐述，作者 1 创建了 4 个指向该容器的键，以便今后添加更多的主题：

```
<topicref keys="blat-overview blat-intro blat-example blat-reference"
  href="blat-overview.dita"/>
```

第二，作者 2 引用了 blat-example，当以后作者 1 将 blat-example 移动至单独的主题时，作者 2 的链接仍将是有效的，无须进行任何的额外工作。

第三，作者 3 也希望重用作者 1 内容中的某些内容，但其写作环境中 blat 是不可用的，其替代品是 foobar。因此作者 3 仅需将有关 blat 的键添加至其 foobar topicref：

```
<topicref keys="blat-overview blat-intro blat-example blat-reference
foobar"
     href="foobar.dita"/>
```

移除链接。

第一，作者 1 创建了用于定义键“overview”的映射：

```
<topicref keys="overview"
    href="blat-overview.dita"/>
```

第二，作者 1 利用 keyref 属性添加了指向主题 productInfo.dita 的链接，并使用 href 作为备份：

```
<link keyref="overview" href="blat-overview.dita"/>
```

第三，作者 2 希望重用 productInfo.dita，但不希望创建指向综述信息的链接，因此作者 2 创建了一个键 overview 的无目标新定义：

```
<topicref keys="overview"/>
```

此时使用 keyref="overview"的链接元素已经被移除了，因为它既无目标也无链接文本。

3）寻址元素总结。

表 A.6 总结了可用于链接或寻址的 DITA 元素。该表格描述了每个元素使用特定寻址机制的方式及原因。

表 A.6　DITA 寻址元素

基础元素类型	介绍与注解
topicref	在@href 或@keyref 被赋值的情况下，创建包含该元素的映射与其他映射、DITA 主题或非 DITA 资源之间的关系。若@processing-role 属性的取值为“resource-only”，则创建对于目标资源的依赖性，但并不出现在导航树中。可能会创建被引用资源与由@collection-type 的属性值所确定的导航层级中的其他资源之间的关系。上述额外关系默认是双向的，可以利用@linking 属性来控制这些额外关系的方向性
reltable	由 topicref 所链接的资源之间创建特定类型的关系（由关系表所定义），其中表格中的每行创建此行所有单元格中由 topicref 所链接的资源之间的单一关系集合。由关系表所定义的关系不会出现在由映射所定义的各种导航结构中
navre	创建映射之间的关系，其中确定被引用映射的导航结构的步骤将被推迟。处理被引用映射与引用映射的过程是相互独立的，而且被引用映射不会对引用映射的键空间产生影响
link	创建包含该元素的主题至其他资源之间的链接。主题中的任意<link>元素均可由关系表所定义的等价链接所替换。同理，由关系表所定义的主题之间的链接也可由所涉及的主题中<link>元素的等价集合所替换
xref	创建由主题的摘要或主体至其他 DITA 元素或非 DITA 元素的导航链接
image	链接至图像并在引用处呈现
object	链接至媒体对象并在引用处呈现
longdescref	链接至图像或对象的详细介绍。可用于替换父图像元素或对象元素中的@longdescref 属性
longquoteref	链接至详细语录源。可替换<lq>中的@href 属性或@keyref 属性，并启用所有的常规链接控制属性
data-about	创建一个或多个<data>元素与 data 所作用的 DITA 元素或非 DITA 元素之间的显式关系
@keyref 取值但@href 未取值的元素	当@keyref 被赋值且键绑定至某个主题、映射或非 DITA 资源时，@keyref 被赋值但@href 无取值的元素将创建指向被引用 DITA 元素或非 DITA 资源的导航链接。若链接元素的内容为空且键定义在<topicref>中有匹配结果的子元素，则创建指向键定义中匹配元素的引用关系。包含<ph>、<cite>、<keyword>与<term>
imagemap（计算机域）	创建由被定义区域至图像的链接。基于 HTML 图像映射功能而建模
author	可链接至以某种方式代表作者的资源，例如自述主题或图像等
data	可链接至以某种方式代表元数据取值的资源
fragref（编程域）	链接至语法定义片段
lq	可链接至语录源

续表

基础元素类型	介绍与注解
publisher	可链接至以某种方式代表出版商的资源，例如出版商网址或出版商介绍主题等
source	可链接至<source>元素所作用的主题源的描述
synnoteref（编程域）	可链接至语法注释
fn	创建脚注中的内容与脚注本身之间的关系，使脚注成为内容的注解

6. 内容包含（conref）

DITA 中的@conref、@conkeyref、@conrefend 及相关属性提供了重用 DITA 主题或映射中内容片段的机制。

- @conref 属性或@conkeyref 属性可将被引用的内容添加至引用元素的相应位置。用户可以通过协同使用相应属性与@conrefend 属性来添加一系列元素内容。
- @conref 属性可与@conaction 属性协同使用，用于将引用元素中的内容添加至被引用元素的相应位置。

将内容添加至引用元素。

在单独使用@conref 属性或@conkeyref 属性时，引用元素对于被引用元素的作用如同占位符，而被引用元素中的内容将在引用元素的相应位置进行渲染。

用户可以通过协同使用@conref 或@conkeyref 属性与@conrefend 属性来设置一系列兄弟元素，使它们在引用元素的相应位置进行渲染。

将内容从引用元素中提取。

@conaction 属性将重用的方向由添加变为提取。用户可以通过协同使用@conref 或@conkeyref 属性与@conaction 属性使内容在被引用元素的相应位置或其前后进行渲染，具体的渲染位置取决于@conaction 属性的取值。

注意：@conaction 属性与@conrefend 属性无法在同一引用元素中使用，因此无法提取一系列元素。

被引用元素的标识符在引用元素的背景中必须是绝对的或可解析的。

DITA 中的@conref 属性可认为是与 XInclude 和 HyTime 取值引用相类似的封装机制。但 DITA 与这些机制的不同之处在于 conref 的有效性在替换时并不作用于当前内容，而是作用于引用与被引用文档类型所约束的潜在内容集合。DITA 将对比所有背景的约束条件，以确保所替换的内容在新背景中仍然是有效的。如果某种重用关系在被重用内容或重用内容的相应规则下无法进行渲染，那么 conref 处理器是不会允许对此类重用关系进行解析的。

在利用 conref 机制添加内容时，如果被引用元素的类型与引用元素的类型相同，且被引用主题或映射实例的域属性中所声明的域列表与引用文档中声明的域列表相同或为后者的子集，那么被引用元素所支持的元素集合将与引用元素所支持的元素集合相同或为后者的子集。对 conref 进行解析的处理器应当支持有效元素的专门化，并且如果引用背景需要，它还应当对被添加的内容片段中的元素进行一般化。

在利用 conref 机制提取内容时，域检查算法的顺序是相反的。此时，被引用文档中的主题或映射的域属性必须与引用文档中声明的域相同或包含后者。同样，对 conref 进行解析的处理器应当支持有效元素的专门化，而且如果引用背景需要，它还应当对被添加的内容片段中的元素进行一般化。

@conref 对内容进行的所有替换操作均在文档的语法处理完毕后进行，但优先于整个主题的风格处理或其他格式或表现形式上的操作。

被引用元素可在编译时或运行时替换引用元素。例如，诸如产品名或安装路径等内容可能因产品不同而各不相同。因此一种有效的做法就是将这些内容与对于多种产品均可重用的主题内容相分离。当此类内容在不同的背景中重用时，不同的资源将以引用元素的形式进行替换。

DITA 文档的片段（例如仅包含单一段落且不包含主题或映射祖先的 XML 文档）无法向 conref 处理器提供用于判断指向它的引用是否有效的足够信息。因此，conref 的属性值必须指定 DITA 主题或 DITA 映射中的被引用元素（或者指向整个主题或映射）。

被解析元素的属性值可根据下述优先级的自引用元素或非引用元素继承而来。

第一，除取值为“-dita-use-conref-target”（此处的 target 意指被引用元素）的属性外，引用元素中的所有属性。

第二，除下述属性外，被引用元素中的所有属性：

- id 属性；
- 引用元素中也同样设置的属性值，除非引用元素中的取值为“-dita-use-conref-target”。

第三，xml:lang 属性需要特殊处理，详情请参考“@xml:lang 属性”部分。

被解析元素包含取值为“-dita-use-conref-target”的属性的唯一情形是被引用元素中包含取值为“-dita-use-conref-target”的属性且引用元素中的相应属性要么没有赋值，要么同样赋值为“-dita-use-conref-target”。如果最终解析的元素包含取值为“-dita-use-conref-target”的属性，那么该元素的处理方式将与相应属性未赋值时相同。

被解析元素中的给定属性值全部来自于引用元素或被引用元素，且引用元素与被引用元素给定属性的取值永不叠加，即使该属性的取值是同一个列表（例如受众类型等）。

如果被引用元素设置了@conref 属性的取值，那么上述规则将递归应用于被解析元素：引用与被引用元素对将作为下一个引用与被引用元素对中的一个元素出现。最终结果将在不进行一般化的情况下保持在最初背景中有效的全部元素，即便这些元素可能在中间背景中变为无效的。例如，假设主题 A 与主题 C 支持强调，但主题 B 并不支持，那么主题 A→主题 B→主题 C 这条内容引用链将保持被引用内容中的所有强调元素。无论实现方式如何，最终结果一定等同于由主题 A 中的原始引用元素开始递归地解析 conref 对。

@conrefend 属性可利用 conref 机制引用一系列元素。@conref 属性将引用系列中的第一个元素，而@conrefend 则指向系列中的最后一个元素。尽管起始与末尾的引用元素必须与引用元素属于同一类型（或其专门化），但所引用系列中间的邻近节点的类型无须相同。

7. 条件处理（分析）

基于属性所进行的分析（又称为条件处理或应用）是指根据具体分类域中的一个或多个取值利用元数据实现过滤、标记、搜索和索引等功能。

DITA 中的若干属性专用于实现单独元素的过滤或标记，这些属性包括@audience、@platform、@product、@otherprops、@props 和@rev（仅用于标记）。这种机制使系统可以创建在处理阶段根据具体的条件集合进行动态配置的主题与映射，实现这种机制的方法就是使用由 DITA 定义的条件处理文件（DITAVAL）。

处理器应当可以利用上述属性实现过滤与标记。尽管元数据元素的名称与这些属性类似，例如<audience>元素等，但处理器无需利用元数据元素来实现条件处理。用户可以对@props 属性进行专门化，以便创建新的属性，而处理器应当可以对@props 属性的专门化进行条件处理。

● 条件处理属性。

对于某个主题或主题引用，受众、平台与产品等元数据可以在主题元素、主题引用元素、主题引言中的元素和 topicmeta 元素中进行表达。尽管使用元数据元素更为耗时，但取值的意义是相同的，而且条件处理属性与元数据元素可以协同使用。例如，引言元素可以完全定义某个主题的受众，然后元数据属性可用于在内容中明确适用于某些受众的内容。

● audience（受众）。

受众属性的取值可用于引用受众元素中对于具体受众的完整描述。要想引用受众属性的相同受众，用户应使用受众元素的受众名。

该属性的取值是以空格为分隔符的取值序列，这些取值可能与受众元素中的取值名匹配，也可能不匹配。

● platform（平台）。

平台指操作系统、硬件或其他环境等。该属性等同于主题元数据中的平台元素。

该属性的取值是以空格为分隔符的取值序列，这些取值可能与引言中平台元素的内容匹配，也可能不匹配。

● product（产品）。

产品或部件名、版本、品牌、内部代码或编号等。该属性等同于主题元数据中的 prodinfor 元素。

该属性的取值是以空格为分隔符的取值序列，这些取值可能与引言中 prodname 元素的取值匹配，也可能不匹配。

● rev。

用于表明修改等级的标识符。例如，如果某个段落在版本 1.1 中进行了变更或添加，那么其 rev 属性可能包含取值“1.1”。

●otherprops。

相关内容的元数据有效取值的总受器。该属性等同于主题元数据中的 othermeta 元素。

该属性的取值是以空格为分隔符的取值序列，这些取值可能与引言中 othermeta 元素的取值匹配，也可能不匹配。

例如，一个简单的 otherprops 取值列表示例为：<codeblock otherprops="java cpp">

● props。

条件处理取值的通用属性。从 DITA 版本 1.1 开始，props 属性支持专门化，从而可以创建新的条件处理属性。

● 使用条件处理属性。

每个属性的取值为零个或多个以空格为分隔符的字符串。例如，你可以利用 product 属性来说明某个元素适用于两种特定产品。源代码示例如下：

```
    <p audience="administrator">Set the configuration options:
        <ul>
            <li product="extendedprod">Set foo to bar</li>
            <li product="basicprod extendedprod">Set your blink rate
</li>
            <li>Do some other stuff</li>
            <li platform="Linux">Do a special thing for Linux</li>
        </ul>
    </p>
```

● 为条件处理属性赋值。

DITAVAL 条件处理文件可以在处理阶段为属性赋值，从而实现用户对对象进行包含、排除或标记的期望目标。

例如，对于由出版社生成的、面向多种受众的基础版产品，用户可以通过定义如下条件处理文件来标记适用于管理员的信息并排除扩展版产品的信息：

```
<val>
    <prop att="audience" val="administrator" action="flag">
        <startflag><alt-text>ADMIN</alt-text></startflag>
    </prop>
    <prop att="product" val="extendedprod" action="exclude"/>
</val>
```

在输出阶段，该段落将被标记，而其中的第一个列表项将被排除（因为它适用于 extendedprod（扩展版产品）），而第二个列表项将被保留（因为它适用于 extendedprod 和 basicprod（基本版产品））。

上述示例的结果如下。

ADMIN Set the configuration options:

■ Set your blink rate

■ Do some other stuff

■ Do a special thing for Linux

● 过滤逻辑。

未在 DITAVAL 文件中定义的条件处理属性取值默认均被赋值为“include”。例如，如果某个段落使用了属性值 audience="novice"，但该取值并未在 DITAVAL 文件中定义，那么该属性会被赋值为“include”。然而，用户可以将 DITAVAL 文件的上述默认行为变更为“exclude”，此时未在 DITAVAL 文件中显式定义的取值将被赋值为“exclude”。DITAVAL 文件还可用于变更某个具体属性的默认行为。例如，它可以将 platform 属性的默认取值声明为“exclude”，而 product 属性的默认取值仍然为“include”。

在确定是否应当包含或排除某个元素时，处理器将对每个属性赋值，然后再对属性集合赋值。

■ 如果某个具体属性的全部取值均为“exclude”，则该属性的取值为“exclude”。

■ 如果元素中的任意属性取值为“exclude”，则该元素将被排除。

例如，如果某个段落适用于三种产品，而出版社决定排除这三种产品，那么处理器应当排除该段落，即便该段落适用于某个未被排除的受众或平台。但如果该段落适用于未被排除的其他产品，则该部分内容与目标输出结果仍然相关，因此应当得以保存。

● 标记逻辑。

在确定是否标记某个元素时，处理器将对每个取值赋值。只要元素的某个属性中存在标记（例如，audience="administrator"），则处理器就会添加标记。如果多个标记适用于同一元素，则处理器将渲染多个标记，通常渲染的顺序与标记的出现顺序相同。

标记可以通过文本（例如使用粗体与带颜色的背景等）或图像实现。如果同一元素既被标记又被过滤（例如，因受众属性值被标记而因产品属性值被过滤），此时该元素将被过滤。

● 相关链接。

条件处理属性。

元数据属性可设置用于确定内容处理方式的性质。特殊的元数据属性可用于满足特定的业务处理需求，例如语法处理和数据挖掘等。

8. 分块

出于写作、发布内容与导航的目的，内容可以按照不同的方式进行分块（划分或合并为新的输出文档）。例如，最好以独立主题集合的形式写作的内容可以以网页的形式发布。映射的创建者可以利用 chunk 属性在处理输出结果时将包含多个主题的文档划分为不同的子文档，或者将多个主题合并为单一的文档。

● 使用示例。

下面是 chunk 属性的潜在使用示例。

嵌入主题的重用。

内容的创建者将某个主题集合创建为单一的文档，而其他用户希望整合文档中的一个嵌入主题。此时该新用户可以在 DITA 映射中引用该嵌入主题，然后利用 chunk 属性来说明该主题应当在其本身所在的文档中生成。

● 将主题集合整合为一个单元。

课程开发者希望在不影响主题重用的前提下从主题集合中创建 SCORM 学习管理系统中的一堂课。如果将课程做成支持引用的单元，那么学习管理系统就可以存储和恢复学生在课程中的进度。课程开发者可以定义 DITA 映射中的主题集合，然后在生成 SCORM 清单前利用 chunk 属性将整个学习模块整合为一个单元。

● 使用 chunk 属性。

在输出阶段中，在利用映射来处理主题集合时，映射的创建者可以利用 chunk 属性来覆盖由处理器所设定的默认分块行为。chunk 属性令映射创建者能够将包含多个主题的文档分割为多个文档，也可以将多个单独的主题合并为单一文档。

分块的具体行为依赖于具体的输出处理器，有些分块输出结果需要特定的输出类型。另外，分块也依赖于具体的实施，有些实施支持特定的分块方法（但并非全部），而有些实施则会在本规范中描述的标准方法之外添加依赖于实施的具体分块方法。

chunk 属性的取值包含一个或多个以空格为分隔符的标识。这些标识可按其目的分为三类：选择主题、设置分块策略和定义 chunk 属性值对于渲染的影响。如果对于同一 topicref 元素应用两个属于同一类别的标识，那么系统将会报错。

选择主题。

这些取值描述了目标文档中哪些部分将被会引用。此类标识仅在所寻址的文档包含多个主题时才生效。如果设置此类标识的元素并非引用任何主题，那么相应的取值将被忽略。系统支持的取值如下。

- select-topic：该标识用于选择在同一文档中无父主题、子孙主题或兄弟主题的单个主题。
- select-document：该标识用于选择目标主题及其在目标文档中的全部父主题、子孙主题以及兄弟主题。
- select-branch：该标识用于选择目标主题及其子孙主题。

分割或合并文档的策略。

下述两个标识可用于设置分块的策略，其中每个标识仅适用于当前的 topicref 及其专门化（除非将其应用于映射元素，此时相应的取值将创建整个映射的分块策略）。

- by-topic：该标识将当前 topicref（或其专门化）的策略设置成为每个所选主题创建单独的输出数据块。
- by-document：该标识将当前 topicref（或其专门化）的策略设置成为被引用主题创建单独的输出数据块。

渲染所选内容。

下述标识可确定 chunk 属性取值对于映射或主题渲染方式的影响。

to-content：该标识用于说明以新内容块的形式渲染所选目标。

- 如果该标识设置于 topicref 或其专门化，那么由该 topicref 所选择的主题及其子孙主题都将以单一内容块的方式进行渲染。
- 如果该标识设置于映射元素，那么该映射所引用的全部主题中的内容均将以单一文档的形式进行渲染。
- 如果该标识设置于包含标题但无任何目标的 topicref 或其专门化，那么所渲染的结果将包含这个仅有标题的主题与 topicref 及其子 topicref（与其专门化）所引用的全部主题。所生成主题的解释地址将由 copy-to 属性所确定。如果 copy-to 属性未赋值或该 topicref 无 aid 属性，那么所生成主题在解释实例中的地址时无须是可预测或一致的。

对于指向 topicref 元素的交叉引用，如果 chunk 属性的取值为“to-content”或无取值，则交叉引用的处理方式与指向目标主题的引用是相同的。如果该引用指向一个无目标的 topicref，则其处理方式与指向仅包含标题的主题的引用是相同的。

- to-navigation：该标识说明应当使用新的导航数据块来渲染当前选定的目标（例如单独的目录或相关链接等）。如果该标识设置于映射元素，则说明该映射应当作为单一的导航数据块进行渲染。如果存在指向仅包含标题但无任何目标的 topicref 的交叉引用，且该 topicref 的 chunk 属性值设为"to-navigation"，则交叉引用的最终处理方式与指向被渲染导航文档的引用是相同的（例如目录中的条目）。

有些标识及标识组合可能并不适用于全部输出类型。如果处理器在输出处理时检测到不支持的标识或标识间发生冲突，那么处理器可能会发出警告或报错。解决此类冲突或错误的方法取决于具体的实施。

chunk 属性无默认取值，而且 chunk 属性不会在容器元素中进行继承，这意味着 topicref 的 chunk 属性值不会继承至其子孙。用户可以通过设定映射元素中 chunk 属性取值的方式来为整个映射添加默认的分块策略，该策略将适用于所有未设定自身分块策略的 topicref。

如果 chunk 属性无任何赋值，则分块行为取决于具体的实施。如果用户不希望出现这种不确定性，那么可以通过设置映射元素 chunk 属性值的方式来为具体的映射设置默认分块行为。

在利用分块创建新文档时，存储目标的名称或标识符应按下述方式确定。

第一，如果整个映射生成单一的数据块（通过在映射元素上设置 to-content 标识），那么名称将为映射名。

第二，如果设置了@copy-to 属性，那么名称将为@copy-to 的属性值。

第三，如果未设置@copy-to 属性而有效的分块策略为 by-topic，那么名称将为主题的@id 属性值。

第四，如果未设置@copy-to 属性而有效的分块策略为 by-document，那么名称将为被引用元素的名称。

示例。

在下文的各个示例中，我们使用后缀名".xxxx"来替换因不同输出格式而变的实际后缀。例如，如果输出格式为 HTML，则实际后缀名可能为".html"。

在下述示例中我们假设下述文件已经存在。

- parent1.dita 和 parent2.dita 等，每个文件均包含 id 为 P1、P2 等的单一主题。
- child1.dita 和 child2.dita 等，每个文件均包含 id 为 C1、C2 等的单一主题。
- grandchild1.dita 和 grandchild2.dita 等，每个文件均包含 id 为 GC1、GC2 等的单一主题。
- nested1.dita 和 nested2.dita 等，每个文件均包含两个主题：id 为 N1、N2 等的父主题以及 id 为 N1a、N2a 等的子主题。
- database.dita，其内容如下：

```
<dita xml:lang="en-us">
    <topic id="X">
```

```
        <title>Topic X</title><body><p>content</p></body>
    </topic>
    <topic id="Y">
        <title>Topic Y</title><body><p>content</p></body>
        <topic id="Y1">
            <title>Topic Y1</title><body><p>content</p></body>
            <topic id="Y1a">
                <title>Topic Y1a</title><body><p>content</p></body>
            </topic>
        </topic>
        <topic id="Y2">
            <title>Topic Y2</title><body><p>content</p></body>
        </topic>
    </topic>
    <topic id="Z">
        <title>Topic Z</title><body><p>content</p></body>
        <topic id="Z1">
            <title>Topic Z1</title><body><p>content</p></body>
        </topic>
    </topic>
</dita>
```

1）下述映射将为整个映射创建单独的输出数据块。

```
<map chunk="to-content">
    <topicref href="parent1.dita">
        <topicref href="child1.dita"/>
        <topicref href="child2.dita"/>
    </topicref>
</map>
```

2）下述映射将对映射中所引用的每个文档中的每个主题创建单独的数据块，结果即为主题 P1.xxxx、N1.xxxx 和 N1a.xxxx。

```
<map chunk="by-topic">
    <topicref href="parent1.dita">
        <topicref href="nested1.dita"/>
    </topicref>
</map>
```

3）下述映射将创建两个数据块，parent1.xxxx 仅包含主题 P1，而 child1.xxxx 则包含主题 C1，其中嵌入有主题 GC1 和 GC2。

```
<map>
    <topicref href="parent1.dita">
        <topicref href="child1.dita" chunk="to-content">
            <topicref href="grandchild1.dita"/>
```

```
            <topicref href="grandchild2.dita"/>
        </topicref>
    </topicref>
</map>
```

4）下述映射将 ditabase.dita 分割为三个数据块。第一个数据块 Y.xxxx 仅包含一个主题 Y，第二个数据块 Y1.xxxx 包含主题 Y1 及其子主题 Y1a，而最后一个数据块 Y2.xxxx 仅包含一个主题 Y2。出于导航的目的，数据块 Y1 与 Y2 仍然嵌入在数据块 Y 中。

```
<map>
    <topicref href="ditabase.dita#Y" copy-to="Y.dita"
            chunk="to-content select-topic">
        <topicref href="ditabase.dita#Y1" copy-to="Y1.dita"
            chunk="to-content select-branch"/>
        <topicref href="ditabase.dita#Y2" copy-to="Y2.dita"
            chunk="to-content select-topic"/>
    </topicref>
</map>
```

5）下述映射将创建一个名为 parent1.xxxx 的输出数据块，其中包含主题 P1，而 P1 中嵌入有主题 Y1，但主题 Y1a 并未嵌入其中。

```
<map chunk="by-document">
    <topicref href="parent1.dita" chunk="to-content">
        <topicref href="ditabase.dita#Y1"
            chunk="select-topic"/>
    </topicref>
</map>
```

6）下述映射将创建一个名为 parent1.xxxx 的输出数据块，其中包含主题 P1，而 P1 中嵌入有主题 Y1，且主题 Y1a 嵌入 Y1 之中。

```
<map chunk="by-document">
    <topicref href="parent1.dita" chunk="to-content">
        <topicref href="ditabase.dita#Y1"
            chunk="select-branch"/>
    </topicref>
</map>
```

7）下述映射将创建一个名为 parent1.xxxx 的输出数据块。主题 P1 是其根主题，而主题 X、Y 和 Z（及其子孙主题）均嵌入主题 P1 之中。

```
<map chunk="by-topic">
    <topicref href="parent1.dita" chunk="to-content">
        <topicref href="ditabase.dita#Y1"
            chunk="select-document"/>
```

```
        </topicref>
    </map>
```

8）下述映射将创建一个名为 parentchunk.xxxx 的输出数据块，而主题 P1 是其根主题。主题 N1 将嵌入 P1，但 N1a 不嵌入 N1。

```
    <map chunk="by-document">
        <topicref  href="parent1.dita"  chunk="to-content"  copy-to=
"parentchunk.dita">
            <topicref href="nested1.dita" chunk="select-branch"/>
        </topicref>
    </map>
```

9）下述映射将创建两个输出数据块。第一个名为 parentchunk.xxxx 的数据块将包含主题 P1、C1、C2 与 GC3。由于指向 child2.dita 的引用中设置有“to-content”标识，因此相应的分支将创建一个名为 child2chunk.xxxx 的新数据块，它包含主题 C2 与 GC2。

```
    <map chunk="by-document">
        <topicref href="parent1.dita"
                chunk="to-content" copy-to="parentchunk.dita">
        <topicref href="child1.dita" chunk="select-branch"/>
        <topicref href="child2.dita"
                chunk="to-content select-branch"
                copy-to="child2chunk.dita">
            <topicref href="grandchild2.dita"/>
        </topicref>
        <topicref href="child3.dita">
        <topicref href="grandchild3.dita"
                chunk="select-branch"/>
            </topicref>
        </topicref>
    </map>
```

10）下述映射将创建一个名为 nestedchunk.xxxx 的数据块，它包含主题 N1 且无任何主题嵌入 N1 其中。

```
    <map>
        <topicref href="nested1.dita#N1"
            copy-to="nestedchunk.dita"
            chunk="to-content select-topic"/>
    </map>
```

11）下述映射将创建两个导航数据块，其中第一个数据块用于主题 P1、主题 C1 以及嵌入 parent1.dita 的其他主题引用，而第二个数据块用于主题 P2、主题 C2 以及嵌入 parent2.dita 的其他主题引用。

```
<map>
    <topicref href="parent1.dita"
            navtitle="How to set up a web server"
            chunk="to-navigation">
        <topicref href="child1.dita"
                chunk="select-branch"/>
        <!-- ... -->
    </topicref>
    <topicref href="parent2.dita"
            navtitle="How to ensure database security"
            chunk="to-navigation">
        <topicref href="child2.dita"
                chunk="select-branch"/>
        <!-- ... -->
    </topicref>
    <!-- ... -->
</map>
```

取决于具体实施的标识与未来的考虑。

DITA 标准在未来可能会添加更多的数据块标识。另外，具体的实施可能会自定义相应的标识。为了避免各种实施之间的命名冲突或未来添加到标准中的名称与现有名称发生冲突，因此，与具体实施有关的标识应当包含一个前缀（用于表明具体实施的名称或简写）、冒号以及分块方法名。例如，Acme DITA 工具包中用于表明“level2”分块方法的标识可取名为“acme:level2”。

9. 印刷

默认大部分元素中的内容都会包含在各种输出媒体之中。DITA 映射可以避免元素内容出现在面向印刷的媒介，或避免其出现在诸如 HTML 等非面向印刷的媒介。而使用其他与导航有关的属性同样可以影响是否生成印刷输出结果或其他格式的输出结果。

作者可以设置是否将 DITA 映射中所引用的单个主题或主题集合包含在 PDF 等面向印刷的输出结果。DITA 映射中的每个映射（或其专门化）与 topicref（或其专门化）均支持@toc、@processing-role 和@print 属性。而@print 属性支持表 A.7 中的枚举取值，其中每个取值均控制面向印刷的处理器包含或排除主题或主题集合的方式。

表 A.7 @print 属性支持的枚举取值

@print 属性值	面向印刷的处理方式	非面向印刷的处理方式
无取值（默认） 示例： <topicref href="foo.dita">	映射元素中引用的主题将包含在输出结果之中	映射元素中引用的主题将包含在输出结果之中

续表

@print 属性值	面向印刷的处理方式	非面向印刷的处理方式
yes 示例： <topicref href="foo.dita" print="yes">	映射元素中引用的主题将包含在输出结果之中	映射元素中引用的主题将包含在输出结果之中
printonly 示例： <topicref href="foo.dita" print= "printonly">	映射元素中引用的主题将包含在输出结果之中	映射元素中引用的主题将排除在输出结果之外
no 示例： <topicref href="foo.dita" print="no">	映射元素中引用的主题将排除在输出结果之外	映射元素中引用的主题将包含在输出结果之中
-dita-use-conref-target 示例： <topicref conref="#footopic" print= "-dita-useconref- target">	映射元素中引用的主题会将被引用映射元素中的@print 取值赋于@print 属性	映射元素中引用的主题会将被引用映射元素中的@print 取值赋于@print 属性

注意：如果映射元素并未显式地为@print 属性赋值，但某个引用该映射元素的映射为其进行了赋值，那么@print 的属性值将继承至被引用元素。如果引用映射中并未为@print 属性赋值，那么其默认取值为“yes”。

用户可以通过令@print="printonly"的方式来将内容频繁改变的主题限定于十分依赖上下文或故事线索很明确的面向印刷的输出结果之中。

如果希望将某个被引用主题排除在所有输出格式之外，那么用户应将@processing-role 属性的取值设定为“resource-only”（而非使用@print 属性）。这样主题中的内容还可以在其他位置以被引用的形式出现。

10. 翻译与本地化

DITA 中的若干特性有利于内容的翻译与多语言的协同工作，例如@xml:lang 属性与@translate 属性就提供了此类特性。

1）@xml:lang 属性。

@xml:lang 属性指明了元素内容的语言（及位置，可选）。只要对@xml:lang 属性赋值，那么其取值将适用于元素中的全部属性与内容，除相应内容中其他元素所设置的@xml:lang 属性值覆盖该取值。如果映射或最高层级主题中的文档（最外层）元素中的@xml:lang 属性无赋值，那么处理器会假定其取默认值。处理器的默认取值可能是固定的，也可能是可配置的，还可能是由内容本身所确定（例如由主映射文件中的@xml:lang 属性所确定）。由于处理器的默认取值可能是固定的，因此我们强烈建议在每个映射与最高层级的主题中为@xml:lang 属性赋值。

XML 推荐中描述了@xml:lang 属性（链接：*http://www.w3.org/TR/REC-xml/#sec-langtag*）。注意，@xml:lang 属性的推荐风格是用小写字母表示语言、用大写字母表示位置，中间以连字符分隔，例如 en-US 或 sp-SP。

应用于主题的若干建议。

仅涉及一种语言的 DITA 文档应将包含内容的最高层级元素中的@xml:lang 属性设置为文档所使用的语言（及位置，可选）。

如果 DITA 文档涉及多种语言，则应将最高层级元素中的@xml:lang 属性设置为文档所使用的主要语言（及位置，可选）。如果文档的某个部分以其他语言写作而成，那么作者应当确保为包含该部分内容的元素中的@xml:lang 属性设置适当的取值。处理器将按照@xml:lang 属性中所设置的语言采取相应的处理方式。默认文档语言的覆盖方法适用于使用其他语言的块元素与内联元素。

作者应当显式地设置每个映射与主题中根元素的@xml:lang 属性。如果某个文档设置了@xml:lang 属性，那么 DITA 处理器将使用所赋的属性值来确定文档语言。强烈建议在源语言文档中设置@xml:lang 的属性值，这样有利于翻译过程，因为此时翻译工具（或译者）只需将相应的@xml:lang 属性值变更为对应于目标语言的取值即可。

注意，某些翻译工具支持变更@xml:lang 的现有属性值，但并不支持为正在进行翻译的文档添加新的标识。因此，如果源语言内容的作者并未设置@xml:lang 属性，那么有可能无法或很难在翻译后的文档中添加@xml:lang 属性。

用于映射。

@xml:lang 属性可设置于<map>元素。@xml:lang 属性在映射中的继承行为与其在主题中的行为是相同的。@xml:lang 的属性值不会由一个映射继承至另一个映射或从一个映射继承至一个主题，且映射中所设置的@xml:lang 属性值不会覆盖其他映射或主题中所设置的@xml:lang 属性值。

映射的主要语言应当设置于<map>元素。所设置的语言对所有的子<topicref>元素都是有效的，除非子<topicref>元素为@xml:lang 属性设置了其他取值。

如果本地或父元素并未设置@xml:lang 属性值，那么处理器将使用默认取值。

与@conref 属性或@conkeyref 属性协同使用。

当@conref 属性或@conkeyref 属性用于将一个元素添加至另一元素时，处理器必须使用被引用元素（即包含内容的元素）中@xml:lang 的有效属性值。如果引用元素并未显式地设置@xml:lang 属性值，那么其@xml:lang 的有效属性值将继承于被引用源的@xml:lang 属性值。如果经过上述行为后，@xml:lang 依然无有效取值，那么处理器默认使用未设置@xml:lang 属性值的主题中的相同取值。

下述示例反映了上述行为，其中所涉及笔记的@xml:lang 属性值由设置有@xml:lang 属性值的父<section>元素（id="qqwwee"）获得。在该示例中，@xml:lang

的属性值“fr”将应用于 id 属性值为“mynote”的笔记。

```
    <-- ***************installingAcme.dita******************** -->
    <?xml version="1.0"?>
    <!DOCTYPE topic PUBLIC "-//OASIS//DTD DITA Topic//EN" "topic.dtd">
    <topic xml:lang="en" id="install_acme">
        <title>Installing Acme</title>
        <shortdesc>Step-by-step   details   about   how   to   install
Acme.</shortdesc>
        <body>
            <section>
                <title>Before you begin</title>
                <p>Special notes when installing Acme in France:</p>
                <note       conref="warningsAcme.dita#topic_warnings/
frenchwarnings"></note>
            </section>
        </body>
    </topic>
    </dita>
    ******************************************
    <-- *************** warningsAcme.dita ******************** -->
    <?xml version="1.0"?>
    <!DOCTYPE topic PUBLIC "-//OASIS//DTD DITA Topic//EN" "topic.dtd">
    <topic id="topic_warnings">
        <title>Warnings</title>
        <body>
            <section id="qqwwee" xml:lang="fr">
                <title>French warnings</title>
                <p>These are our French warnings.</p>
                <note id="frenchwarnings">Note in French!</note>
            </section>
            <section xml:lang="en">
                <title>English warnings</title>
                <p>These are our English warnings.</p>
                <note id="englishwarnings">Note in English!</note>
            </section>
        </body>
    </topic>
    ************************************
```

2）dir 属性。

dir 属性确定了处理器渲染双向文本的具体方向。诸如阿拉伯语、希伯来语、波斯语、乌尔都语与依地语等语言都是由右向左书写的，而数字与嵌入其中的西方语言却是由左向右书写的。同样，包含多种语言的文档也可能含有以两种方向书写的文字片段。dir 属性就确定了这种文字应当以一种怎样的方式进行渲染。

双向文字的处理方式由下述几个因素决定。

- @xml:lang 属性可用于鉴别需要双向渲染的文字。Unicode 双向算法提供了在混合文字中正确发现西方文字内容的途径。
- @dir 属性可与@xml:lang 属性一起设置于根元素。例如，为了能够在网页浏览器中正确地在阿拉伯文字中嵌入英语内容，根元素应当设置 xml:lang="ar"、dir="rtl"。此时，包括标点符号在内的全部文字都能够正确设置。
- 文档中元素的 dir 元素可设置为“ltr”或“rtl”。
- 文档中元素的 dir 元素可设置为“lro”或“rlo”。

对于给定的语言，Unicode 双向算法可以正确的定位标点符号，而渲染则负责正确地显示文本。

文章《设置文字与表格的方向：dir 属性》（*http://www.w3.org/TR/html4/struct/dirlang.html#adef-dir*）解释了 dir 属性与 Unicode 算法的使用方式。这篇文章包含若干将 dir 属性设置为“由左向右”或“由右向左”的示例，但其中并未包含将 dir 属性设置为“lro”或“rlo”的示例，尽管其设置方式可由使用<bdo>元素的示例中推断出来。

请注意，只要混合文本的书写方式适当，它们无须特殊的标记符。Unicode 双向算法本身就足够了。但是，某些渲染系统需要正确显示双向文本的方向，例如对于阿拉伯语。例如，Apache FOP 工具在不使用“由左向右”和“由右向左”的标识符的情况下无法正确渲染阿拉伯语。

建议使用方式。

dir 属性与 xml:lang 属性是确保以正确的顺序渲染表格栏与定义列表<dl>的必要工具。

在一般文本中，通过设定 xml:lang 属性与 dir 属性，Unicode 双向算法可以提供如下多种层次的双向处理方式。

- 要么在最高层级的元素（对主题而言是主题或其导出的兄弟主题，对 ditamaps 而言是映射）通过 xml:lang 属性与 dir 属性显式地设置方向性，要么使用处理器假设的方向性。在使用时，我们建议在主题的最高级元素或映射的文档元素中设置 dir 属性。
- 如果希望在由左至右的文本中嵌入由右至左的文本（或反之），那么基于渲染机制所选择的默认方向可能导致错误的结果，尤其在被嵌入的文本中包含位于其末端的标点符号时。Unicode 将空格与标点符号看作具有中性方向性的对象，并当它们位于具有强方向性的字符（除空格和标点符号外的大部分字符）中间时定义它们的方向。尽管默认方向通常足以确定语言的正确方向性，但有时按默认方向无法正确地对字符进行渲染（例如，希伯来语末尾的问号可能出现在问题的开头而非末尾，或者是括号无法正确渲染）。为了控制这种行为，我们需要将 dir 属性设置为“ltr”或“rtl”，这样就能确保具有中性方向性的字符按照所需的方向进行渲染。“ltr”取值与“rtl”取值仅仅覆盖中性字符（例如空格与标点符号），并不覆盖所有的 Unicode 字符。

注意：与 Unicode 渲染有关的问题可能源自渲染机制，而非源自 XML 标记本身。

- 有时你可能希望覆盖强双向符号的默认方向性，此时可以利用“lro”与“rlo”取值实现该目标，它们将覆盖 Unicode 双向算法。这种覆盖将为元素中的内容添加强制方向，进而使作者能够无视 Unicode 双向算法强制改变方向性。更为温和的“ltr”与“rtl”取值的效果并非如此强烈，它们仅能影响标点符号与所谓的“中性字符”。

对于大部分写作应用而言，“ltr”与“rtl”取值就足够了。只有当使用这些取值无法实现目标效果时，用户才应当使用覆盖取值。

实施的预防措施。

无论是在写作、翻译或出版等哪个阶段，处理 DITA 文档的应用都应当完全支持 Unicode 双向算法，以便正确地为文档中的各种语言实施脚本与设置方向性。

应用应当确保所有的最高层级主题元素与根映射元素都显式地设置了 dir 属性值以及 xml:lang 属性值。

A.2 架构规范：技术内容版本

先前技术内容中文档类型及其专门化的部分隶属于基础 DITA 规范。随着 DITA 1.2 版本的发布，越来越多的专门化添加到 DITA 规范中，因此 DITA 规范将技术内容中文档类型及其专门化作为一个单独的部分进行介绍。

A.2.1 DITA 1.2 版本规范综述：技术内容

本部分介绍技术内容中的 DITA 文档类型及其专门化。

在 DITA 1.2 版本发布之前，技术内容中文档类型及其专门化的部分隶属于基础 DITA 规范。随着 DITA 1.2 版本的发布，DITA 规范将技术内容中文档类型及其专门化作为一个单独的部分进行介绍。这种变化说明越来越多的专门化已添加到 DITA 规范中。

技术内容包中所包含的以及本部分内容所介绍的文档类型及其专门化旨在满足面向技术产品的写作需求，其中概念、任务和引用等信息类型已经为介绍大部分内容奠定了基础。进行技术交流与信息开发的组织可以利用这些信息类型来撰写面向过程的内容，以此来辅助计算机软硬件与机械工业内容的实施与引用。然而，许多撰写政策与程序、多层次报告以及其他商业内容的组织也将概念、任务与引用等信息类型作为其信息模型中不可替代的组成部分。

DITA 1.2 版本技术内容包中包含下述文档类型与具有特定结构的、辅助型专门化与约束：

- 概念文档类型及其结构化专门化；
- 引用文档类型及其结构化专门化；
- 任务文档类型（带严格任务主体约束（Strict Taskbody Constraint）的一般任务）；
- 一般文档类型及其专门化；
- 机械任务文档类型（带机械任务主体约束（Machinery Taskbody Constraint）的一般任务）；
- 术语表条目（glossentry）文档类型及其结构化专门化；
- 术语表集合（glossgroup）文档类型及其结构化专门化；
- 书籍映射文档类型及其结构化专门化。

DITA 技术内容包中包含下述域专门化：

- 编程元素；
- 软件元素；
- 用户界面元素；
- 任务需求元素；
- 可扩展名称与地址语言（Extensible Name and Address Language，简称 xNAL）元素；
- 简写型元素；
- 术语表引用（glossref）元素。

DITA 技术内容包中包含下述约束模块：

- 严格任务主体；
- 严格机械主体。

DITA 技术内容包中的技术内容文档类型外壳程序可利用其他软件包中的信息类型，而其他软件包也可以利用技术内容包中的信息类型。

技术内容包由 technicalContent（技术内容）、machineIndustry（机械工业）以及除基础映射信息类型外的映射文档类型所构成。

A.2.2 技术内容：文档与信息类型

技术内容包含 5 种支持 7 类文档类型的主题专门化，它们是：概念、引用、一般任务、严格任务、机械任务、术语表条目和术语表集合。这些主题类型由基础主题专门化而来，旨在更为详细地描述由面向任务的程序化信息所确定的产品及过程的运作方式。技术内容包也包含映射文档类型。

1）概念。

概念文档与信息类型旨在提供用于辅助执行任务的概念性信息。概念包括术语的扩展定义、背景的描述信息、系统与目标的介绍以及其他有助于用户理解任务执行方式的内容。

2）引用。

引用文档与信息类型旨在将基于事实的信息与概念和任务信息相分离。事实信息可包括规格、参数、部件、命令的表格与列表以及用户希望知道的其他信息。引用信息类型使相关人员可以维护事实信息的准确性与一致性。

3）任务（严格任务）。

任务文档类型旨在提供用于辅助执行任务的过程化信息。任务主题类型整合了 DITA 1.0 版本与 1.1 版本中的严格任务内容模型、新的一般任务（task）信息类型以及严格任务主体约束。这种信息模型提供了更为详细的语法，鼓励作者标记任务中的标准部分，例如先决条件、完成任务所需的各种概念信息、执行过程中各个步骤需要执行的命令、理解各个步骤所需的额外信息、执行任务的结果以及任务示例等。

4）一般任务。

DITA 1.2 版本首次引入一般任务文档与信息类型。这种类型旨在为面向任务的信息提供一种相较于 DITA 1.0 版本与 DITA 1.1 版本更为宽松的任务模型。与严格任务模型相比，有些组织更偏向于使用一般任务模型，它有利于整合之前不符合严格任务主题模型的老旧任务内容。一般任务信息模型是严格任务与机械工业任务文档类型的基础，可用于创建新的文档类型，同时也是创建新的结构化专门化的基础。

但不幸的是，由于历史原因以及出于维护与 DITA 1.0 版本和 1.1 版本兼容性的考虑，各种任务组件的名称可能会引起混淆：

- 一般任务指一般任务文档类型；
- 任务指严格任务文档类型；
- 任务也指一般任务信息类型；
- 任务还指在严格任务、一般任务与机械任务文档类型所使用的一般信息类型中的专门化主题标记。

5）机械任务。

DITA 1.2 版本首次引入机械任务文档类型，它主要是通过整合一般任务信息类型、任务需求域（Task Requirements Domain）以及机械任务主体约束而构建的。与其他任务类型类型类似，这种文档类型旨在提供过程化信息。并且它具备定义明确的结构，可满足开发各种工业设备所需的制造原料的组织的特殊需求，例如卡车、发掘机与汽车等工业产品。机械任务需求域在初步需求（prelreqs）与结束需求（closereqs）部分添加了几种新的描述性元素。

6）术语表条目。

术语表条目（glossentry）文档类型替代了 DITA 1.1 版本中的术语表文档类型。它可用于开发旨在定义条目、首字母缩略词与简写等内容的术语表主题，它还可包含术语信息等。

7）术语表集合。

DITA 1.2 版本首次引入了术语表集合（glossgroup）文档类型，它使作者能够将多个术语表条目整合为一个集合。

1. 概念主题

DITA 概念主题类型使用了概念信息类型。概念主题是由基础主题信息类型专门化而来的，它们包含标准的主题元素，例如简短描述、引言、主体与相关链接等。

1）概念信息类型的意义。

概念可提供有助于读者理解产品、任务、过程或其他概念性与描述性内容的必要信息。概念可以是过程或功能等主要抽象概念的扩展定义。概念信息可用于解释产品的本质与组件，也可用于描述它在一类产品中的地位。概念信息有助于读者将他们的知识与理解关联至他们需要执行的任务，同时概念信息还可提供有关产品、过程或系统的必要信息。

2）概念主题的结构。

概念主题是由基础主题信息类型专门化而来的。DITA 概念主题的最高层级元素是<concept>元素。每个概念主题均包含标准的主题元素，例如简短描述、引言、主体与相关链接等。

<conbody>元素是概念主题的主体元素。与基础主题的主体元素一样，<conbody>支持段落、列表、图表及其他一般元素。它还提供了有助于作者将主题划分为带标题或无标题的部分的两个关键元素，即章节与示例。<conbody>还可利用<bodydiv>与<sectiondiv>元素来实现<conbody>元素的分组，进而实现内容重用。

3）<conbody>元素的局限。

<conbody>元素可以以章节与示例的形式提供不限数目的子结构。但一旦作者决定在<conbody>中添加章节或示例，那么系统仅允许添加额外的章节或示例。章节与示例不支持嵌入，这意味着概念主题仅支持一层子结构。

4）概念主题的主要子结构。

- **<section>。**

概念主题的结构化子结构。章节可用于组织主题中的信息集合。主题中可仅包含兄弟章节的简单列表，但章节不支持嵌入。每个章节都可以包含一个标题（可选）。

● **<example>。**

用于解释或辅助现有主题的示例。<example>元素与<section>元素的内容模型是相同的。

下面是一个概念主题的简单示例。注意，在决定使用示例后将只能继续添加其他示例或章节。

```
    <concept id="concept">
        <title>Bird Songs</title>
    <shortdesc>Bird songs are complex vocalizations used to attract mates
or defend territories.
    <conbody>
        <p>Bird songs vary widely among species, from simple songs that
are genetically imprinted to
    complex songs that are learned over a lifetime.</p>
        <example>
            <p>Flycatchers know their songs from birth:</p>
            <ul>
                <li>Flycatcher songs are simple sequences of notes.</li>
                <li>Flycatcher songs never vary but are unique to each
member of the Flycatcher family.</li>
            </ul>
        </example>
    </conbody>
    </concept>
```

5）模块。

概念主题包含下述 DITA 模块：

● concept.mod, concept.ent (DTD)；

● conceptMod.xsd, conceptGrp.xsd (Schema)。

2. 引用主题

DITA 的引用文档类型使用了引用信息类型。引用主题由基础主题信息类型专门化而来，它们包含标准的主题元素，例如标题、简短描述、引言、主体与相关链接等。

1）引用信息类型的意义。

引用主题旨在提供用于辅助执行任务的数据。引用主题可以提供包含产品规格的列表与表格、部件列表、使用的约束条件以及其他需要查阅的数据等。引用主题还可用于描述话题或产品的成分，例如编程语言的命令或维护工作所需的工具等。

引用主题使读者可以快速查阅各种事实信息。在技术信息中，引用主题常用于列出产品的规格与参数、提供必要的数据以及提供诸如编程语言中的命令等具体信息。引用主题支持各种包含常规内容的话题部分，例如食谱中的配料、参考文献与目录条目等。

2）引用主题的结构。

引用主题的最高层级元素是<reference>元素。

<refbody>是引用主题的主体元素。引用主题将其主体限制为表格（包括简单表格与复杂表格）、性质列表、语法章节与一般的章节与示例等。

<refbody>中的所有元素都是可选的，可以按一定的顺序或编号进行呈现。

3）引用主体的局限。

<refbody>元素可以以章节、示例、语法章节、性质列表与表格的形式提供不限数目的子结构。但一旦作者决定在<rebody>中添加章节、示例、性质列表或语法章节，那么系统仅允许添加额外的章节、示例、性质列表或语法章节。章节、示例和语法章节中支持简单表格与复杂表格，但性质列表与简单或复杂表格章节中不支持表格。章节、示例、语法章节、表格与性质列表均不支持嵌入，这意味着引用主题仅支持一层子结构。

4）引用主体的子结构。

- **<section>**。

引用主题的结构化子结构。章节可用于组织主题中的信息集合。主题中可仅包含兄弟章节的简单列表，但章节不支持嵌入。每个章节都可包含一个可选的标题。

- **<refsyn>**。

包含语法或签名内容(例如计算机调用语法的命令行或 API 签名等)。<refsyn>包含话题的界面或高级结构的简单描述（可能以图表的形式呈现）。

- **<example>**。

提供用于解释或辅助现有主题的示例。<example>元素与<section>元素的内容模型是相同的。

- **<table>**。

以行和列的形式组织信息。表格标记支持更为复杂的结构，例如合并行与列以及表格的标题等。

- **<simpletable>**。

以常规的行与列的形式显示信息，不支持表格标题。

- **<properties>**。

列出话题的性质及其类型、取值与描述。

下面是一个引用主题的简单示例，其中包含<refsyn>元素。

```
<reference id="boldproperty">
<title>Bold property</title>
<shortdesc>(Read-write) Whether to use a bold font for the specified
```

```
text string.</shortdesc>
    <refbody>
        <refsyn>
            <synph>
                <var>object</var><delim>.</delim><kwd>Font</kwd><delim>.
</delim>
                <kwd>Bold</kwd><delim> = </delim><var>trueorfalse</var>
            </synph>
        </refsyn>
        <properties>
            <property>
                <proptype>Data type</proptype>
                <propvalue>Boolean</propvalue>
            </property>
        <property>
            <proptype>Legal values</proptype>
            <propvalue>True (1) or False (0)</propvalue>
        </property>
        </properties>
    </refbody>
    </reference>
```

下面是一个引用主题的简单示例，其中包含<property>元素。

```
    <reference id="oiltypes">
    <title>Oil Types</title>
    <shortdesc>The tables provide the recommended oil types.</shortdesc>
    <refbody>
        <properties>
        <property>
            <prophead>
                <proptypehd>Oil type</proptypehd>
                <propvaluehd>Oil brand</propvaluehd>
                <propdeschd>Appropriate use</propdeschd>
            </prophead>
        <property>
            <proptype>Primary oil</proptype>
            <propvalue>A1X<propvalue>
            <propdesc>Appropriate for one-cylinder engines</propdesc>
        </property>
        <property>
            <proptype>Secondary oil</proptype>
            <propvalue>B2Z</propvalue>
            <propdesc>Appropriate for two-cylinder engines</propdesc>
        </property>
        </properties>
```

```
</refbody>
</reference>
```

5）模块。

引用主题包含下述 DITA 模块：

- reference.mod，reference.ent（DTD）；
- referenceMod.xsd，referenceGrp.xsd（Schema）。

3. 一般任务主题

DITA 1.2 版本首次引入一般任务文档与信息类型。这种类型旨在为面向任务的信息提供一种相较于 DITA 1.0 版本和 DITA 1.1 版本更为宽松的任务模型。与严格任务模型相比，有些组织更偏向于使用一般任务模型，它有利于整合之前不符合严格任务主题模型的老旧任务内容。一般任务信息模型是严格任务与机械工业任务文档类型的基础，可用于创建新的文档类型，同时也是创建新的结构化专门化的基础。

1）一般任务信息类型的意义。

与 DITA 严格任务文档类型相比，一般任务文档与信息类型也包含提供过程化信息的必要构建模块。这两种任务信息类型都通过提供必须完成的需求的步进式指导、必须执行的行动及其顺序来回答“我应当如何？”之类的问题，而且这两种任务类型均包含用于描述背景、先决条件、期望结果以及任务其他方面的部分。

一般任务信息类型旨在整合不属于 DITA 任务信息类型的任务专门化。它还可用于将来自于其他来源的结构松散的任务转化为 DITA 文档，以便进一步地对其进行重构，从而满足更为严格的 DITA 任务模型。

2）一般任务主题的结构。

一般任务主题的最高层级元素是<task>元素。一般任务主题包含标题与带有可选备用标题（titlealts）的任务主体、简短描述或摘要、引言及相关链接等。

下述元素也是一般任务主题的组成部分，其他元素将在严格任务主题中进行介绍。

- **<section>。**

一般任务主题的结构化子结构。章节可用于组织主题中的信息集合。主题中可仅包含兄弟章节的简单列表，但章节不支持嵌入。每个章节都可以包含一个可选的标题。

- **<steps-informal>。**

用于描述无法总结为常规有序步骤的程序化任务信息，例如适用于特定情形下的一般程序集合等。<steps-informal>使用<ol>和<ul>元素，它们比<step>元素在定义上较为宽松。在处理老旧内容时，将有序列表转化为<ol>元素比转化为<step>元素更为简便。

一般任务与严格任务的对比。

表 A.8 比较了一般任务与严格任务的结构。

A.8 一般任务与严格任务的结构

一般任务主体	严格任务主体约束
先决条件（可选，顺序与编号任意）	先决条件（可选，仅包含一个，必须在背景之前）
背景（可选，顺序与编号任意）	背景（可选，仅包含一个，必须在先决条件之后）
章节（可选，顺序与编号任意）	严格任务主体中无定义
步骤	步骤
无序步骤	无序步骤
非正式步骤	严格任务主体中无定义
结果（可选，顺序与编号任意）	结果（可选，仅包含一个，必须在示例之前）
示例（可选，顺序与编号任意）	示例（可选，仅包含一个，必须在结束需求之前）
结束需求（可选，编号任意）	结束需求（可选，仅包含一个）

3）模块。

任务主题包含下述 DITA 模块：

- task.mod，task.ent（DTD）；
- taskMod.xsd，taskGrp.xsd（Schema）。

4. 严格任务主题

严格任务文档类型支持以完成程序为目的的指导开发。严格任务文档类型通过整合一般任务信息类型与严格任务主体约束而构建。在升级至 DITA 1.2 版本时，请查看下述内容以确保使用正确的严格任务文档类型。

1）标准任务信息类型的意义。

任务是提供过程化信息的必要构建模块。任务信息类型通过提供必须完成的需求的步进式指导、必须执行的行动及其顺序来回答“我应当如何？”之类的问题。任务主体包含用于描述背景、先决条件、期望结果以及任务其他方面的章节。

2）任务主题的结构。

严格任务主题的最高层级元素是<task>元素。严格任务文档类型包含标题与带有可选备用标题（titlealts）的任务主体、简短描述或摘要、引言与相关链接等。

<taskbody>元素是严格任务文档类型的主体元素。严格任务主体包含约束结构，以及按照下述顺序排列的可选元素。

- **<prereq>**。

描述了任务开始前用户需要知道的信息或需要进行的准备。该部分内容只能出现一次。

- **<context>**。

提供了任务的背景信息。该部分内容有助于用户理解任务的目的以及他们正确完成任务后的结果。这部分应当内容紧凑，不能替代或重复相同话题中的概念主题，但背景部分也可包含适当的概念性信息。该部分内容只能出现一次。

- **<steps>**。

任务主题的主要内容。任务包含完成任务所需的一系列步骤。<steps>元素必须包含一个或多个<step>元素，后者可用于介绍任务中的具体步骤。<steps>元素只能出现一次。

<step>元素是用户完成任务时必须遵循的动作。任务中的每个步骤必须包含一个<cmd>命令元素，后者可用于介绍用户为了完成整个任务必须遵循的某个特定动作。<step>元素还可包含<info>信息元素、<substeps>子步骤元素、<tutorialinfo>教程信息元素、<stepxmp>步骤示例元素、<choices>选择元素或<stepresult>步骤结果元素，但这些元素都是可选的。

- **<steps-unordered>**。

任务主题的可选内容，用于介绍无须按照具体顺序执行的过程步骤或命令集合。

- **<result>**。

完成整个任务的期望结果。

- **<example>**。

用于说明或辅助主题的示例。

- **<postreq>**。

用于介绍用户在完成当前任务后需要进行的步骤或任务。通常该部分包含指向下一任务的链接或<related-links>部分的任务。

下面是一个任务主题示例：

```
    <task id="birdhousebuilding">
            <title>Building a bird house</title>
            <shortdesc>Building a birdhouse is a perfect activity
            for adults to share with their children or grandchildren.
            It can be used to teach about birds, as well as the proper
use of tools.
            </shortdesc>
        <taskbody>
            <context>Birdhouses provide safe locations for birds to build
nests and raise their young. They
    also provide shelter during cold and rainy spells.</context>
            <prereq>To build a sound birdhouse, you will need a complete
set of tools:
            <ul><li>hand saw</li>
                <li>hammer ... </li>
```

```
            </ul></prereq>
        <steps>
            <step><cmd>Lay out the dimensions for the birdhouse
elements.</cmd></step>
            <step><cmd>Cut the elements to size.</cmd></step>
            <step><cmd>Drill a 1 1/2" diameter hole for the bird entrance
on the front.</cmd>
                <info>You need to look at the drawing for the correct
placement of the
                    hole.</info></step>
            ...
        </steps>
        <result>You now have a beautiful new birdhouse!</result>
        <postreq>Now find a good place to mount it.</postreq>
    </taskbody>
    </task>
```

3）模块。

任务主题包含下述 DITA 模块：

- task.mod. task.ent，strictTaskbody constraint（DTD）;
- taskMod.xsd，taskGrp.xsd，strictTaskbodyConstraintMod.xsd（Schema）。

5. 机械任务主题

机械任务文档类型可用于开发旨在完成各个步骤的指导内容，它是通过整合一般任务信息类型与机械任务主体约束而构建的。

1）机械任务信息类型的意义。

与严格任务主题类似，机械任务旨在提供过程化信息，它包含定义明确的语法结构，可用于描述实现具体目标所需的步骤。相较于严格任务信息类型，机械任务信息类型在 prelreqs 部分中包含一些额外的描述性元素，可用于添加执行任务所需的先决条件。机械任务主题是利用 DITA 约束机制与元素专门化所开发的。机械任务是提供与机械、机械设备、装配与仪器等有关的过程化信息的必要构建模块。机械任务信息类型通过提供必须完成的需求的步进式指导、必须执行的行动及其顺序来回答“我应当如何？”之类的问题。机械主题任务包含用于描述背景、先决条件、期望结果、示例、结束需求及任务等其他方面的内容。

2）机械任务主题的结构。

与严格任务主题类似，机械任务主题的最高层级元素是<task>元素。机械任务文档类型包含标题与带有可选备用标题（titlealts）的任务主体、简短描述或摘要、引言与相关链接等。

机械任务主题的主体元素是<taskbody>元素。机械任务主体的结构十分特殊，按照如下顺序包含：（<prelreqs>或<context>或<section>）、<steps>、<result>、

<example>与<closereqs>，其中每个主体部分都是可选的。

机械任务包含两种特殊元素集合：<prelreqs>与<closereqs>，其他元素集合与一般任务模型是相同的。

● **<prelreqs>。**

任务的预先需求部分，用于描述用户在开始进行任务之前需要知道的信息或需要进行的准备。<prelreqs>元素与一般任务模型中的先决条件部分是类似的，但<prelreqs>元素包含描述性更强的内容模型。<prelreqs>元素包括所需条件、所需人员、所需设备、供给、备件与安全信息等。

● **<closereqs>。**

结束需求部分用于描述顺利完成当前任务后必须要符合的条件。通常该部分包含指向下一任务的链接或<related-links>部分的任务。<closereqs>元素包含所需条件<reqconds>元素。

3）模块。

机械任务主题包含下述 DITA 模块：

- machineryTask.dtd（DTD），machineryTaskbodyConstraint.mod；
- machineryTask.xsd，machineryTaskbodyConstraintMod.xsd，machineryTaskbodyConstraintIntMod.xsd（Schema）。

6. 术语表条目主题

每个术语表条目<glossentry>主题均定义了某个术语的一种含义。除了解释与定义术语外，主题还包含基本的术语信息，例如词性等。术语表条目主题还可包含首字母缩写及其全称。作者或处理器可以通过收集术语表条目主题，为不同的输出结果创建术语表条目，例如书籍、网站或其他项目等。

1）术语表条目主题的意义。

定义术语表中的术语可以保证写作团队对于相同的概念使用相同的术语。将术语表等内容添加到书籍或在线内容，可以为读者提供陌生术语的定义以及首字母缩写的全称。

2）术语表条目主题的结构。

DITA 术语表条目元素的最高层级元素是<glossentry>元素。每个术语表条目主题均包含<glossterm>与<glossdef>元素，以及可选的<related-links>元素。

如果某个术语包含多重含义，那么作者应当在<glossterm>元素中为同一个术语创建多个术语表条目主题，并在<glossdef>元素中创建不同的定义。在生成输出结果时，处理器可以整理各种术语表条目主题并对其分组。注意，一种语言中同一术语的定义在其他语言中可能对应于多个术语，因此翻译可能导致相同的术语表条目主题集合生成不同的整理结果与分组结果。

下面是一个术语表条目主题的简单示例：

```
<glossentry id="ddl">
    <glossterm>Data Definition Language</glossterm>
    <glossdef>A language used for defining database schemas.
</glossdef>
</glossentry>
```

欲创建术语表，作者可以通过下述方式对多个词条进行分组：

- 使用术语表分组文档类型在单一文档中进行写作；
- 使用 ditabase 文档类型在容器主题下的单一文档中写作；
- 从映射中引用术语表条目主题；
- 调用自动化过程。

例如，自动化过程会根据<term>标记从特定主题集合中收集术语表条目主题。

3）术语表条目主题中定义的首字母缩略词。

术语表条目可用于提供在线文本中首字母缩略词的全称，这有助于将首字母缩略词翻译成多种语言。术语表条目的首字母缩略词元素包括：

- <glossterm>，用于输入首字母缩略词所代表的全文；
- <glossSurfaceForm>，用于提供每种语言中首字母缩略词及其全文的对应渲染结果；
- <glossAcronym>，用于提供首字母缩略词的文本。

下面是术语表条目主题中首字母缩略词的一个示例：

```
<glossentry id="wmd" xml:lang="en">
    <glossterm>Weapons of Mass Destruction</glossterm>
    <glossBody>
        <glossSurfaceForm>Weapons of Mass Destruction (WMD)
</glossSurfaceForm>
        <glossAlt>
            <glossAcronym>WMD</glossAcronym>
        </glossAlt>
    </glossBody>
</glossentry>
```

下面是如何将术语表条目主题翻译为西班牙语：

```
<glossentry id="wmd" xml:lang="es">
    <glossterm>armas de destrucción masiva</glossterm>
    <glossBody>
        <glossSurfaceForm></glossSurfaceForm>
        <glossAlt>
            <glossAcronym></glossAcronym>
    </glossAlt>
</glossBody>
```

注意：由于在西班牙语中，该术语没有首字母缩略词，因此<glossSurfaceForm>与<glossAcronym>元素均为空。

在有些语言中，首字母缩略词的全称在第一次出现时的格式与英语是不同的。例如，在波兰语中首字母缩略词位于全称之前。

```
<glossentry id="eu" xml:lang="pl">
    <glossterm>Unia Europejska</glossterm>
    <glossBody>
        <glossSurfaceForm>UE (Unia Europejska)</glossSurfaceForm>
        <glossAlt>
            <glossAcronym>UE</glossAcronym>
        </glossAlt>
    </glossBody>
</glossentry>
```

欲了解如何在各种语言中正确地使用首字母缩略词的全称，请参考由“DITA 翻译子委员会”编制的“管理首字母缩略词与简写的 DITA 最佳实践（Best Practice for Managing Acronyms and Abbreviations in DITA）”。*http://www.oasis-open.org/committees/download.php/29734/AcronymBestPractice_08112008.doc*

4）模块。

术语表条目主题包含下述 DITA 模块：

● glossentry.dtd，glossentry.ent，glossentry.mod（DTD）；

● glossentryMod.xsd，glossentryGrp.xsd（Schema）。

注意：The glossary.dtd、glossary.ent 和 glossary.mod 是文件 glossentry.dtd.、glossentry.ent 和 glossentry.mod 的废弃版本。DITA 1.2 版本保留这些废弃文件的原因是为了维护与 DITA 1.0 版本和 1.1 版本的兼容性。

7. 术语表集合主题

术语表集合主题<glossgroup>可用于将多个术语表条目主题整合成一个集合文件。

术语表集合主题使作者能够将一个或多个术语表条目主题整合成一个集合文件，而不是在单独的文件中处理每个术语表条目主题。术语表集合主题是概念主题的专门化。

1）模块

术语表集合主题包含下述 DITA 模块：

● glossgroup.dtd，glossgroup.ent，glossgroup.mod（DTD）；

● glossgroup.xsd，（Schema）。

8. 书籍映射

DITA 中的书籍映射专门化反映了利用面向书籍的出版流程来管理 DITA 内容的关键需求，它包括书籍元数据与用于组织相关内容的书籍结构等。

1）书籍映射专门化的意义。

书籍等印刷媒体是呈现 DITA 内容的主流方式。通过将一般的 DITA 映射结构专门化至大部分面向书籍的 DTD 所使用的一般结构与话题范围，书籍映射使用户可以将 DITA 信息组织为扉页、部分与章等结构。丰富的元数据集合也可用于记录书籍的有关信息，例如作者、版权人、版本与出版历史等。

2）书籍映射专门化的结构。

DITA 书籍映射的最高层级元素是<bookmap>元素。书籍映射的大部分内容都是可选的，这样可以通过专门化进一步限制书籍映射的模型。

书籍映射支持下述部件：

- 初始标题或书籍标题（书籍标题的语法更多）；
- 书籍元数据（出版商、作者、版权人及日期等）；
- 扉页（目录及其他初步信息）；
- 任意数量的章或部分（部分是章的集合，而章是主题的集合）；
- 附录部分（与部分或章类似，可以包含多个附录）；
- 附属资料（与扉页类似，包含通知、术语表及索引等）；
- 关系表。

在常见的面向书籍的 DTD 或 schema 中，作者管理主要内容结构的常用方式是将其与书籍的主题相分离而作为外部实体存在，然后通过引用将其嵌入至整体结构之中。书籍映射遵循相同的组织方式，以 DITA 映射中基于 topicref 的结构作为书籍中主要组成部分的原型。

下面是一个书籍映射的简单示例，它利用下述多种机制来包含各章中的内容：

- 引用 DITA 映射；
- 引用 DITA 主题；
- 嵌入<topicref>元素。

```
<bookmap id="taskbook">
    <booktitle>
        <mainbooktitle>Product tasks</mainbooktitle>
        <booktitlealt>Tasks and what they do</booktitlealt>
    </booktitle>
    <bookmeta>
        <author>John Doe</author>
        <bookrights>
            <copyrfirst>
```

```
                <year>2006</year>
            </copyrfirst>
            <bookowner>
                <person href="task_preface.dita>Jane Doe</person>
            </bookowner>
        </bookrights>
    </bookmeta>
    <frontmatter>
        <preface/>
    </frontmatter>
    <chapter format="ditamap" href="installing.ditamap"/>
    <chapter href="configuring.dita"/>
    <chapter href="maintaining.dita">
        <topicref href="maintainstorage.dita"/>
        <topicref href="maintainserver.dita"/>
        <topicref href="maintaindatabase.dita"/>
    </chapter>
    <appendix href="task_appendix.dita"/>
</bookmap>
```

3）模块。

书籍映射专门化包含下述 DITA 模块：

- bookmap.dtd，bookmap.ent，bookmap.mod（DTD）；
- bookmap.xsd，bookmapGrp.xsd，bookmapMod.xsd（Schema）。

A.2.3 主题域：技术内容

DITA 域定义了与特定话题范围或写作要求有关的元素集合。DITA 将多个域整合至技术内容专门化，而其他域则属于基础 DITA 域。

域中的元素在域模块中定义，而域模块可以通过与主题类型整合的方式使域中的元素在相应的主题类型结构中可用。目前技术内容专门化提供表 A.9 中的技术内容域。

DITA 包含专用于写作技术内容的域专门化。DITA 标记可用于描述与基础 DITA 内容有关的印刷、计算机与索引域。

表 A.9 技术内容域

域	描　述	简　称	域　名
编程	用于描述编程方式及编程语言	pr-d	programmingDomain.mod (DTD) programmingDomain.ent programmingDomain.xsd (Schema)
软件	用于描述软件	sw-d	softwareDomain.mod (DTD) softwareDomain.ent softwareDomain.xsd (Schema)

续表

域	描　述	简　称	域　名
用户界面	用于描述用户界面中的元素	ui-d	uiDomain.mod (DTD) uiDomain.ent uiDomain.xsd (Schema)
危险警告	用于提供与危险有关的详细信息	hazard-d	hazardstatementDomain.mod (DTD) hazardstatementDomain.ent hazardstatementDomain.xsd (Schema)
简称	用于关联文字引用与术语表条目主题。是<term>的专门化，用于提供<abbreviated-form>元素	abbrev-d	abbreviateDomain.mod (DTD) abbreviateDomain.ent abbreviateDomain.xsd (Schema)
术语表引用	用于关联术语及其术语表主题	glossref-d	glossrefDomain.mod (DTD) glossrefDomain.ent glossrefDomain.xsd (Schema)

与所有域专门化相同，技术内容域专门化可包含在技术内容部分之外的 DITA 文档类型中。除表 A.9 所列的域专门化外，技术内容部分的 DITA 文档类型还可充分利用其他各种域专门化。

“DITA 1.2 语言参考”中的域元素部分介绍了具体域专门化所包含的元素和属性。

A.3　DITA 版本更新信息

本部分内容包含若干非标准信息，主要是 DITA 1.2 版本的新特性与如何由 DITA 1.1 版本转换至 DITA 1.2 版本。

A.3.1　DITA 由 1.1 版本至 1.2 版本的改变

DITA 1.2 版本添加了若干新特性，包括利用由映射定义的键实现间接寻址、为 DITA 文档类型定义内容模型约束、学习内容与机械工业方面的专门化、分类与可控词汇集等。其他改进包括用于术语表和术语的扩展标记等。

1）新特性。

下述特性是 DITA 1.2 版本中首次引入的。

- 键与键引用。请参考“基于键进行寻址”。
- 约束模块。约束模块可以在不进行专门化的情况下进一步约束基础内容模型。例如，约束模块可以将可选元素变为必需元素，或在某个具体内容模型中禁用可选元素。

- 用于学习和培训信息的主题与映射专门化，包括交互式评估等。
- 与术语表条目主题协同使用的新元素，它们有助于对术语及首字母缩略词定义等内容进行更为详细的描述。
- 用于定义可控词汇集合与分类的新映射专门化。
- 新的机械工业任务专门化。请参考“机械任务主题”。

2）新元素类型。

下述元素类型是 DITA 1.2 版本中首次引入的。

- **<text>。**

适用于支持文本但不支持<ph>元素与<keyword>元素的大部分背景，使绝大部分背景中的文本均可以重用。

- **<bodydiv>。**

用于创建主题主体内的无标题容器。主要用于专门化。

- **<sectiondiv>。**

用于创建章节中的无标题容器。主要用于专门化。

- **<keydef>。**

用于定义键的 topicref 专门化。其中@processing-role 属性的默认值为“resource-only”。

- **<mapref>。**

用于引用 DITA 映射的 topicref 专门化。其中@format 属性的默认值为“ditamap”。

- **<topicset>。**

用于定义表示一个单位可用导航结构的 topicref 集合，需要设置@id 属性。

- **<topicsetref>。**

用于引用<topicset>元素。可保持被引用 topicset 的一致性。

- **<anchor>。**

用于定义映射中的一个点，以便 topicref 利用<anchorref>元素绑定至该点。

- **<anchorref>。**

将一个或多个 topicref 添加至由<anchor>元素定义的锚。与 conref 的添加方式类似，但允许渲染器对关系进行动态管理。

3）映射方面的改进。

- 映射元素可以在 title 属性处使用<title>元素。
- 关系表元素可以以<title>为第一个可选子元素。
- topicref 元素可以在 navtitle 属性处使用<navtitle>元素。
- 现在映射与 topicref 包含的元数据元素与主题引言是相同的。
- 添加了名为 processing-role 的新 topicref 属性，它可用于设置某个主题引用是否会出现于包含映射的导航结构之中。

4）内容引用方面的改进。

- 现在内容引用可指向一系列元素。例如，<step>元素中的单个内容引用可包含<step>元素序列。
- 内容引用可以将元素添加至目标背景之中，从而实现了由其他主题向给定主题的单边增加。例如，给定一个包含一般内容的基础主题，使用它的映射可以包含一般主题以及一个单独主题，后者可利用 conref 将与具体映射有关的内容添加至一般主题。
- 内容引用的解析步骤可推迟至渲染过程，或者彻底推迟以便其他独立的发布机制（例如 Eclipse 信息中心等）可对其进行处理。

5）主题元素方面的改进。

- 基础任务主题类型的内容模型更为宽松。这使用户可以创建更为广泛的专门化任务，例如每个步骤均不包含形式化标记的任务专门化等。由 OASIS 定义的任务外壳程序文档类型整合了约束模块，后者添加了与 DITA 1.1 版本中任务主题类型相同的约束内容模型。
- 包括<ph>、<keyword>与<term>等内容元素支持新的@keyref 属性。在使用@keyref 属性时，这些元素可以自定义键的<topicref>元素中提取有效内容，也可以作为指向由定义键的<topicref>元素所确定的资源的导航链接。例如，术语元素可以使用@keyref 链接至该术语对应的术语表条目主题。
- <image>元素添加了新的@scalefit 属性，用于指明是否根据展示背景对图像进行缩放。
- 现在大部分背景均支持<draft-comment>元素。
- <figgroup>元素现在支持以<data>作为子元素。

6）专门化方面的改进。

- 现在域属性包含结构化模块和域词汇模块。结构化模块依赖于域中的元素并可对其进行专门化。例如，特定编程语言中引用主题的结构化域可能依赖于编程域（Programming domian，简记作 pr-d），而且它将专门化该域中的相应元素。
- 信息架构师可以对给定的词汇模型进行设置，以确定对内容引用约束实施严格检查还是弱检查。
- 词汇模块的实施方式得到了改进。特别地，现在每种元素类型均定义了一个对应于其内容模型与属性列表的单独参数实体，进而用户可以利用约束模块对内容模型与属性列表中的每个元素进行配置。

7）其他改进。

- 现在<dita>元素支持@DITAArchVersion 属性。

- 明确了若干 DITA 1.1 版本中未予以明确的处理细节。
- 大部分在 DITA 1.1 版本中支持枚举取值的属性现在均变为非枚举类型，从而支持定义各种枚举的专门化。

A.3.2 DITA 由 1.0 版本至 1.1 版本的改变

DITA 1.1 版本的规范旨在兼容符合 DITA 1.0 版本规范的各种应用。

下面是 DITA 1.1 版本中主要架构的改变，它们为 DITA 添加了若干新功能：

- <bookmap>专门化，用于在 DITA 映射中包含与具体书籍有关的信息；
- <glossentry>专门化，用于术语表条目；
- 索引专门化：see、see-also、页面范围与排序方式；
- 改进了图形的缩放能力；
- 通过引入新的<abstract>元素提高了简短描述的灵活性；
- 专门化支持若干新的全局属性，例如条件处理属性等；
- 通过<foreign>元素实现对现有内容结构整合的支持；
- 通过<data>与<unknown>元素实现对新信息类型与结构的支持；
- 规范了条件处理分析文件。

附录 B　主要国际标准化组织

B.1　各国标准化组织

随着世界经济和社会的发展，制定和发布标准的国际组织和区域性组织越来越多，据统计，目前全世界大约有 300 多个国际组织和区域性组织都在制定和发布标准和技术规则。各国主要标准化组织列表如表 B.1 所示。

表 B.1　各国主要标准化组织

中文名称	英文名称	英文缩写	所在国家	联系地址	网站
国际标准化组织	International Organization for Standardization	ISO	瑞士	1, rue de Varembé, Case postale 56 CH-1211 Geneva 20, Switzerland	www.iso.ch
国际电工委员会	International Electrotechnical Commission	IEC	瑞士	3, rue de Varembé P.O. Box 131 CH - 1211 GENEVA 20 Switzerland	www.iec.ch
国际电信联盟	International Telecommunication Union	ITU	瑞士	International Telecommunication Union (ITU) Place des Nations 1211 Geneva 20 Switzerland	www.itu.int
美国国家标准学会	American National Standards Institute	ANSI	美国	819 L Street, NW (between 18th and 19th Streets), 6th floor Washington, DC 20036	ww.ansi.org
英国标准协会	British Standards Institution	BSI	英国	389 Chiswick High Road London W4 4AL United Kingdom	www.bsi-global.com
德国标准化学会	Deutsches Institut fur Normung	DIN	德国	DIN Deutsches Institut für Normung e. V. Burggrafenstraße 610787 Berlin Germany	www.din.de
日本规格协会	Japanese Standards Association	JSA	日本	1-3-1 Kasumigaseki, Chiyoda-ku, Tokyo 100-8901, JAPAN	www.jsa.or.jp
欧洲电信标准化协会	European Telecommunications Standards Institute	ETSI	法国	ETSI Secretariat 650, route des Lucioles 06921 Sophia-Antipolis Cedex FRANCE	www.etsi.org

续表

中文名称	英文名称	英文缩写	所在国家	联系地址	网站
欧洲标准化委员会	European Committee for Standardization	CEN	比利时	36 rue de Stassart, B - 1050 Brussels	www.cen.eu/
欧洲电工标准化委员会	European Committee for Electrotechnical Standardization	CENELEC	比利时	2 rue Brderode, Bte. 5, B-1000 Brussele, Belgium	www.cenelec.be/
泛美技术标准委员会	Pan American Standards Commission	COPANT	阿根廷	Diagonal Julio A. Roca 651 Piso 30 Sector 10 Buenos Aires, Argentina	www.copant.org/
非洲地区标准化组织	African Region Standards Organization	ARSO	肯尼亚	P. O. BOX 57363, Nairobi, Kenya	
阿拉伯标准化与计量组织	Arab Organization for Standardization and Metrology	ASMO	埃及	P.O. Box 926161, Amman, Jordan	
瑞典标准化委员会	SIS, Swedish Standards Institute	SIS	瑞典	SE-118 80 Stockholm Visiting address: Sankt Paulsgatan 6	www.sis.se
法国标准化协会	Association Francaise de Normalisation	AFNOR	法国	11, rue Francis de Pressense 93571 La Plaine Saint-Denis Cedex	www.afnor.fr
加拿大标准理事会	Standards Council of Canada	SCC	加拿大	Standards Council of Canada 270 Albert Street, Suite 200 Ottawa ON K1P 6N7 Canada	www.scc.ca
韩国技术和标准局	Korean Agency for Technology and Standards	KATS	韩国	International standards cooperation Team Korean Agency for Technology and Standards	www.kats.go.kr

B.2 ISO 认可的国际标准组织

在各类标准化组织中，国际标准化组织（ISO）、国际电工委员会（IEC）和国际电信联盟（ITU）开展国际标准化活动最为活跃，制定并发布标准和技术规则的数量最多，在国际上的影响也最大。

此外，ISO 还认可了与标准化有关的 40 个国际组织（含 ITU）制定的标准为国际标准。这些国际组织的英文缩写及中文名称如表 B.2 所示。

表 B.2 ISO 认可的国际标准组织

序号	机构名称缩写	机构名称（英文）	机构名称（中文）
1	BIPM	Bureau International des Poids et Mesures	国际计量局
2	BISFA	International Bureau for the Standardization of Man-made Fibres	国际人造纤维标准化局
3	CAC	Codes Alimentarius Commission	食品法典委员会
4	CCSDS	Consultative Committee for Space Data Systems	时空系统咨询委员会
5	CIB	International Council for Research and Innovation in Building and Construction	国际建筑研究实验与文献委员会
6	CIE	International Commission on Illumination	国际照明委员会
7	CIMAC	International Council on Combustion Engines	国际内燃机会议
8	FDI	International Dental Federation	国际牙科联合会
9	FID	International Federation for Information and Documentation	国际信息与文献联合会
10	IAEA	International Atomic Energy Agency	国际原子能机构
11	IATA	International Air Transport Association	国际航空运输协会
12	ICAO	International Civil Aviation Organization	国际民航组织
13	ICC	International Association for Cereal Science and Technology	国际谷类加工食品科学技术协会
14	ICID	International Commission on Irrigation and Drainage	国际排灌研究委员会
15	ICRP	International Commission on Radiological Protection	国际辐射防护委员会
16	ICRU	International Commission on Radiation Units and Measurements	国际辐射单位和测试委员会
17	IDF	International Dairy Federation	国际制酪业联合会
18	IETF	Internet Engineering Task Force	万维网工程特别工作组
19	IFLA	International Federation of Library Associations and Institutions	国际图书馆协会与学会联合会
20	IFOAM	International Federation of Organic Agriculture Movement	国际有机农业运动联合会
21	IGU	International Gas Union	国际煤气工业联合会
22	IIR	International Institute of Refrigeration	国际制冷学会
23	ILO	International Labour Office	国际劳工组织
24	IMO	International Maritime Organization	国际海底组织
25	ISTA	International Seed Testing Association	国际种子与协会

续表

序号	机构名称缩写	机构名称（英文）	机构名称（中文）
26	IUPAC	International Union of Pure and Applied Chemistry	国际理论与应用化学联合会
27	IWTO	International Wool Textile Organization	国际毛纺组织
28	OIE	International Office of Epizooties	国际动物流行病学
29	OIML	International Organization of Legal Metrology	国际法制计量组织
30	OIV	International Vine and Wine Office	国际葡萄与葡萄酒局
31	RILEM	International Union of Testing and Research Laboratories for Materials and Structures	材料与结构研究实验所国际联合会
32	TraFIX	Trade Facilitation Information Exchange	贸易信息交流促进委员会
33	UIC	International Union of Railways	国际铁路联盟
34	UN/CEFACT	Centre for the Facilitation of Produces and Practices for Administration, Commerce and Transport	经营、交易和运输程序和实施促进中心
35	UNESCO	United Nations Educational, Scientific and Cultural Organization	联合国教科文组织
36	WCO	World Customs Organization	国际海关组织
37	WHO	World Health Organization	世界卫生组织
38	WIPO	World Intellectual Property Organization	世界知识产权组织
39	WMO	World Meteorological Organization	世界气象组织

B.3 标准化专业术语中英文一览表

在查阅和使用各类国际标准化组织形成的标准文档过程中，面临大量标准化专业术语的含义判别，本节提供了基础通用的标准化专业术语中英文一览表，如表 B.3 所示，以帮助读者在下一步阅读国际标准化组织提供的英文标准过程中参考使用。

表 B.3 标准化专业术语中英文一览表

序 号	英 文	中 文
1	standardization	标准化
2	subject of standardization	标准化（的）对象
3	field of standardization	标准化领域
4	state of the art	最新技术水平

续表

序　号	英　文	中　文
5	acknowledged rule of technology	公认的技术规则
6	level of standardization	标准化层次
7	international standardization	国际标准化
8	regional standardization	区域标准化
9	national standardization	国家标准化
10	provincial standardization	地方标准化
11	consensus	协商一致
12	fitness for purpose	适用性
13	compatibility	兼容性
14	interchangeability	互换性
15	variety control	品种控制
16	safety	安全
17	protection of environment	环境（的）保护
18	product protection	产品防护
19	normative document	规范性文件
20	standard	标准
21	international standard	国际标准
22	regional standard	区域标准
23	national standard	国家标准
24	provincial standard	地方标准
25	prestandard	试行标准
26	technical specification	技术规范
27	code of practice	规程
28	regulation	法规
29	technical regulation	技术法规
30	body	机构
31	organization	组织
32	standardizing body	标准化机构
33	regional standardizing organization	区域标准化组织
34	international standardizing organization	国际标准化组织
35	standards body	标准机构
36	national standards organization	国家标准机构

续表

序　号	英　文	中　文
37	regional standards organization	区域标准组织
38	international standards organization	国际标准组织
39	authority	权力机构
40	regulatory authority	法规制定机构
41	enforcement authority	法规执行机构
42	basic standard	基础标准
43	terminology standard	术语标准
44	testing standard	试验标准
45	product standard	产品标准
46	process standard	过程标准
47	service standard	服务标准
48	interface standard	接口标准
49	standard on data to be provided	数据待定的标准
50	harmonized/equivalent standards	协调标准
51	unified standards	一致标准
52	identical standards	等同标准
53	internationally harmonized standards	国际协调标准
54	regionally harmonized standards	区域协调标准
55	multilaterally harmonized standards	多边协调标准
56	bilaterally harmonized standards	双边协调标准
57	unilaterally aligned standard	单边协调标准
58	comparable standards	可比标准
59	provision	条款
60	statement	陈述
61	instruction	指示
62	recommendation	推荐
63	requirement	要求
64	exclusive requirement	必达要求
65	optional requirement	任选要求
66	deemed-to-satisfy provision	权宜性条款
67	descriptive provision	描述性条款
68	performance provision	性能条款

续表

序 号	英 文	中 文
69	body	主体
70	additional element	附加要素
71	standards programme	标准工作计划
72	standards project	标准项目
73	draft standard	标准草案
74	period of validity	有效期
75	review	复审
76	correction	勘误
77	amendment	修正
78	revision	修订
79	reprint	重印
80	new edition	新版本
81	taking over an international standard (in a national normative document)	（在国家规范性文件中）采用国际标准
82	application of a normative document	规范性文件的应用
83	direct application of an standard	标准的直接应用
84	indirect application of an standard	标准的间接应用
85	reference to standards (in regulations)	（在法规中）对标准的引用
86	dated reference (to standards)	（对标准的）注日期引用
87	undated reference (to standards)	（对标准的）不注日期引用
88	general reference (to standards)	（对标准的）普遍性引用
89	exclusive reference (to standards)	（对标准的）唯一性引用
90	indicative reference (to standards)	（对标准的）指示性引用
91	conformity	合格
92	conformity assessment	合格评定
93	conformity assessment system	合格评定体系
94	conformity assessment scheme	合格评定方案
95	access to a conformity assessment system	合格评定体系准入
96	participant in a conformity assessment system	合格评定体系参与机构
97	member of a conformity assessment system	合格评定体系成员机构
98	third party	第三方
99	registration	注册

续表

序号	英文	中文
100	accreditation	认可
101	reciprocity	互惠
102	equal treatment	平等待遇
103	national treatment	国民待遇
104	national and equal treatment	国民和平等待遇
105	test	试验
106	testing	测试
107	test method	试验方法
108	test report	试验报告
109	testing laboratory	测试实验室
110	(laboratory) proficiency testing	（实验室）能力测试
111	conformity evaluation	合格评价
112	inspection	检验
113	inspection body	检验机构
114	conformity testing	合格测试
115	type testing	类型测试
116	conformity surveillance	合格监督
117	assurance of conformity	合格（的）保证
118	supplier's declaration	供方声明
119	certification	认证
120	certification body	认证机构
121	licensee (for certification)	（认证）许可文件
122	certificate of conformity	合格证书
123	mark of conformity (for certification)	（认证）合格标志
124	approval	批准
125	type approval	类型批准
126	recognition arrangement	承认协议
127	unilateral arrangement	单边协议
128	bilateral arrangement	双边协议
129	multilateral arrangement	多边协议
130	accreditation system	认可体系
131	accreditation body	认可机构
132	accredited body	被认可的机构
133	accreditation criteria	认可准则

附录 C 国际标准化活动参与方式

C.1 参与国际标准化活动的主要方式

1. 通过承担 ISO、IEC 的国内技术对口单位的方式直接参与国际标准化活动

国内技术对口单位是经国家标准化主管部门批准，承担参与 ISO、IEC 相应 TC、SC 国际标准化工作的国内机构。目前，ISO 的 695 个和 IEC 的 169 个 TC、SC 我国都已参加并设有国内技术对口单位，它们都直接参与这些技术领域的国际标准化活动。根据我国正在修订的《参与国际标准化活动管理办法》，国内技术对口单位的主要职责如下。

1）分发 ISO 和 IEC 的国际标准、国际标准草案和文件资料，并定期印发有关文件目录。

2）结合国内工作需要，对国际标准的技术内容进行必要的研究、试验、验证，并提出处理意见和建议。

3）组织对国际标准的新工作项目提案（NP）、委员会草案（CD）、国际标准草案（DIS/CDV）和最终国际标准草案（FDIS）等文件进行研究并提出投票意见。

4）提出国际标准提案建议。

5）提出 ISO、IEC 新技术工作领域提案建议。

6）组织专家参加对口的 TC、SC 和 WG 的国际会议。经 ISO、IEC 中国国家委员会秘书处同意，可委托其他单位代表本技术对口组织参加国际标准化活动。

7）每年年底向 ISO、IEC 中国国家委员会秘书处报送上年度工作报告。同时抄报国务院各有关部门或行业协会。

8）根据工作情况，适时向 ISO、IEC 中国国家委员会秘书处提出对参加单位的调整意见。

9）直接或通过主管部门向国家标准化管理委员会提出参加 ISO 或 IEC 的 TC、SC 成员身份的建议。

10）提出参加 ISO、IEC 国际标准制定 WG 专家的名单建议。

11）其他相关工作。可以通过直接承担 ISO、IEC 的相应国内技术对口单位的方式，参与国际标准化活动。

国家鼓励实体单位积极承担 ISO、IEC 的国内技术对口单位工作。实体单位可以向国家标准化主管部门提出承担 ISO、IEC 的国内技术对口单位的申请。经批准

同意后，可以以 ISO、IEC 国内技术对口单位的身份，按照国家的有关规定直接参与国际标准化活动。

2. 通过现有的 ISO、IEC 国内技术对口单位间接参与国际标准化活动

目前，绝大多数 ISO、IEC 的技术机构在国内都设有相应的技术对口单位，实体单位有意愿参与相关 ISO、IEC 技术领域的活动时，可以登录国家标准化管理委员会网站（www.sac.gov.cn）查询 ISO、IEC 国内技术对口单位的信息。

如果该技术领域国内已设有技术对口单位，实体单位需向相应 ISO、IEC 国内技术对口单位提出参与有关国际标准化活动的申请。根据国内技术对口单位的管理规定，国内技术对口单位有义务组织和吸收国内有关的实体单位参与有关技术活动，并向有关单位传递国际标准化活动的最新信息。在国内技术对口单位对相应国际标准化活动的统一组织管理下，经报国家标准化主管部门批准，即可获得国际标准制修订信息，实质性参与如参加相关国际会议、提名国际标准制修订注册专家和提交国际标准新工作项目提案等各类国际标准化活动。

对于那些 ISO 和 IEC 已设定了技术委员会或分技术委员会，而我国还没有建立国内技术对口单位的技术工作领域，国家标准化管理委员会鼓励以实体单位为主体申请承担这些 TC、SC 的国内技术对口工作，代表我国参与这些 TC、SC 的活动，并履行国内技术对口单位的权利和义务。

C.2 获取国际标准化活动信息的主要渠道

1. 向 ISO、IEC 等国际标准化组织直接查询

可以登录 ISO、IEC 网站查询 ISO、IEC 的有关国际标准化活动的信息。ISO、IEC 网站上公布了的 TC、SC 秘书处的联系信息，也可以直接向 TC、SC 秘书处咨询某一技术领域的国际标准化活动信息。

2. 向国家标准化主管部门和地方标准化主管部门咨询

可以直接向国家标准化主管部门（国家标准化管理委员会）咨询有关国际标准化活动信息，也可以登录国家标准化管理委员会网站，查询有关国际标准化活动信息。还可以通过地方标准化主管部门获得有关国际标准化活动的信息。

3. 向 ISO、IEC 国内技术对口单位咨询

ISO、IEC 国内技术对口单位负责参与和跟踪 ISO、IEC 各技术领域的国际标准化活动，可以通过他们获得更为详细的国际标准化活动信息。

4. 通过国内相关杂志了解国际标准化活动的信息

通过《中国标准化》和《世界标准化与质量管理》等标准化杂志进行了解。

C.3 跟踪国际标准化活动的方法

跟踪国际标准化活动，对了解相关技术领域国际标准发展动态和把知识产权的技术方案提升为国际标准有着重大意义。跟踪国际标准化活动的方法如下。

需要了解本行业领域的国际标准化相关信息。包括本行业领域对应的ISO、IEC等国际标准化组织的具体技术机构（如 TC、SC）是哪些、这些国际标准化技术委员会的秘书处设在哪里、我国是否加入、国内是否设有相应技术对口单位等。这些信息可以通过登录 ISO 网站（www.iso.org）、IEC 网站（www.iec.ch）和国家标准化管理委员会网站查询，也可以直接向地方标准化主管部门（地方质量技术监督部门）或国家标准化主管部门查询。

需向国家标准化主管部门和国内技术对口单位提出跟踪国际标准化活动的申请。对于我国尚未加入的 ISO、IEC 的 TC、SC 成为参加成员（P 成员）或观察成员（O 成员），按照我国有关国际标准化工作规定及国际标准化技术工作程序，经国家标准化主管部门即 ISO/IEC 中国国家成员机构批准，单位可以以 ISO、IEC 技术对口单位的身份参与和跟踪国际标准化活动。对于我国已参加的 ISO、IEC 的 TC、SC，由于已设定国内技术对口单位，单位需向技术对口单位提出申请，跟踪该技术领域的国际标准化活动。国内技术对口单位根据我国有关规定，应向我国标准化主管部门申请，经批准授权后，可以参加国内技术对口单位的国际工作组，参与和跟踪该技术领域的国际标准化活动。国内技术对口单位根据我国有关规定，应向国家标准化主管部门申请，经批准授权后，可以参加国内技术对口单位的国际工作组，参与和跟踪 ISO、IEC 有关的 TC、SC 的国际标准化活动。

C.4 标准信息查询途径和流程

标准文本及图书是标准存在的两种形式。企业如需查询及购买某一标准，可以通过网络或到相关服务机构去查询及购买。目前，我国已经建立起了标准化领域较为完备的研究及服务机构；另外还有一些中介机构也提供标准化服务业务。中国标准化研究院是我国最大的标准化科研服务机构；全国各省市一般都有类似的提供标准化服务的机构，如广东省标准技术研究院、深圳市标准技术研究院等。此外我国许多行业也成立了专门的标准研究服务部门，如中国电子技术标准化研究所、中国航天标准化研究所等，他们主要提供侧重于某一特殊领域的标准咨询和服务业务。各服务机构在提供传统服务的同时，一般还通过网络数据库为用户提供在线服务。企业在选择服务机构时，应考虑机构的正规合法性、技术实力及馆藏资源数量，另外也可参考其提供服务的质量。如国家标准馆是目前国内标准信息资源最为丰富的馆藏基地，收藏有 60 多个国家、70 多个国际和区域性标准化组织、450 多个专业学（协）会的标准及全部中国国家标准和行业标准 100 余万册。此外，还收集了 170 多种国内外标准化期刊和近万册标准化专著，与 30 多个国家及国际标准化机构建立了长期、稳固的标准资料交换关系，并且与众多的国内外标准出版发行机构建立了良好的合作关系，每年投入大量经费和技术人员，对标准文献信息进行收集、加工、维护与相关研究。国家标准馆馆藏资源量主要包括：

- 中国国家标准 21 237 册；
- 中国行业标准 76 298 册；
- 70 多个国际和区域组织的国际标准 91 933 册；
- 60 多个国外国家标准 429 691 册；
- 450 多个国外专业学（协）会标准 209 037 册；
- 各类历史标准 255 237 册；
- 国内外技术法规 10 000 册；
- 国内外标准化期刊 174 种（国内 84 种、国外 90 种），共 39 000 册；
- 国内外标准化专著 8102 册；
- 各国标准译文 19 536 册。

标准文本的查询及购买一般有三种方式，即通过网络查询购买、到前台查询购买和邮寄订购。

附录 D　国际标准化组织（ISO）

D.1　ISO 基本情况

ISO 是国际标准化组织的英语简称，其全称是 International Standards Organization。ISO 是目前世界上最大、最具权威性的国际标准化专门机构。1946 年 10 月 14 日至 26 日，中、英、美、法、苏等的二十五个国家的 64 名代表集会于伦敦，正式表决通过建立国际标准化组织。1947 年 2 月 23 日，ISO 章程得到 15 个国家标准化机构的认可，国际标准化组织宣告正式成立。参加 1946 年 10 月 14 日伦敦会议的 25 个国家，为 ISO 的创始人。ISO 是联合国经社理事会的甲级咨询组织和贸发理事会综合级（即最高级）咨询组织。此外，ISO 还与 600 多个国际组织保持着协作关系。

ISO 的目的和宗旨是："在全世界范围内促进标准化工作的发展，以便于国际物资交流和服务，并扩大在知识、科学、技术和经济方面的合作"。其主要活动是制定国际标准，协调世界范围的标准化工作，组织各成员国和技术委员会进行情报交流，以及与其他国际组织进行合作，共同研究有关标准化问题。

ISO 的网址是 www.iso.ch。

D.2　ISO 研究领域

ISO 国际标准的内容涉及广泛，从基础的紧固件、轴承各种原材料到半成品和成品，其技术领域涉及信息技术、交通运输、农业、保健和环境等。每个工作机构都有自己的工作计划，该计划列出需要制订的标准项目（试验方法、术语、规格和性能要求等）。

制定国际标准工作通常由 ISO 的技术委员会完成。ISO 现有技术委员会（TC）208 个和分技术委员会（SC）533 个。各成员团体若对某技术委员会确定的项目感兴趣，均有权参加该委员会的工作。与 ISO 保持联系的各国际组织（官方的或非官方的）也可参加有关工作。截至 2001 年 12 月底，ISO 已制定了 13 544 个国际标准。

ISO 和 IEC 作为一个整体，担负着制定全球协商一致的国际标准的任务，ISO 和 IEC 都是非政府机构，它们制定的标准实质上是自愿性的。

此外，ISO 还与 450 个国际和区域的组织在标准方面有联络关系，特别与国际电信联盟（ITU）有密切联系。在 ISO/IEC 系统之外的许多国际标准机构都在各自的领域制定一些国际标准，通常它们在联合国控制之下。一个典型的例子就是世界卫生组织（WHO）。ISO/IEC 制定了 85%的国际标准，剩下的 15%是由 28 个其他国际标准机构制定的。

D.3 ISO 相关程序

ISO 的主要机构及运作程序都在一个名为“ISO/IEC 技术工作导则”的文件中予以规定。

简单来说，一个国际标准是 ISO 成员团体达成共识的结果。一个国际标准由技术委员会（TC）和分技术委员会（SC）经过六个阶段形成：

- 第一阶段为申请阶段；
- 第二阶段为预备阶段；
- 第三阶段为委员会阶段；
- 第四阶段为审查阶段；
- 第五阶段为批准阶段；
- 第六阶段为发布阶段。

若在开始阶段得到的文件比较成熟，则可省略其中的一些阶段。例如，某标准文本是由 ISO 认可的其他国际标准化团体所起草，则可直接提交批准，而无须经历前几个阶段。

D.4 ISO 成员

按照 ISO 章程，其成员分为团体成员和通信成员。团体成员是指最有代表性的全国标准化机构，且每一个国家只能有一个机构代表其国家参加 ISO。通信成员是指尚未建立全国标准化机构的发展中国家（或地区）。通信成员不参加 ISO 技术工作，但可了解 ISO 的工作进展情况，若干年后，待条件成熟，可转为团体成员。ISO 的工作语言是英语、法语和俄语，总部设在瑞士日内瓦。ISO 现有成员 143 个。

1978 年 9 月 1 日，我国以中国标准化协会（CAS）的名义重新进入 ISO。1988 年起改为以国家技术监督局的名义参加 ISO 的工作。近期改为以中国国家标准化管理局（SAC）的名义参加 ISO 的工作。1999 年 9 月，我国在北京承办了 ISO 第 22 届大会。

附录 E　结构化信息标准促进组织（OASIS）

E.1　OASIS 基本情况

结构化信息标准促进组织（OASIS）是一个推进电子商务标准的发展、融合与采纳的非营利性国际化组织。相比其他组织，OASIS 在形成了更多的 Web 服务领域标准的同时，还提出了面向安全、电子商务的一系列标准，并在针对公众领域和特定应用市场的标准化方面做出极大努力。自 1993 年成立开始，OASIS 已经发展成为一个由来自 100 多个国家的 600 多家组织、企业，参与人数超过 5000 人的国际化组织。

OASIS 以其管理透明化及工作流程化而著称。OASIS 成员自己设置技术议程，并通过简单的工作流程促进产业达成一致以及统一不同观点。OASIS 的全部工作均通过公开投票的方式认可，管理层具有责任心并且不受其他因素制约。OASIS 理事会和技术顾问委员会的成员都由民主选举产生，任期两年。OASIS 的领导层是由个人能力而非资金资助、企业背景或特别任命而产生的。

OASIS 的网址是 www.oasis-open.org。

E.2　OASIS 研究领域

OASIS 现在拥有最受人们广泛接受的 XML 以及 Web 服务标准两个信息入口，Cover Pages 和 XML.org。OASIS 的成员分会包括 CGM Open、DCML、LegalXML、PKI 和 UDDI。

OASIS 下设近 70 个技术委员会。这些委员会大致可分为下列几类。

1）应用服务类：旨在为推动标准的应用而制定一系列指南、最佳实践、测试套件和其他工具，以提高结构化信息标准的互操作性与一致性。

2）计算管理类：在面向服务架构中，服务的提供者和使用者必须在可用性和位置方面进行明确的通信，而且各种服务之间必须能相互会话和依靠。OASIS 会员在很多方面致力于分布式资源、有用计算和网格系统的可靠管理标准化。

3）以文档为中心的应用类：自 OASIS 的前身标准通用标记语言开放以来，就开始致力于设备与媒体无关的文档创建及管理。OASIS 会员至今仍在进行涉及从在线目录到数据表、从技术手册到办公备忘录的全范围的工作，不管是输出到纸张、光驱、无线设备、网络还是以上全部介质。

4）电子商务类：OASIS 会员发展任何地区任何规模的企业都可进行网络经营活动的标准规范。

5）法律和政府类：OASIS 给以促进电子信息交换为共同目标的国际上的政府机构、法律专业人员及提供者提供了一个统一论坛。

6）本地化类：国际化和地方化对于 OASIS 的全球化社区是至关重要的。OASIS 地方化技术委员会开发使出版物、软件界面等可应用于非本土环境，特别是其他国家和文化的标准。

7）安全类：OASIS 开发电子商务和 Web 服务应用所需的安全标准。OASIS 会员定义安全所需基础及应用级规范。

8）面向服务架构类：面向服务架构（SOA）体现服务感知、企业级、分布式计算相关的最佳应用原则和模式的结合。OASIS 的 SOA 标准化以工作流、转换协调、编排、协同、松耦合、业务流程建模和其他有助于敏捷计算为中心。

9)标准应用类:不是所有的 OASIS 委员会都把开发标准作为主要目标。OASIS 标准采纳委员会提供特定行业或团体用户、政府部门、经销商、产业集群和其他标准团体公开讨论的机会。这些委员会评估现行标准、明确需求、确定差距、辨识交叠、发布指导方针及促进互操作性。他们给制定相关规范的 OASIS 技术委员会（包括其他组织）提供输入，并提出新标准建议。

10）供应链类：OASIS 会员开发了供应链内有关采购、维护和加工职能的一系列标准成果。

11）Web 服务类：Web 服务允许通过基于 XML 标准协议实现跨平台和程序设计语言的通信。OASIS 会员正制定一系列基础标准，用以支持网络服务及特定团体和行业间的 Web 服务和执行。

12）XML 处理类：OASIS 技术委员会继续研究推动 XML 处理的基本架构，包括 XML 应用的范围。

E.3 OASIS 相关程序

OASIS 的运作严格按照其规章制度进行。其中，最重要的是 OASIS 章程（见 http://www.oasis-open.org/who/bylaws/index.php）。它规定了 OASIS 目标、组织体系、管理政策和议事规则。除了章程之外，OASIS 的管理制度还包括知识产权（IPR）政策、咨询服务程序、反垄断政策和技术委员会程序等。这些内容，均可通过 OASIS 网站获取。

在标准规范审批方面，OASIS 采用下列方式进行。

1）委员会草案的批准。

技术委员会可以在一个规范发展的任何阶段批准此规范为委员会草案。委员会草案的批准应该由技术委员会成员多数通过。技术委员会可批准一个规范、并可能多次修改之后重新批准其为委员会草案。

2）委员会规范的批准。

公开审查委员会草案之后，技术委员会可能批准此草案为委员会规范。委员会规范的批准需要绝大多数通过方可批准。技术委员会主席应通知技术委员会管理员准备为规范的批准投票，并给技术委员会管理员提供规范的可编辑版本的地址。技术委员会管理员应安排并实施批准委员会规范的投票。

公开审查是技术委员会批准其委员会草案为委员会规范之前，对其所做的一次公开审查。技术委员会决定为一个规范是否进行公开审查时应由绝大多数票数通过方可进行。批准进行公开审查的委员会草案称之为公开审查草案。公开审查必须由技术委员会管理员通知 OASIS 成员邮件列表和选择的其他公众邮件列表中的所有组织或人员；技术委员会管理员同时应该发表一个关于知识产权公开的声明。非技术委员会成员的意见必须通过技术委员会存储公众意见的设备来收集；不接受任何通过其他方式提交的意见。技术委员会跟踪收到的意见及其处理。

公开审查草案在公开审查过程中不可修改。如果规范不得不修改时，必须立刻终止公开审查，待修改后重新提交。技术委员会可能会进行多轮的公开审查（即同意发送委员会草案给公开审查团、收集意见和修改规范等。）规范的第一次公开审查必须持续至少 60 天，随后的评审也必须持续至少 15 天。每次公开审查后，规范做出的修改必须在下一次评审时明确，并对上次修改范围做出规定。在开始新一轮评审之前，必须重新提交为委员会草案，技术委员会重新批准其进行公开审查。不管因公开审查意见还是成员意见的结果，引起公开审查后规范有实质性的修改，则技术委员会必须进行另一轮公开审查。规范在进行公开审查期间没有可引起实质性修改的意见被提出后，规范才有可能被技术委员会批准为委员会规范。

3）OASIS 标准的批准。

与委员会规范的批准同时或稍后进行，技术委员会可以投票决定是否提交委员会规范给 OASIS 成员，由 OASIS 成员批准此规范为 OASIS 标准。技术委员会要做出提交此规范的决定，其主席应当给技术委员会管理员提交以下材料。

- 技术委员会文件库中已批准的委员会规范的链接及此规范的相关补充文件，以上材料必须都应用 OASIS 模板格式。在此规范批准为委员会规范和提交 OASIS 审核批准为 OASIS 标准之间，此规范不可修改，除非是注释其批准状态和日期的标题页和页脚。
- 委员会规范所有文件的可编辑版本。
- 技术委员会关于规范中包含的所有图表及 XML 实例的证明，不管属于内容还是参考，包括片段、完成稿和有效说明。
- 此规范的明确英文摘要。

- 关于此规范与其他 OASIS 技术委员会或标准发展组织类似作品关系的说明。
- 至少三个 OASIS 成员组织成功使用此规范的证明。
- 公开审查开始和结束日期、公开审查通知的链接、公开审查期间所有意见/问题及其解决方案报告的链接。
- 批准规范为委员会规范的投票报告和结果，包括投票日期和投票链接。
- 投票的报告或链接以及所有早先收到的使规范标准化的意见，及其技术委员会对每条意见的处理结果。
- 提交规范的技术委员会向公众开放的意见档案文件的链接。
- 一个或多个没有投票同意批准此委员会标准的成员的报告链接，此报告包含成员投票反对规范的原因说明或成员认为此规范的实质性修改没有通过公开审查的说明，或者主席出示的没有此类报告的证明。

E.4 如何加入 OASIS

根据 OASIS 的有关规定，其会员分为基础赞助商、赞助商、贡献会员、个人和联合会员四种，其中基础赞助商为最高级别的会员，它们通常是全球公认的业内领袖和改革者。个人和联合会员为最低级别的会员。基础赞助商可在 OASIS 架构中得到最高的显示度和相关收益；赞助商可全面参与和促进标准的研究工作且其贡献可得到认可；贡献会员可以参与和促进标准的制定但无推广收益；个人和联合会员可以参与技术委员会工作（这类会员通常为那些不能以公司代表身份加入委员会的参与者）。年费的多少按加入组织的类型及规模而定。

任何能够通过参与 OASIS 而获益的组织、企业或个人都有资格成为该组织的会员。从当前情况看，OASIS 的会员有结构化信息标准的制定者，也有这些标准的实现者、推动者及技术专家。

想要成为 OASIS 会员的单位或个人，需要与 OASIS 签署相关的会员协议。基础赞助会员、赞助会员以及贡献会员的首要联络人要保证 OASIS 会员协议由他所在机构的签字授权人签署。个人会员以个人名义签署，如果他们不隶属于任何机构，并且他个人拥有的知识产权不会因为隐含的雇佣关系（对于很多雇佣协议合同及一些咨询合同来说很常见）归属于其他人。在雇佣协议中对其知识产权负有责任的人员不能以基础赞助会员、赞助会员或贡献会员级别加入 OASIS 组织，但是可以作为协会级会员加入（和个人会员的收益相同），然而，其雇主委托的签字授权人必须签署含有 OASIS 知识产权政策的会员协议。

OASIS 还设有成员分会（MS），成员分会是指在某个技术或领域具有共同兴趣的一些会员建立的组织，由会员自己发起的委员会管理，并向 OASIS 理事会汇报。目前 OASIS 的成员分会包括 CGM Open、DCML、LegalXML 和 PKI。如果会员期望能够在 MS 选举中投票，并在推进 MS 工作中扮演重要角色，则 OASIS 鼓励会员有选择地参加 MS。

为了更好地参与到OASIS中去,在申请会员资格以前应该首先了解OASIS 政策和参与流程。这些文件提供了关于组织的运作流程以及会员的权利和要求的详细信息。

E.5 OASIS 在中国

为了吸纳更多的企业、组织和个人的参与 OASIS 活动，推动 OASIS 标准在全球的应用，OASISI 官员多次访问中国，先后走访了中国标准化研究院、中国国际电子商务中心和长风联盟等单位,并于 2005 年与中国标准化研究院联合组织了“国际电子商务标准化论坛”。尤其值得一提的是，长风联盟为推动我国相关企业在国际标准化舞台上发挥了巨大的作用，通过一系列努力，加快了 OASIS 在中国的发展进程。2007 年 1 月 1 日，OASIS 中国办公室正式成立，并挂靠在长风联盟。该办公室的成立，既是长风联盟推动实施开放标准战略的体现，也是中国软件企业学习借鉴国际先进技术标准，并为其直接提交国际标准提案、参与、影响甚至主导国际标准创建了一定的基础。

目前 OASIS 中国网站已经正式开通（http://www.oasis-open.org/cn），书生公司已申请成为 OASIS 会员，并建立了专门针对 UOML 的 OASIS 技术委员会，使得我国提出的 UOML 有望在一年内成为 OASISI 标准。此外，红旗中文 2000、北京市市政管委及 CSOFT Solution 等机构正在着手办理加入手续。

E.6 OASIS 技术委员会名单

1. OASIS 生物计量学身份保证服务（BIAS）集成技术委员会	定义在事务性 Web 服务和面向服务构架（SOAs）中使用的生物计量学身份保证的方法
2. OASIS 以商务为中心的方法学（BCM）技术委员会	定义在社会共同利益的基础上获取互动性电子商务信息系统的方法
3. OASIS CGM 开放 WebCGM 技术委员会	促进在线技术文件的矢量图形标准
4. OASIS 代码列表表现（Code List Representation）技术委员会	定义了一套在任意处理场景中交谈、记录与管理代码列表（也称受控词汇表或代码数值枚举）的 XML 格式
5. OASIS 内容组装机制（CAM）技术委员会	定义在 XML 结构中加入和提取的机器可处理内容
6. OASIS 顾客信息质量（CIQ）技术委员会	为描述信息、实现互操作并且满足机构管理的需求，建立开放的、中立的、国际性的，适用于行业的 XML 规范

续表

7．OASIS 达尔文信息键入结构（DITA）技术委员会	提升文档创建和管理规范，实现在创作过程中的内容重用
8．OASIS 数字签名服务扩展（DSS-X）技术委员会	推进 XML 数字签名服务标准
9．OASIS DocBook 技术委员会	提供用 SGML 或 XML 撰写结构化文档的支持系统
10．OASIS ebXML 业务流程技术委员会	为使用 XML 提供商务合作定义的自动化程度和预期交流提供标准话业务流程基础
11．OASIS ebXML 合作协议框架与约定（CPPA）技术委员会	描述商业伙伴是怎样利用电子信息交流来从事电子商务合作的
12．OASIS ebXML 核心（ebCore）技术委员会	管理几项已认可的 edXML 规范的修改和维护
13．OASIS ebXML 应用、互操作性和一致性（IIC）技术委员会	保障软件提供商创建能够和 ebXML 规范一致并且互用的基础框架和应用程序
14．OASIS ebXML 联合委员会	协调 OASIS ebXML 核心技术委员会的工作
15．OASIS ebXML 消息服务技术委员会	定义电子商务交易的传输、路由和打包
16．OASIS ebXML 注册技术委员会	定义和管理互操作的注册和知识库
17．OASIS 选举和表决服务技术委员会	保障公开和非公开选举服务之间的数据交流
18．OASIS 应急管理技术委员会	为增强紧急事件的前期准备工作和对紧急情况做出的反应保证信息交换
19．OASIS 企业密钥管理结构（EKMI）技术委员会	EKMI 技术委员会主要从事对称密钥管理系统（SKMS）中企业的对称加密密钥管理的标准化工作
20．OASIS 可扩展控制访问标记语言（XACML）技术委员会	提出和评估控制访问策略
21．OASIS 可扩展资源标识符（XRI）技术委员会	为通过域和应用程序来鉴别和共享资源提供抽象标识，定义一个免版权使用费并兼容 URI 的模式和解析协议
22．OASIS 林业技术委员会	标准化从林业信息资源到消费者之间的数据电子传输方式
23．OASIS Web 服务应用框架（FWSI）技术委员会	为广泛的、多平台的、不依赖于生产厂家的、跨行业的网络服务应用定义方法和功能部件
24．OASIS 国际健康联合（IHC）技术委员会	为全球的保健团体明确和调整基于 XML 的以 Web 服务标准的需求提供讨论平台
25．OASIS LegalXML 电子法院归档技术委员会	使用 XML 在律师、法庭、诉讼人和其他人之间传递法律文件
26．OASIS LegalXML 电子公证技术委员会	开发管理自举证电子法律信息的技术需求
27．OASIS LegalXML 司法整合技术委员会	促进司法系统分支机构和代理机构之间刑事和民事案例的信息交流
28．OASIS 材料标记语言技术委员会	标准化各类原材料技术特征与信息的交换
29．OASIS 开放性楼宇信息交流（oBIX）技术委员会	促进楼宇中的机械和电子控制系统与企业应用程序之间的交流

续表

30. OASIS 办公应用开放文档格式（OpenDocument）技术委员会	为办公应用开发一套基于 XML 的文档格式规范
31. OASIS 开放信用管理系统（ORMS）技术委员会	促进使用通用数据格式代表信用数据的能力
32. OASIS 开放文档格式（ODF）技术委员会	协助加强符合开放文档格式的产品市场和需求
33. OASIS 产品寿命周期支持（PLCS）技术委员会	部署产品信息交流合作运用国际标准（ISO 10303），以支持从设计到废弃的全生命周期的复杂工程资产
34. OASIS 产品规划和调度（PPS）技术委员会	为生产制造合作计划和调度开发通用的对象模型与模式
35. OASIS 提供服务技术委员会	为在企业内部和企业之间的一致性信息和系统资源的提供和分配提供一个 XML 框架
36. OASIS 公共密钥结构应用（PKIA）技术委员会	促进数字认证成为管理网络资源访问和进行电子交易的基础
37. OASIS RELAX NG 技术委员会	提供一种轻量级的、易于使用的 XML Schema 语言
38. OASIS 远程控制 XML 技术委员会	为支持对远程访问设备的控制提供基于 XML 的标准
39. OASIS 搜索 Web 服务技术委员会	开发 Web 服务的搜索和复原应用定义
40. OASIS 安全服务（SAML）技术委员会	为在线合作伙伴安全信息的创建和交流，定义并维护一种标准的、基于 XML 的架构
41. OASIS 语义执行环境技术委员会	为在 SOA 中开发语义 Web 服务提供方针、决策和执行指南
42. OASIS 语义支持电子商务文档互操作（SET）技术委员会	为提供核心成分文档标准间的互操作性详细规范语义机制
43. OASIS 服务组件架构 / Assembly（SCA-Assembly）技术委员会	定义核心 SCA 组件模型来简化 SOA 应用开发
44. OASIS 服务组件架构 / Bindings（SCA-Bindings）技术委员会	标准化涉及通信协议 / 技术和框架的 SCA 服务捆绑打包
45. OASIS 服务组件架构 / BPEL（SCA-BPEL）技术委员会	详细说明 SOA 的 SCA 组件执行如何由 BPEL 编写
46. OASIS 服务组件架构 / C and C++（SCA-C-C++）技术委员会	标准化 SOA 中 SCA 领域的 C 和 C++使用
47. OASIS 服务组件架构 / J（SCA-J）技术委员会	标准化 SOA 中 SCA 领域的 Java (tm)的使用
48. OASIS 服务组件架构 / Policy（SCA-Policy）技术委员会	定义 SCA 政策框架来简化 SOA 应用开发
49. OASIS 服务数据目标（SDO）技术委员会	详细说明 SOA 应用如何将数据运用到异构资源中，如关系数据库、Web 服务和企业信息系统
50. OASIS SOA 参考模型技术委员会	为指导和培养特定的面向服务架构的创作而开发一个核心参考模型

续表

51. OASIS 解决方案部署描述（SDD）技术委员会	为在多平台环境中生命周期管理所需软件安装特性定义一个标准的描述方法
52. OASIS 税务 XML 技术委员会	促进基于 XML 的税务相关信息的互操作性
53. OASIS 测试声明指导（TAG）技术委员会	通过促进创作改善标准的质量，以及 OASIS 委员会等测试声明的使用
54. OASIS 测试和监控互联网交换（TaMIE）技术委员会	定义一套以事件为中心的测试案例脚本和执行模型
55. OASIS UDDI 规范技术委员会	为企业动态地发展和调用 Web 服务而定义一种标准方法
56. OASIS UnitsML 技术委员会	为测量单位明确的表示法定义一套基于 XML 的规范
57. OASIS 通用商务语言（UBL）技术委员会	定义一套通用的 XML 商务文档库（订单、发票等）
58. OASIS 非结构化信息管理架构（UIMA）技术委员会	标准化语义研究和内容分析
59. OASIS 非结构化操作标记语言扩展（UOML-X）技术委员会	促进非结构化文档的开放的基于 XML 的操作标准
60. OASIS 用户界面标记语言（UIML）技术委员会	为抽象的元语言开发一种规范，使其能为任何用户界面提供一种规范的 XML 表述
61. OASIS Web 服务联合（WSFED）技术委员会	扩展身份管理以实现组织间的信任联盟
62. OASIS 远程端口 Web 服务（WSRP）技术委员会	标准化基于展现的 Web 服务，用以聚合中间媒介，如门户
63. OASIS Web 服务品质模型技术委员会	定义通用的标准来评价服务的互操作性、安全性和可管理性
64. OASIS Web 服务可靠交换（WS-RX）技术委员会	为使用 Web 服务进行可靠的信息交流提供更好的协议支持
65. OASIS Web 服务安全交换（WS-SX）技术委员会	为保障多种 SOAP 信息的安全交换定义 WS-Security 安全扩展和方法
66. OASIS Web 服务事物（WS-TX）技术委员会	为管理分布的应用行为输出的协同提供协议支持
67. OASIS WS-BPEL 人类功能扩展（BPEL4People）技术委员会	扩展业务流程执行语言以支持人类交互活动
68. OASIS XML 本地化交互文件格式（XLIFF）技术委员会	为本地化提供一种多语言的数据交互标准
69. OASIS XRI 数据交互（XDI）技术委员会	为互联网或者其他使用 XML 文档和可扩展的资源标识符（XRIs）网络的共享、链接和数据同步创建一种标准

附录 F　万维网联盟（W3C）

F.1　W3C 基本情况

万维网联盟（World Wide Web Consortium，简称 W3C）于 1994 年 10 月在麻省理工学院计算机科学实验室成立。创建者是万维网的发明者 Tim Berners-Lee。W3C 标准的核心最初位于 Tim Berners-Lee 供职的美国麻省理工学院计算机实验室（MIT/LCS），随后，该组织迅速吸引了大量在 Web 上的志同道合者，开始出现多个中心的格局，其后出现的另外两个中心分别位于法国的 INRIA（Institut National de Recherche en Informatique et Automatique）和日本的 Keio 大学（庆应大学），其中 2003 年 INRIA 由 ERCIM（European Research Consortium in Informatics and Mathematics）接替。

W3C 组织是制订网络标准的一个非营利组织，像 HTML、XHTML、CSS 和 XML 的标准就是由 W3C 来定制。W3C 会员（大约 500 名会员）包括生产技术产品及服务的厂商、内容供应商、团体用户、研究实验室、标准制定机构和政府部门，大家一起协同工作，致力在万维网发展方向上达成共识。W3C 是 Web 技术领域内最具权威的中立机构。

W3C 的工作以会员机构为载体负责实施。截至目前，W3C 在全球已有超过 450 家会员机构，并与其他国际标准化等多家组织机构建立了广泛的合作关系。此外 W3C 还有少量的专职工作人员，总共有 70 多人。

W3C 的网址是 www.w3c.org。

F.2　W3C 研究领域

创建伊始，W3C 就开始以引领 Web 技术的发展和促进为己任。其宗旨可概括为 7 点。

推进 Web 的普及，即希望未来无论任何人、任何设备、任何地点在任何时间（4A）都可以方便地使用 Web 和 Web 上的合法资源。

- 解决语义网络（Semantic Web）问题，即不仅人能阅读和理解 Web 上的信息，计算机、程序及其他硬件设备也 同样能理解并处理 Web 上的形形色色的信息。Web 应该是可信任的网络，使 Web 上的机密信息有安全保证、同时使用者得到的也是一个安全可靠的网络资源环境。
- 协同工作，W3C 从成立之初就是一个厂商中立的技术组织，始终通过在工业上达成共识、鼓励开放性讨论来致力于设计、推广开放的语言，以及通过各种技术草案来推动基于 Web 的各类软件产品，从而避免市场上技术规范的混乱。

- 可持续发展问题。W3C 的立足点是发展和推广基于 Web 的技术，由于网络的易用性等特点，W3C 已清楚地意识到 Web 的需求总是走得更远，因此，为保证 Web 的可持续发展，所有的设计都遵循简易性、可调节性、兼容性、可扩展性等指导原则。
- 权利的分散问题。为避免人为和客观上造成的瓶颈和技术失衡问题，W3C 的工作是分散处理的。
- 支持多媒体，由于 Web 本身就拥有极其丰富的资源，其中相当一部分是多媒体信息，因此，多媒体信息处理领域内的规范是 W3C 的一个重要方向。

到目前为止，W3C 已开发了超过 50 个规范（草案）。这些规范（草案）包括人们早已耳熟能详的 HTML、HTTP、URIs、XML 等，也包括针对语义 Web 的 RDF、OWL 等。

图 F.1 是一张 W3C 的技术架构图。图中描绘了一个两层的模型：万维网体系结构（被标注为“One Web”）建立在互联网（Internet）体系结构之上，丰富的 Web 层显示了 W3C 关心的领域和发展的技术。

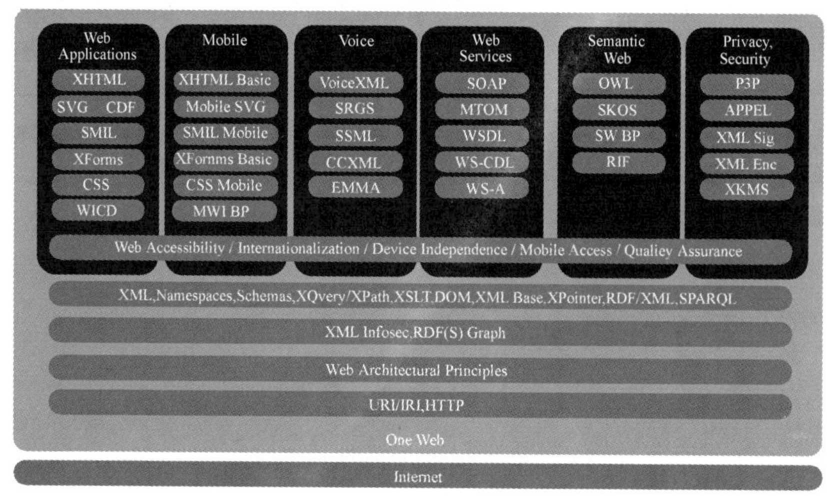

图 F.1 W3C 的技术架构图

毫无疑问，W3C 未来的工作重点仍然一如既往地围绕其长远目标来展开。具体可分为 Web Services、Semantic Web，以及这两者结合起来的 Semantic Web Services。除此以外，基于各种移动设备（如手机等）的 Web 访问机制也是目前的研究热点。

目前，围绕上述内容 W3C 设立了 24 个主题活动（Activity），24 个主题活动下成立了 46 个工作组、14 个兴趣组和 5 个协调组。具体活动内容和工作组如图 F.2 所示。

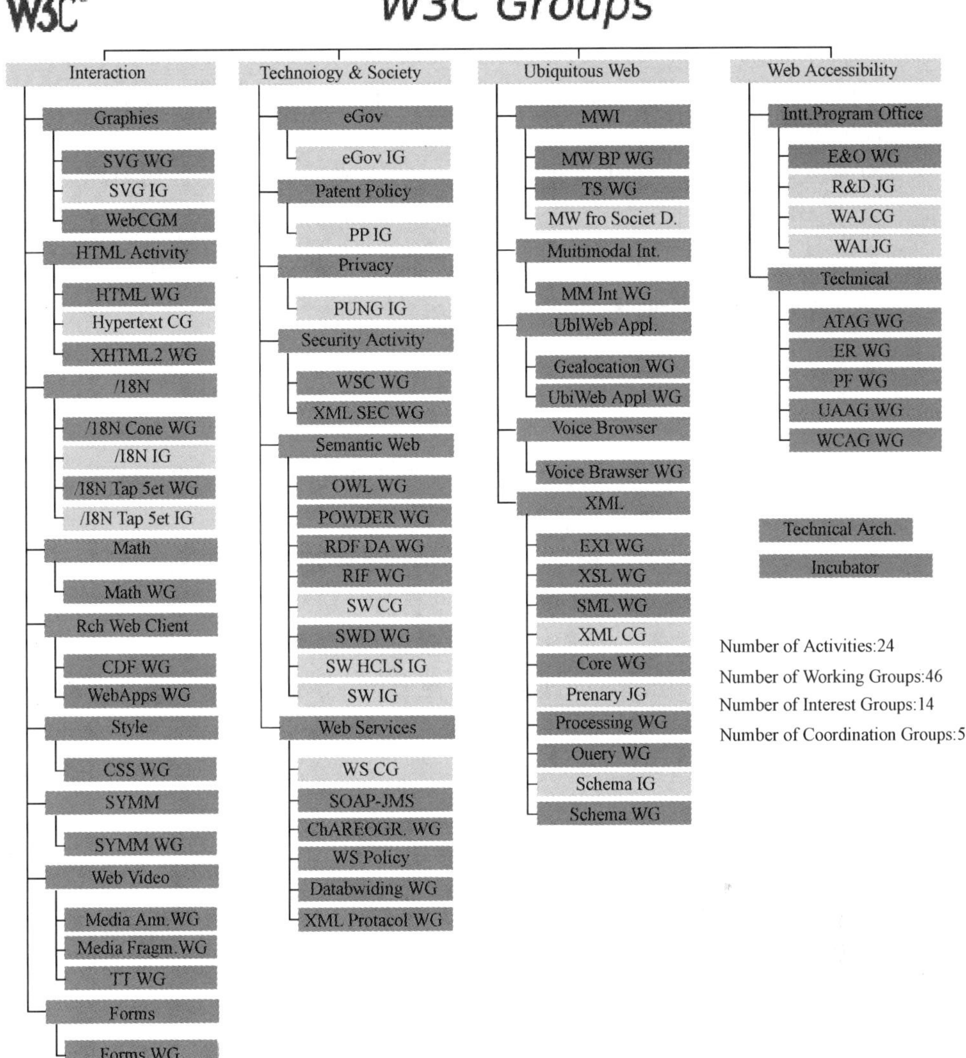

图 F.2 W3C 活动内容及工作组

F.3 如何加入 W3C

加入 W3C 组织的最大价值在于能够第一时间接触到最新的 W3C 各类标准规范，并基于这些标准规范与全球商务伙伴建立紧密的联系和信息交换。W3C 会员始终处于前沿地位。W3C 会员享有许多权利，具体包括：有机会与世界顶级的 Web 技术大公司、组织和专家沟通或一起工作；在 W3C 咨询委员会中拥有一个席位，可参加每半年一次的咨询委员会会议；创建任何技术工作组；提交任何关于Web 技术的提案；可以向 W3C 提出任何关于 W3C 未来发展的规划和建议；参加 W3C 的任何工作组和兴趣组的活动；访问 W3C 任何已有的资源，包括网站、论坛和邮件列表等。

成为 W3C 会员需要一定的费用，费用多少与企业所在国家、性质和规模有直接关系。对于年收入超过 5000 万美元的盈利性中国企业，每年的会费为 68 500 美元。对于年收入在 1500 万至 5000 万美元之间的盈利性企业，每年的会费为 7900 美元。对于其他企业以及非营利性组织，每年会费为 1905 美元。

F.4 W3C 在中国

2005 年 10 月，北京航空航天大学成功申请了 W3C 北京办公室的挂靠资格，成为中国内地第一家也是唯一一家 W3C 分支办公室。这意味着中国在万维网和 Web 技术领域占据了关键性的角色，将共同参与规划万维网的未来发展去向。在北京地区，已经有相当一部分研究机构和企业目前已是 W3C 的会员，包括北京航空航天大学、北京工业大学、中国电子技术标准化研究所、 中国科学院、广州中间件研究中心、安徽中科大讯飞信息科技有限公司、倍多科技、太原理工大学等高校和企业。

万维网联盟中国办事处：

北航计算机新技术研究所

电话: +86-10-82316341 传真: +86-10-82316341

电子邮件:chinaw3c@chinaw3c.org

F.5 W3C 工作组名单

（1）Extensible Markup Language（XML）。

下设 10 个组：

- Efficient XML Interchange 工作组；
- Service Modeling Language 工作组；
- XML 协调组；
- XML Core 工作组；
- XML Plenary 兴趣组；
- XML Processing Model 工作组；
- XML Query 工作组；

- XML Schema 兴趣组；
- XML Schema 工作组；
- XSL 工作组。

（2）Graphics。

下设 3 个组：

- SVG 工作组；
- SVG 兴趣组；
- WebCGM 工作组。

（3）HTML。

下设 3 个组：

- HTML 工作组；
- Hypertext 协调组；
- XHTML2 工作组。

（4）Internationalization。

下设 4 个组：

- Internationalization Core 工作组；
- Internationalization (I18n)兴趣组；
- Internationalization Tag Set (ITS)工作组；
- Internationalization Tag Set (ITS)兴趣组。

（5）Math。

下设 1 个组：Math 工作组。

（6）Mobile Web Initiative。

下设 3 个组：

- Mobile Web Best Practices 工作组；
- Mobile Web Initiative Test Suites 工作组；
- Mobile Web For Social Development（MW4D）兴趣组。

（7）Multimodal Interaction。

下设 1 个组：Multimodal Interaction 工作组。

（8）Patent Policy。

下设 1 个组：Patents and Standards 兴趣组。

（9）Privacy。

下设 1 个组：Policy Languages 兴趣组。

（10）Rich Web Client。

下设 2 个组：

- Compound Document Formats 工作组；

● Web Applications 工作组。

（11）Security。

下设 2 个组：

● Web Security Context 工作组；

● XML Security 工作组。

（12）Semantic Web。

下设 8 个组：

● OWL 工作组；

● Protocol for Web Description Resources (POWDER)工作组；

● RDF Data Access 工作组；

● Rule Interchange Format 工作组；

● Semantic Web 协调组；

● Semantic Web Deployment 工作组；

● Semantic Web Health Care and Life Sciences 兴趣组；

● Semantic Web 兴趣组。

（13）Style。

下设 1 个组：Cascading Style Sheets（CSS）工作组。

（14）Synchronized Multimedia。

下设 1 个组：SYMM 工作组

（15）Ubiquitous Web Applications。

下设 2 个组：

● Geolocation 工作组；

● Ubiquitous Web Applications 工作组。

（16）Video in the Web。

下设 3 个组：

● Media Annotations 工作组；

● Media Fragments 工作组；

● Timed Text 工作组。

（17）Voice Browser。

下设 1 个组：Voice Browser 工作组。

（18）WAI International Program Office。

下设 4 个组：

● Education and Outreach 工作组；

● Research and Development 兴趣组；

● WAI 协调组；

● WAI 兴趣组。

（19）WAI Technical。

下设 5 个组：

● Authoring Tool Accessibility Guidelines 工作组；
● Evaluation and Repair Tools 工作组；
● Protocols and Formats 工作组；
● User Agent Accessibility Guidelines 工作组；
● Web Content Accessibility Guidelines 工作组。

（20）Web Services。

下设 7 个组：

● Web Services 协调组；
● SOAP-JMS Binding 工作组；
● Web Services Choreography 工作组；
● Web Services Policy 工作组；
● XML Schema Patterns for Databinding 工作组；
● XML Protocol 工作组；
● Web Services Resource Access 工作组。

（21）XForms。

下设 1 个组：Forms 工作组。

（22）eGovernment。

下设 1 个组：eGovernment 工作组。

参 考 文 献

[1] Laura Bellamy, Michelle Carey, Jenifer Schlotfeldt. DITA Best Practices: A Roadmap for Writing, Editing, and Architecting in DITA［M］. IBM Press，2011.

[2] Kylene Bruski, Jennifer Linton. Introduction to DITA - A User Guide to the Darwin Information Typing Architecture[M]. Comtech Services，2006.

[3] JoAnn T. Hackos. Introduction to DITA- Second Edition: A User Guide to the Darwin Information Typing Architecture Including DITA 1.2［M］. Comtech Services，2011.

[4] Eliot Kimber. DITA for Practitioners Volume 1: Architecture and Technology［M］. XML Press，2012.

[5] Tony Self. The Dita Style Guide: Best Practices for Authors［M］. Scriptorium Publishing Services, Inc.，2011.

[6] SDI Global Solutions, Julio Vazquez. Practical DITA［M］. Lulu.com，2009.

[7] OASIS Darwin Information Typing Architecture (DITA) Specification v1.2. (2010-12) [R/OL]. http://dita.xml.org

[8] DITA Open Toolkit User Guide [R/OL]. http://dita-ot.sourceforge.net/

[9] Darwin Information Typing Architecture (DITA) Version 1.2. OASIS,2010.

[10] DocBook v5.0 Specification. OASIS,2009 [R/OL]. http://docbook.org/docs/

[11] DITA Community [OL].. http://dita.xml.org/

[12] DITA Open Toolkit [OL]. http://dita-ot.sourceforge.net

[13] OpenDocument specification. OASIS, 2007 [R/OL]. https://www.oasis-open.org/committees/office/

[14] OASIS Community [OL]. http://www.oasis-open.org/

[15] S1000D Inernational Organization [OL]. http://www.s1000d.net/

[16] DITA Architectural Specification, 2009 [R/OL]. http://docs.oasis-open.org/dita/v1.1/archspec/archspec.pdf

[17] Introduction to the Darwin Information Typing Architecture, 2009 [R/OL]. http://www.ibm.com/developerworks/library/x-dita1/

[18] Specializing topic types in DITA , 2005 [R/OL] http://www.ibm.com/developerworks/library/x-dita2/index.html

[19] Specializing domains in DITA , 2005 [R/OL] http://www.ibm.com/developerworks/

library/x-dita5/index.html

[20] Adobe Frame Maker [R/OL]. http://www.adobe.com/products/framemaker/

[21] OASIS Darwin Information Typing Architecture TC [OL]. http://www.oasis-open.org/committees/dita/

[22] 吴利平. 科技期刊数字化进程中面临的问题及思考[J]. 编辑学报，2007，19(5)：377～378.

[23] 张建军，任延刚，李家林. 多元化出版冲击下科技期刊传统出版模式的对策与措施[J]. 编辑学报，2009，21(3)：249～251.

[24] 孙卫，凌锋，秀梅. 数字复合出版的用户需求分析[J]. 科技与出版，2009，(12)：56～58.

[25] 范炜. 达尔文信息类型架构 DITA 研究[J]. 情报杂志，2009，Vol. 28 No.11：172～175.

[26] 陈光祚. 电子出版物的特征与范围［J］. 图书馆工作与研究，1995（3）：13～16.